JN271414

ベイズ計算統計学

古澄英男 [著]

統計解析
スタンダード
国友直人
竹村彰通
岩崎 学
[編集]

朝倉書店

まえがき

　計算機 (コンピュータ) の演算処理能力の向上はめざましいものがあり，統計科学の分野にも大きな影響を与えている．中でも乱数を利用した数値計算手法は，これまで扱うことができなかった統計モデルの解析を可能とし，統計学のさまざまな分野で利用されるようになってきた．こうした背景を踏まえ，本書では統計学・計量経済学を学習し終えた社会科学系の学部3・4年生と大学院生を主たる読者として想定し，ベイズ統計学においてよく利用されているマルコフ連鎖モンテカルロ法と呼ばれる方法について解説を行うことにする．

　本書は古澄 (2008) を大幅に加筆・修正したものであり，5つの章から構成されている．まず第1章では，ベイズ統計学の基礎について解説を行っている．ここでは，本書を読み進めていく上で必要な事柄しか説明していないので，すでにベイズ統計学を学んだことのある人はこの章を飛ばし，第2章から読み始めてもらっても構わない．統計学において，乱数を利用した数値計算手法の主たる目的は，確率分布から乱数を発生させることと，発生させた乱数を用いてさまざまな期待値計算を行うことである．第2章では，これらの基本的な方法について説明している．また，逐次重点サンプリングなど最近の方法についても扱っている．第3章において，本書の主題であるマルコフ連鎖モンテカルロ法について解説を行っている．具体的には，マルコフ連鎖と呼ばれる確率過程から始めて，メトロポリス−ヘイスティングス・アルゴリズムやギブス・サンプリングなど基本的なマルコフ連鎖モンテカルロ法について説明し，その後，実際に用いる際の注意点や最近の拡張について述べている．マルコフ連鎖モンテカルロ法は，現在でも盛んに研究が進められており，新しい方法が絶えず提案されている．それらすべてを本書で紹介することは不可能であるため，マルコフ連鎖モンテカルロ法の拡張に関する部分では，筆者の好みでアルゴリズムを

選択させてもらった．最後に第4章と第5章では，ベイズ統計学におけるマルコフ連鎖モンテカルロ法の応用について，線形回帰モデルを中心に説明するとともに，プロビット・モデルなど主要な計量モデルについても取り上げている．

本書では表記を統一するため，スカラー変数は通常のフォント(例：a, b, c)を使い，ベクトルは小文字のボールド体(例：$\boldsymbol{x}, \boldsymbol{y}, \boldsymbol{x}$)，行列については大文字のボールド体(例：$\boldsymbol{A}, \boldsymbol{B}, \boldsymbol{C}$)を使って表している．さらに，本文中でも述べたが，確率分布を表す記号(例：$N(\mu, \sigma^2)$)については，確率分布だけでなくその確率密度関数を表すためにも使用している．本書では理解を深めてもらうため，いくつかの実例が示されている．そこで使用したデータやプログラムについては，朝倉書店のホームページ (http://www.asakura.co.jp/) に公開しているので参考にしてほしい．

筆者がマルコフ連鎖モンテカルロ法に関する研究を始めた当初，計量経済学の分野で同様の研究をしていたのは渡部敏明先生(一橋大学)しかおらず，非常に寂しかったことを記憶している．しかし今では，大森裕浩先生(東京大学)，照井伸彦先生(東北大学)，中妻照雄先生(慶應義塾大学)，長谷川光先生(北海道大学)らをはじめとして，日本でも活発にマルコフ連鎖モンテカルロ法の研究が行われるようになってきた．最近では若手研究者も確実に増えてきており，本書がこれからマルコフ連鎖モンテカルロ法を学ぼうとする人の一助になれば幸いである．

本シリーズの編者である国友直人先生(東京大学)には，本書を執筆する機会を与えて頂き大変感謝している．各務和彦先生(神戸大学)と小林弦矢先生(千葉大学)には，本書の原稿について有益なコメントを頂いた．原稿の締め切りを大幅に過ぎても，朝倉書店編集部には辛抱強く待っていただくとともに，折に触れ叱咤激励を頂いた．また，水田万里子さんには参考文献リストの作成や校正の手伝いをして頂いた．本書を完成するに当たり，これらお世話になった方々にお礼の言葉を述べたい．

2015年9月

古澄英男

目　　次

1. ベイズ統計学の基礎 ··· 1
   1.1 ベイズ的推論 ·· 1
   1.2 事 前 分 布 ·· 6
      1.2.1 共役事前分布 ····································· 7
      1.2.2 無情報事前分布 ··································· 8
   1.3 事 後 分 布 ·· 15
      1.3.1 点　推　定 ······································· 15
      1.3.2 区 間 推 定 ······································· 18
      1.3.3 仮 説 検 定 ······································· 18
      1.3.4 予　　測 ··· 22
   1.4 近似による計算 ·· 22
      1.4.1 正規分布による近似 ······························· 23
      1.4.2 ラプラス法による近似 ····························· 24

2. モンテカルロ法 ··· 28
   2.1 サンプリングの基本アルゴリズム ························ 28
      2.1.1 逆 変 換 法 ······································· 29
      2.1.2 棄　却　法 ······································· 30
      2.1.3 適応的棄却法 ····································· 33
      2.1.4 混　合　法 ······································· 35
      2.1.5 一様乱数比法 ····································· 37
   2.2 モンテカルロ積分 ······································ 39
      2.2.1 重点サンプリング ································· 40

	2.2.2	自己正規化重点サンプリング	42
	2.2.3	重点サンプリングと棄却法の関係	46
	2.2.4	サンプリング・重点リサンプリング	47
2.3	重点サンプリングの拡張	50
	2.3.1	適応的重点サンプリング	50
	2.3.2	重点サンプリング自乗	52
2.4	逐次重点サンプリング	55
	2.4.1	逐次重点サンプリングの基本	55
	2.4.2	逐次重点サンプリングの一般化	60
	2.4.3	リサンプリング	64

3. マルコフ連鎖モンテカルロ法 ... 68

3.1	マルコフ連鎖	68
	3.1.1	マルコフ連鎖と推移行列	68
	3.1.2	マルコフ連鎖の性質	70
	3.1.3	詳細釣り合い条件	73
3.2	メトロポリス–ヘイスティングス法	74
	3.2.1	メトロポリス–ヘイスティングス・アルゴリズム	74
	3.2.2	MH アルゴリズムの収束	78
	3.2.3	MH アルゴリズムの組み合わせ	79
3.3	ギブス・サンプリング	81
	3.3.1	ギブス・サンプリング・アルゴリズム	81
	3.3.2	多重ブロック MH アルゴリズムとギブス・サンプリング	82
	3.3.3	データ拡大法	84
3.4	実際の利用について	85
	3.4.1	収束の判定	85
	3.4.2	効 率 性	87
	3.4.3	ラオ–ブラックウェル化	88
	3.4.4	プログラムの検査	89
	3.4.5	混合の改善	90

3.5 MHアルゴリズムの拡張 92
　3.5.1 MTMアルゴリズム 92
　3.5.2 パラレル・テンパリング 95
　3.5.3 ハミルトニアン・モンテカルロ法 100

4. ベイズモデルへの応用 I 104
4.1 線形回帰モデル 104
　4.1.1 モデル 104
　4.1.2 推　定 105
4.2 モデルの診断・選択 108
　4.2.1 モデルの診断 108
　4.2.2 モデルの選択 112
4.3 変数選択 120
　4.3.1 確率的探索変数選択 120
　4.3.2 Lasso 123
4.A 補　論 127
　4.A.1 共役事前分布・無情報事前分布による分析 127
　4.A.2 ブロックが3つ以上の場合の周辺尤度の推定 131

5. ベイズ・モデルへの応用 II 133
5.1 プロビット・モデルとトービット・モデル 133
　5.1.1 プロビット・モデル 133
　5.1.2 一般化ギブス・サンプリング 137
　5.1.3 トービット・モデル 139
5.2 分位点回帰モデル 140
　5.2.1 モデル 141
　5.2.2 推　定 142
　5.2.3 部分的コラプスド・ギブス・サンプリング 147
5.3 一般化線形モデル 149
　5.3.1 モデル 149

5.3.2　推　　　定 …………………………………………… 151
5.4　隠れマルコフ・モデル ………………………………………… 156
　　5.4.1　モ　デ　ル …………………………………………… 156
　　5.4.2　推　　　定 …………………………………………… 158
5.5　ディリクレ過程混合モデル …………………………………… 162
　　5.5.1　ディリクレ過程 ……………………………………… 162
　　5.5.2　モ　デ　ル …………………………………………… 165
　　5.5.3　推　　　定 …………………………………………… 166

A．重要な分布 ………………………………………………………… 171
　A.1　連続型確率分布 …………………………………………………… 171
　A.2　離散型確率変数 …………………………………………………… 175

文　献 ……………………………………………………………………… 177
索　引 ……………………………………………………………………… 193

Chapter 1
ベイズ統計学の基礎

　本書の目的は，今日のベイズ統計学において標準的な数値計算法となっているマルコフ連鎖モンテカルロ法について解説することである．この章ではまず，ベイズ統計学の理論について基礎的な事柄を復習しておく．より詳しくベイズ統計学について知りたい方は，Zellner (1971)，Box and Tiao (1973)，Berger (1985)，Bernardo and Smith (1994)，Ghosh *et al.* (2006)，Robert (2007)，繁桝 (1985)，中妻 (2007)，渡辺 (2012) などのテキストを参照されるとよいであろう．また本章では，ベイズ統計学においてよく用いられてきた近似法についても触れることにする．

1.1　ベイズ的推論

　近代統計学の定礎者として知られるロナルド・フィッシャー (Ronald A. Fisher) は，1935 年に『実験計画法』(Fisher, 1935) を著した．フィッシャーのこの著書に出てくる紅茶の実験を考えることにしよう．

実験 1. ある婦人が，ミルクティーを飲んだとき，紅茶を先に入れたミルクティーなのか，ミルクを先に入れたミルクティーなのか分かると主張している．そこで，10 杯のミルクティーを飲んでもらい試したところ，この婦人はすべて正しく言い当てた．

　この紅茶の実験は，統計モデル (statistical model) を使って次のように表すことができる．いま，i 番目に飲んだミルクティーを婦人が正しく言い当てるかどうかを確率変数 y_i によって表すことにする．この y_i は，婦人の判断が正しいときには 1，間違っているときには 0 の値をとり，それぞれの確率は

$$P(y_i = 1) = \theta, \quad P(y_i = 0) = 1 - \theta$$

であるとする．ここで，$\theta \in (0,1)$ は未知のパラメータを表す．紅茶の実験では，すべての y_i $(i = 1, \ldots, 10)$ が 1 であったということになる．

この実験から，婦人の主張が本当かどうかを調べたければ，

$$H_0 : \theta = 0.5, \quad H_1 : \theta > 0.5$$

で与えられる仮説を検定すればよいであろう．ここで，帰無仮説 $H_0 : \theta = 0.5$ は，婦人の判断が当てずっぽうであることを表している．この仮説を検定するために二項検定を行えば，p 値は $2^{-10} = 0.00098 < 0.1\%$ となる．したがって，帰無仮説を棄却する強い証拠が得られ，この婦人の主張は妥当であると判断されることになる．

では，次の実験 (Savage, 1961) を考えた場合はどうであろうか．

実験 2. ある音楽の専門家が，楽譜を 1 ページ見れば，それがハイドンの楽譜なのか，モーツァルトの楽譜なのか見分けることができると主張している．そこで，10 回楽譜を見せ試したところ，この専門家はすべて正しく言い当てた．

実験 3. ある酔っ払いが，硬貨を投げたときに表が出るのか，裏が出るのか当てることができると主張している．そこで，10 回硬貨を投げて試したところ，この酔っ払いはすべて正しく言い当てた．

これら 2 つの実験も，紅茶の実験と同じ統計モデルを使って表すことができる．また，二項検定を行えば各人の主張は妥当であると判断される．実験 2 については，音楽の専門家であれば楽譜を 1 ページ見ただけで，それがハイドンのものかモーツァルトのものか判断できると考え，多くの人はこの仮説検定の結果に納得するであろう．しかし，実験 3 についてはどうであろうか？　酔った人が硬貨の表裏を正しく予測することはできないと考えるのではないだろうか？　もしそうであれば，酔った人が硬貨の表裏を正しく言い当てたのは偶然であり，仮説検定の結果は疑わしいと考えるであろう (Berger, 1985 を参照).

仮説検定の結果に対してこのような違いが生じるのは，もっともらしいパラメータ値の範囲について何らかの情報をわれわれが持っているためである．例えば，ある人は θ に関して，

実験1： $\theta > 0.5$　　　　　(婦人が言い当てることは十分ありうる)
実験2： $0.9 < \theta < 1.0$　　(専門家であれば見分けることができる)
実験3： $\theta = 0.5$　　　　　(酔っ払いは予測できない)

が妥当であると考えているかもしれない．あるいは，紅茶を先に入れようとミルクを先に入れようとミルクティーの味は変わらないから，婦人は当てることができないと主張する人であれば，実験1においてもパラメータは $\theta = 0.5$ であると考えるであろう．このときには，実験3と同様に実験1においても仮説検定の結果に疑問を持つことになる．

　一般に，データを観測する前にわれわれは分析対象に関して何らかの情報や信念 (belief) を持っている．これらは，過去のデータ，分析者の経験，あるいはこれまでの研究結果やそこから得られた知見などさまざまである．こうした情報を**事前情報** (prior information) と呼ぶことにする．データの情報だけでなく，事前情報も用いた統計的推論のことを**ベイズ的推論** (Bayesian inference) という．また，従来の統計学 (以下，古典的統計学) に対して，ベイズ的推論を行う統計学は**ベイズ統計学** (Bayesian statistics) と呼ばれている．

　ベイズ統計学では，どのようにして事前情報を利用するのであろうか？　そのために必要なのが，300年以上も前にトーマス・ベイズ (Thomas Bayes：図1.1) によって示された**ベイズの定理** (Bayes' theorem) である (ベイズの生涯について関心のある方は，Dale, 2003 や Bellhouse, 2004 を参照)．

図 1.1　トーマス・ベイズ (1701?–1761)

定理 1.1(ベイズの定理) 確率空間 $(\Omega, \mathcal{F}, P)$ において,標本空間 Ω を互いに排反な加算個の事象 $B_1, B_2, \ldots$ に分割する.すなわち,

$$B_i \cap B_j = \emptyset \ (i \neq j), \quad \Omega = \bigcup_{i=1}^{\infty} B_i$$

であるとする.このとき,$P(A) > 0$ である事象 A に対して

$$P(B_i|A) = \frac{P(A|B_i)P(B_i)}{\sum_{j=1}^{\infty} P(A|B_j)P(B_j)}$$

が成り立つ.ここで,$P(B_i|A)$ は事象 A を所与とした事象 B_i の条件付き確率を表す.

証明 例えば,東京大学教養学部統計学教室 (1991) を参照. □

この定理において,事象 A は得られた結果,事象 B_i はその原因を表しているとしよう.また,原因に対する結果の確率 $P(A|B_i)$ が分かっているとする.ベイズの定理は,結果 A が起こったとき,その原因が B_i である確率 $P(B_i|A)$ を計算するための公式となっている.

ベイズ的推論について説明するため,データを $\boldsymbol{y} = (y_1, \ldots, y_n)'$ と表すことにする.また,統計モデルはデータの同時確率分布によって与えられるので,これを $f(\boldsymbol{y}|\boldsymbol{\theta})$ と表す.ここで,$\boldsymbol{\theta} = (\theta_1, \ldots, \theta_k)' \in \Theta \subset \mathbb{R}^k$ は統計モデルを定める未知のパラメータである.ベイズ統計学では,パラメータに関する事前情報を確率分布 $\pi(\boldsymbol{\theta})$ を用いて表し,この分布のことを**事前分布** (prior distribution) と呼ぶ.

データ $\boldsymbol{y}$,統計モデル $f(\boldsymbol{y}|\boldsymbol{\theta})$,事前分布 $\pi(\boldsymbol{\theta})$ が与えられれば,ベイズの定理を書き直すことにより,

$$\pi(\boldsymbol{\theta}|\boldsymbol{y}) = \frac{f(\boldsymbol{y}|\boldsymbol{\theta})\pi(\boldsymbol{\theta})}{\int_{\Theta} f(\boldsymbol{y}|\boldsymbol{\theta})\pi(\boldsymbol{\theta})\mathrm{d}\boldsymbol{\theta}} \tag{1.1}$$

が得られる.(1.1) 式の左辺の $\pi(\boldsymbol{\theta}|\boldsymbol{y})$ は,データを所与としたパラメータの条件付き確率分布であり,**事後分布** (posterior distribution) と呼ばれる.事前分布はデータを観測する前のパラメータに関する情報を反映し,事後分布は事前情報に加えてデータによって得られた情報を反映した確率分布であると見るこ

とができる.

(1.1) 式の右辺の分母は, 事後分布の正規化定数 (normalizing constant) であり, 以下では

$$m(\boldsymbol{y}) = \int_\Theta f(\boldsymbol{y}|\boldsymbol{\theta})\pi(\boldsymbol{\theta})\mathrm{d}\boldsymbol{\theta} \tag{1.2}$$

と表すことにする. この $m(\boldsymbol{y})$ は, データの周辺分布 (marginal distribution) あるいは周辺尤度 (marginal likelihood) と呼ばれており, 1.3.3 項で見るように仮説検定やモデル選択において重要な役割を果たす.

周辺尤度はパラメータに依存しないので, 事後分布は

$$\pi(\boldsymbol{\theta}|\boldsymbol{y}) \propto f(\boldsymbol{y}|\boldsymbol{\theta})\pi(\boldsymbol{\theta}) \tag{1.3}$$

と簡略化して表すことができる. ここで, $\propto$ は比例記号で, 左辺は右辺に比例していることを表す. さらに, 確率分布 $f(\boldsymbol{y}|\boldsymbol{\theta})$ は, データを観測した後では $\boldsymbol{\theta}$ の関数, つまり尤度関数 (likelihood function) であるから, (1.3) 式を言葉で表せば,

$$事後分布 \propto 尤度関数 \times 事前分布$$

となる. ベイズ的推論の主たる目的は, この事後分布を求めることであり, パラメータに関する統計的推測はすべて事後分布に基づいて行われる.

例 1.1 正規分布 $N(\theta, \sigma^2)$ からのデータを $\boldsymbol{y} = (y_1, \ldots, y_n)'$ と表す. また, θ の事前分布として $N(\theta_0, \tau_0^2)$ を仮定し, σ^2 は既知とする. このとき, θ の事後分布は,

$$\pi(\theta|\boldsymbol{y}) \propto \underbrace{\prod_{i=1}^n \frac{1}{(2\pi\sigma^2)^{1/2}} \exp\left\{-\frac{(y_i-\theta)^2}{2\sigma^2}\right\}}_{尤度関数} \times \underbrace{\frac{1}{(2\pi\tau_0^2)^{1/2}} \exp\left\{-\frac{(\theta-\theta_0)^2}{2\tau_0^2}\right\}}_{事前分布}$$

$$\propto \exp\left\{-\frac{\sum_{i=1}^n(y_i-\theta)^2}{2\sigma^2}\right\} \exp\left\{-\frac{(\theta-\theta_0)^2}{2\tau_0^2}\right\}$$

と表すことができる. また, $\bar{y} = \frac{1}{n}\sum_{i=1}^n y_i$ とすれば,

$$\frac{\sum_{i=1}^n (y_i - \theta)^2}{\sigma^2} + \frac{(\theta - \theta_0)^2}{\tau_0^2}$$
$$= \frac{\sum_{i=1}^n y_i^2 - 2n\bar{y}\theta + n\theta^2}{\sigma^2} + \frac{\theta^2 - 2\theta_0\theta + \theta_0^2}{\tau_0^2}$$
$$= \left(\frac{n}{\sigma^2} + \frac{1}{\tau_0^2}\right)\theta^2 - 2\left(\frac{n\bar{y}}{\sigma^2} + \frac{\theta_0}{\tau_0^2}\right)\theta + c$$

となる．ここで，c は θ に依存しない定数である．さらに，

$$\hat{\theta} = \frac{\sigma^2/n}{\tau_0^2 + \sigma^2/n}\theta_0 + \frac{\tau_0^2}{\tau_0^2 + \sigma^2/n}\bar{y}, \quad \hat{\tau}^2 = \frac{\tau_0^2 \sigma^2}{n\tau_0^2 + \sigma^2}$$

とおき，θ について整理すれば，

$$\frac{\sum_{i=1}^n (y_i - \theta)^2}{\sigma^2} + \frac{(\theta - \theta_0)^2}{\tau_0^2} = \frac{1}{\hat{\tau}^2}\left(\theta^2 - 2\hat{\theta}\theta\right) + c$$
$$= \frac{(\theta - \hat{\theta})^2}{\hat{\tau}^2} + c'$$

と表すことができ (c' は θ に依存しない定数)，

$$\pi(\theta|\boldsymbol{y}) \propto \exp\left\{-\frac{(\theta - \hat{\theta})^2}{2\hat{\tau}^2}\right\} \tag{1.4}$$

が得られる．(1.4) 式は正規分布の核 (kernel) となっていることから，θ の事後分布は正規分布 $N(\hat{\theta}, \hat{\tau}^2)$ であることが分かる．よって，θ に関するベイズ的推測は，この確率分布に基づいて行われる．

例 1.1 からも確認できるように，事後分布は確率分布であるから，ベイズ的推論ではパラメータを確率変数として扱っていることに注意する必要がある．これにより，次章以降で説明するシミュレーションを利用した推定方法を自然な形で適用することができる．

1.2 事 前 分 布

ベイズ的推論を行うためには，分析者は自身が持っている事前情報をもとに事前分布を設定しなければならない．そのため，同じ問題であったとしても，各分析者が持つ事前情報が異なれば事前分布も異なり，さらには異なる事後分

布が導かれることがある．このことから，ベイズ的推論は客観性に欠け，恣意的であるとの指摘がよくなされる．こうした批判やそれらに対する反論については Berger (1985) などを参照してもらうことにし，ここではよく知られている事前分布を紹介する．

1.2.1 共役事前分布

事後分布を導出する際に問題となるのは，(1.2) 式の周辺尤度を導出しなければならないときである．例えば，$\boldsymbol{y} = (y_1, \ldots, y_n)'$ をポアソン分布 $Po(\theta)$ からのデータであるとしよう．また，パラメータ θ の事前分布を $\pi(\theta) = 1 \, (0 \leq \theta \leq 1)$ と仮定する．このとき，周辺尤度を求めるためには，

$$\int_0^1 e^{-n\theta} \theta^{\sum_{i=1}^n y_i} \mathrm{d}\theta$$

で与えられる積分を計算する必要があるが，これを明示的に解くことはできない．そのため，この例では事後分布を解析的に求めることができないことになる．しかし，事前分布をうまく選択することにより，こうした積分計算をしなくても事後分布を導出することができる場合がある．次の例を見てみよう．

例 1.2 $\boldsymbol{y} = (y_1, \ldots, y_n)'$ をベルヌーイ分布 $Ber(\theta)$ からのデータであるとする．また，θ の事前分布をベータ分布 $Be(a_0, b_0)$ とする．このとき，事後分布は

$$\begin{aligned}\pi(\theta|\boldsymbol{y}) &\propto \prod_{i=1}^n \theta^{y_i}(1-\theta)^{1-y_i} \times \theta^{a_0-1}(1-\theta)^{b_0-1} \\ &= \theta^{\sum_{i=1}^n y_i + a_0 - 1}(1-\theta)^{n - \sum_{i=1}^n y_i + b_0 - 1}\end{aligned}$$

と表され，これはベータ分布の核であることが分かる．したがって，θ の事後分布は $Be\left(\sum_{i=1}^n y_i + a_0, n - \sum_{i=1}^n y_i + b_0\right)$ であり，事前分布と同じベータ分布となる．

例 1.3 $\boldsymbol{y} = (y_1, \ldots, y_n)'$ をポアソン分布 $Po(\theta)$ からのデータであるとする．また，θ の事前分布としてガンマ分布 $Ga(a_0, b_0)$ を仮定する．ベイズの定理より，θ の事後分布は

$$\pi(\theta|\boldsymbol{y}) \propto \prod_{i=1}^{n} \theta^{y_i} e^{-\theta} \times \theta^{a_0-1} e^{-b_0 \theta}$$
$$= \theta^{\sum_{i=1}^{n} y_i + a_0 - 1} e^{-(n+b_0)\theta}$$

となる．これは，θ の事後分布が $Ga\left(\sum_{i=1}^{n} y_i + a_0, n + b_0\right)$ であることを示しており，事前分布と同じガンマ分布である．

これらの例が示すように，事前分布の選択によっては，事前分布と事後分布が同じ確率分布となる場合がある．このような事前分布のことを，**共役事前分布** (conjugate prior distribution) という．共役事前分布を用いれば，周辺尤度を計算することなく事後分布を求めることができ非常に便利である．しかしながら，統計モデルが複雑であるときには，共役事前分布を見つけることは困難である．そのため，共役事前分布の利用は簡単な統計モデルに限られる．

ところで，例 1.2 や例 1.3 における a_0 と b_0 は，事前分布を決めるパラメータであり，分析者がその値を指定しなければならない．一般に，こうした事前分布を定めるパラメータのことを**ハイパーパラメータ** (hyperparameter) という．ベイズ分析では，ハイパーパラメータも確率変数とみなし，ハイパーパラメータに対して事前分布を導入する**階層モデル** (hierarchical model) を考えることもある．

1.2.2 無情報事前分布

例 1.1 において，事前分布の分散 τ_0^2 の値を変えることにより，事前情報の「強さ」を変化させることができる．例として，図 1.2 には $n = 10$, $\sigma^2 = 4$, $\bar{y} = 8$, $\theta_0 = 0$ とし，τ_0 の値を $\tau_0 = 1, 2, 4, 8$ と変化させたときの事前分布，尤度関数，事後分布が示されている．この図から，事前分布の分散が大きくなるにつれて，θ の分布がだんだんと広がり，事前情報が弱くなっていく様子が見てとれる．このことは，事後分布と尤度関数とが一致していくことからも確認することができる．

次に，$\tau_0^2 \to \infty$ とした場合に事前分布がどうなるか考えてみよう．τ_0^2 の値が無限大に近づくにつれて，θ の事前分布はだんだんと水平になり，極限においては

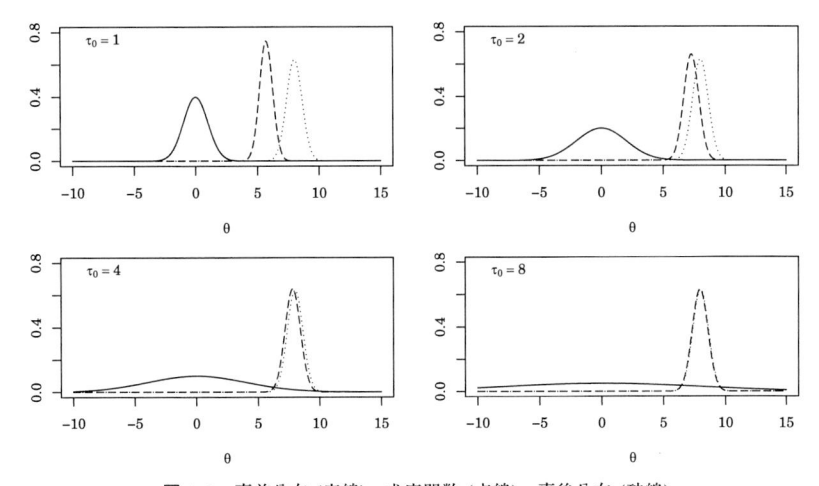

図 1.2 事前分布 (実線), 尤度関数 (点線), 事後分布 (破線)

$$\pi(\theta) \propto 1 \tag{1.5}$$

となる．この事前分布は，すべての θ の値に対して等しい密度を与えており，われわれがパラメータについて何も知らないということを表現していると考えることができる．このように，事前情報が何もないことを表す事前分布のことを**無情報事前分布** (noninformative prior distribution) と呼ぶ．

例 1.2 において，もし θ に関する事前情報がなければ，一様分布 $U(0,1) = Be(1,1)$ が適当な無情報事前分布の候補となるであろう．すなわち，

$$\pi(\theta) = 1$$

である．いま，θ を $\eta = \theta^2$ に変換したとすれば，この η も 0 から 1 の間の値をとり，また 1 対 1 の変換であることから，η についても事前情報はないはずである．しかし，θ の事前分布から導かれる η の事前分布は，

$$\pi(\eta) = \frac{1}{2\sqrt{\eta}}$$

であり，一様分布ではなく $Be(0.5, 1)$ となる (図 1.3 を参照)．逆に，η の事前分布として一様分布を選んだとすれば，$\theta \, (= \sqrt{\eta})$ の事前分布は $Be(2,1)$ となる．つまり，$\theta \, (\eta)$ については何も知らないが，$\eta \, (\theta)$ については何かを知っているということになってしまう．この例から分かるように，無情報事前分布の

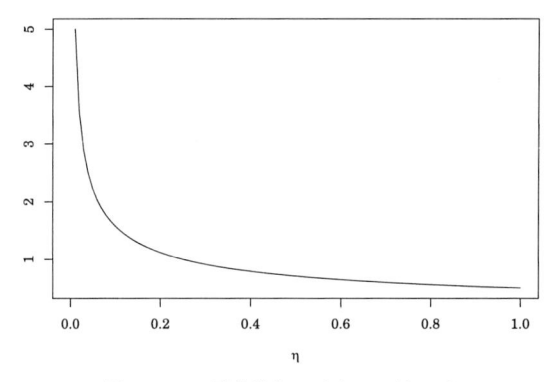

図 1.3　η の事前分布：$\pi(\eta) = 1/(2\sqrt{\eta})$

設定については難しい問題を含んでおり，その利用には注意が必要である (Box and Tiao, 1973; Berger, 1985; Kass and Wasserman, 1996 を参照)．

これまでに，例えば Novick and Hall (1965)，Zellner (1971, 1977)，Box and Tiao (1973)，Akaike (1978)，Bernardo (1979) らによって，さまざまな無情報事前分布が提案されてきた．Jeffreys (1961) は，不変性など無情報事前分布が満たすべき条件について考察を行い，

$$\pi(\boldsymbol{\theta}) \propto |\boldsymbol{I}(\boldsymbol{\theta})|^{1/2}$$

を無情報事前分布として用いることを提案している．ここで，$\boldsymbol{I}(\boldsymbol{\theta})$ は

$$\boldsymbol{I}(\boldsymbol{\theta}) = -\mathrm{E}\left[\frac{\partial^2 \log f(\boldsymbol{y}|\boldsymbol{\theta})}{\partial \boldsymbol{\theta} \partial \boldsymbol{\theta}'}\right]$$

によって定義されるフィッシャー情報行列 (Fisher information matrix) であり，$|\boldsymbol{A}|$ は行列 $\boldsymbol{A}$ の行列式を表す．この事前分布は，彼の名前を付けてジェフリーズの無情報事前分布 (Jeffreys' noninformative prior distribution) と呼ばれる．

例 1.4　例 1.2 の続き　$f(\boldsymbol{y}|\theta)$ の対数をとれば，

$$\log f(\boldsymbol{y}|\theta) = \left(\sum_{i=1}^{n} y_i\right) \log(\theta) + \left(n - \sum_{i=1}^{n} y_i\right) \log(1-\theta)$$

となる．よって，

$$I(\theta) = -\mathrm{E}\left[\frac{\mathrm{d}^2 \log f(\boldsymbol{y}|\theta)}{\mathrm{d}\theta^2}\right]$$

$$= -\mathrm{E}\left[-\frac{\sum_{i=1}^n y_i}{\theta^2} - \frac{n - \sum_{i=1}^n y_i}{(1-\theta)^2}\right]$$

$$= \frac{n\theta}{\theta^2} + \frac{n - n\theta}{(1-\theta)^2} = \frac{n}{\theta(1-\theta)}$$

が得られる．これより，θ に対するジェフリーズの無情報事前分布は，

$$\pi(\theta) \propto \frac{1}{\sqrt{\theta(1-\theta)}}$$

となる．つまり，θ の事前分布は $Be(0.5, 0.5)$ であり，一様分布ではないことに注意する必要がある．

例 1.5 正規分布 $N(\mu, \sigma^2)$ からのデータを $\boldsymbol{y} = (y_1, \ldots, y_n)'$ とする．ただし，μ は既知であるとする．このとき，

$$\log f(\boldsymbol{y}|\sigma) = 定数 - n\log\sigma - \frac{\sum_{i=1}^n (y_i - \mu)^2}{2\sigma^2}$$

であるので，

$$\frac{\mathrm{d}^2 \log f(\boldsymbol{y}|\sigma)}{\mathrm{d}\sigma^2} = \frac{n}{\sigma^2} - \frac{3\sum_{i=1}^n (y_i - \mu)^2}{\sigma^4}$$

を得る．よって，

$$I(\sigma) = \frac{2n}{\sigma^2}$$

となり，σ に対するジェフリーズの無情報事前分布として

$$\pi(\sigma) \propto \frac{1}{\sigma}$$

が得られる．

例 1.6 正規分布 $N(\mu, \sigma^2)$ からのデータを $\boldsymbol{y} = (y_1, \ldots, y_n)'$ とする．$\boldsymbol{\theta} = (\mu, \sigma)'$ とおけば，

$$\log f(\boldsymbol{y}|\boldsymbol{\theta}) = 定数 - n\log\sigma - \frac{\sum_{i=1}^n (y_i - \mu)^2}{2\sigma^2}$$

となる．これより，

$$\frac{\partial^2 \log f(\boldsymbol{y}|\boldsymbol{\theta})}{\partial \mu^2} = -\frac{n}{\sigma^2}$$

$$\frac{\partial^2 \log f(\boldsymbol{y}|\boldsymbol{\theta})}{\partial \sigma^2} = \frac{n}{\sigma^2} - \frac{3\sum_{i=1}^n (y_i - \mu)^2}{\sigma^4}$$

$$\frac{\partial^2 \log f(\boldsymbol{y}|\boldsymbol{\theta})}{\partial \mu \partial \sigma} = -\frac{2\sum_{i=1}^n (y_i - \mu)}{\sigma^3}$$

であるから，

$$\boldsymbol{I}(\boldsymbol{\theta}) = \begin{pmatrix} n/\sigma^2 & 0 \\ 0 & 2n/\sigma^2 \end{pmatrix}$$

が得られる．よって，$\boldsymbol{\theta}$ に対するジェフリーズの無情報事前分布は，

$$\pi(\boldsymbol{\theta}) \propto \frac{1}{\sigma^2}$$

となる．パラメータが多次元になることで，例 1.5 の事前分布と異なっていることに注意してほしい．

確率変数 y の確率分布 $p(y)$ が，

$$p(y) = q(y - \mu)$$

と表されるとき，μ を位置パラメータ (location parameter) と呼ぶ ($q(\cdot)$ はある関数である)．いま，c を任意の定数とし，y を観測するかわりに $y^* = y + c$ を観測するとしよう．このとき，$\mu^* = \mu + c$ とおけば，y^* の確率分布も $q(y^* - \mu^*)$ と表される．明らかに，y から μ を推定する問題と y^* から μ^* を推定する問題とは同じ構造となっているので，μ と μ^* に対して同じ無情報事前分布を設定するのが自然であると考えられる．すなわち，μ の事前分布を $\pi_\mu(\mu)$，μ^* の事前分布を $\pi_{\mu^*}(\mu^*)$ とすれば，任意の区間 $[a, b]$ に対して

$$\int_a^b \pi_\mu(\mu) \mathrm{d}\mu = \int_a^b \pi_{\mu^*}(\mu^*) \mathrm{d}\mu^*$$

が成り立つことになる．また，

$$\int_a^b \pi_{\mu^*}(\mu^*) \mathrm{d}\mu^* = \int_a^b \pi_\mu(\mu^* - c) \mathrm{d}\mu^* = \int_{a-c}^{b-c} \pi_\mu(\mu) \mathrm{d}\mu$$

であるから，

$$\int_a^b \pi_\mu(\mu) \mathrm{d}\mu = \int_{a-c}^{b-c} \pi_\mu(\mu) \mathrm{d}\mu$$

を得る．$\pi_\mu(\mu)$ がこの関係を満たすためには，すべての μ において

$$\pi_\mu(\mu) = \pi_\mu(\mu - c)$$

である必要がある．そこで $\mu = c$ とおけば，$\pi_\mu(c) = \pi_\mu(0)$ となり，さらに c は任意であったから，位置パラメータ μ の無情報事前分布として

$$\pi(\mu) \propto 1$$

が導かれる．

また，y の確率分布が

$$p(y) = \frac{1}{\sigma} q\left(\frac{y}{\sigma}\right)$$

と表されるときには，σ のことを尺度パラメータ (scale parameter) という．ここでは，$c\,(>0)$ を任意の定数とし，y を観測するかわりに $y^* = cy$ を観測することにする．いま，$\sigma^* = c\sigma$ とおけば，y^* の確率分布も $(1/\sigma^*)q(y^*/\sigma^*)$ と表され，y から σ を推定することと，y^* から σ^* を推定することは同じ問題であることが分かる．そこで，σ の事前分布を $\pi_\sigma(\sigma)$，σ^* の事前分布を $\pi_{\sigma^*}(\sigma^*)$ と表し，位置パラメータのときと同様に，σ と σ^* の無情報事前分布は同じであると考えれば，任意の区間 $[a,b]$ に対して

$$\int_a^b \pi_\sigma(\sigma)\mathrm{d}\sigma = \int_a^b \pi_{\sigma^*}(\sigma^*)\mathrm{d}\sigma^*$$

が成立する．さらに

$$\int_a^b \pi_{\sigma^*}(\sigma^*)\mathrm{d}\sigma^* = \int_a^b \pi_\sigma\left(\frac{\sigma^*}{c}\right)\frac{1}{c}\mathrm{d}\sigma^* = \int_{a/c}^{b/c} \pi_\sigma(\sigma)\mathrm{d}\sigma$$

なる関係が得られる．よって，

$$\int_a^b \pi_\sigma(\sigma)\mathrm{d}\sigma = \int_{a/c}^{b/c} \pi_\sigma(\sigma)\mathrm{d}\sigma$$

となり，この式を満たすためには，すべての σ について，

$$\pi_\sigma(\sigma) = \frac{1}{c}\pi_\sigma\left(\frac{\sigma}{c}\right)$$

でなければならない．いま $\sigma = c$ とすれば，$\pi_\sigma(c) = c^{-1}\pi_\sigma(1)$ となり，尺度パラメータ σ の無情報事前分布として，

$$\pi(\sigma) \propto \frac{1}{\sigma}$$

が導かれる．

例 1.7 $y \sim N(\mu, \sigma^2)$ とし，$\boldsymbol{\theta} = (\mu, \sigma)'$ とする．正規分布の確率密度関数は，

$$f(y|\boldsymbol{\theta}) = \frac{1}{(2\pi\sigma^2)^{1/2}} \exp\left\{-\frac{(y-\mu)^2}{2\sigma^2}\right\}$$

であるから，μ が位置パラメータ，σ が尺度パラメータとなる．したがって，μ と σ に対する無情報事前分布は，

$$\pi(\mu) \propto 1, \quad \pi(\sigma) \propto \frac{1}{\sigma}$$

となる．もし，μ と σ が独立であるとすれば，$\boldsymbol{\theta}$ の事前分布は，

$$\pi(\boldsymbol{\theta}) = \pi(\mu)\pi(\sigma) \propto \frac{1}{\sigma}$$

で与えられる．この無情報事前分布は，ジェフリーズの無情報事前分布と異なっている．

(1.5) 式の事前分布は，

$$\int_{-\infty}^{\infty} \pi(\theta) \mathrm{d}\theta = \infty$$

であるため，確率分布であるための条件を満たしていない．一般に，確率変数 $y \in \mathcal{Y}$ の確率分布 $p(y)$ が，

$$\int_{\mathcal{Y}} p(y) \mathrm{d}y = \infty$$

であるとき，この確率分布は非正則 (improper) であるという．それに対し，

$$\int_{\mathcal{Y}} p(y) \mathrm{d}y = 1$$

を満たすときには正則 (proper) であるという．事前情報がないとき，無情報事前分布を用いることは1つの選択肢ではあるが，無情報事前分布は非正則であることが多い．そうすると，確率分布ではない非正則な事前分布をベイズ的推論において用いてもよいのか?という疑問が生じる．この点についてはさまざまな議論があるが，ベイズ分析においては，事後分布が確率分布 (つまり正則) である限り非正則な事前分布を用いてもよいと考えられている．

例 1.8 例 1.1 の続き θ の事前分布として $\pi(\theta) \propto 1$ を考える. このとき, 事後分布は正規分布 $N\left(\bar{y}, \sigma^2/n\right)$ であり正則となっている.

非正則な事前分布を実際に用いるときには, 事後分布が正則であるかどうかを確かめる必要がある. しかし最近では, 統計モデルが複雑となり, 非正則な事前分布を用いたときに事後分布が正則であることを確認することが難しくなってきている. そこで実際の場面では, 正則な事前分布を利用するが, その分散が大きくなるようにハイパーパラメータの値を設定するということがよく行われている. これは, 事後分布の非正則性の問題を回避しつつ, 事前情報がないことを事前分布に反映させるためである.

1.3 事後分布

この節では, パラメータはスカラーであるとして, 推定や検定などのベイズ的推測について説明を行う. パラメータが多次元であるときには, 事後分布 $\pi(\boldsymbol{\theta}|\boldsymbol{y})$ から関心のあるパラメータ θ_i の周辺事後分布

$$\pi(\theta_i|\boldsymbol{y}) = \int_{\Theta_{-i}} \pi(\boldsymbol{\theta}|\boldsymbol{y}) d\boldsymbol{\theta}_{-i}$$

を考えればよい. ここで, $\boldsymbol{\theta}_{-i}$ は $\boldsymbol{\theta} = (\theta_1, \ldots, \theta_k)'$ から第 i 要素 θ_i を取り除いたもの, すなわち $\boldsymbol{\theta}_{-i} = (\theta_1, \ldots, \theta_{i-1}, \theta_{i+1}, \ldots, \theta_k)'$ であり, Θ_{-i} は $\boldsymbol{\theta}_{-i}$ のパラメータ空間を表す.

1.3.1 点推定

パラメータ $\theta \in \Theta$ の推定量は, 事後分布 $\pi(\theta|\boldsymbol{y})$ を要約する形で得られる. もっともよく用いられているのが**事後平均** (posterior mean) で,

$$\hat{\theta} = \int_\Theta \theta \pi(\theta|\boldsymbol{y}) d\theta$$

によって与えられる. 事後平均のほかに, **事後モード** (posterior mode) や**事後中央値** (posterior median) も推定によく用いられている. 事後モードは, 事後分布を最大にする θ であり,

$$\hat{\theta}_{\mathrm{mode}} = \arg\max_{\theta} \pi(\theta|\boldsymbol{y})$$

によって定義される．事後モードは，**最大事後確率推定量** (maximum a posteriori estimator) と呼ばれることもある．一方，事後中央値は事後分布の中央値である．すなわち，事後中央値を $\hat{\theta}_{\mathrm{med}}$ と表せば，

$$\int_{-\infty}^{\hat{\theta}_{\mathrm{med}}} \pi(\theta|\boldsymbol{y})\mathrm{d}\theta = 0.5$$

を満たす値である．

例 1.9 例 1.1 の続き θ の事後分布は $N(\hat{\theta}, \hat{\tau}^2)$ であった．ここで，

$$\hat{\theta} = \frac{\sigma^2/n}{\tau_0^2 + \sigma^2/n}\theta_0 + \frac{\tau_0^2}{\tau_0^2 + \sigma^2/n}\bar{y}, \quad \hat{\tau}^2 = \frac{\tau_0^2 \sigma^2}{n\tau_0^2 + \sigma^2}, \quad \bar{y} = \frac{1}{n}\sum_{i=1}^{n} y_i$$

である．正規分布の性質から，

$$\hat{\theta} = \hat{\theta}_{\mathrm{mode}} = \hat{\theta}_{\mathrm{med}}$$

となる．また，$\tau_0^2 \to \infty$ のときには，

$$\hat{\theta} = \hat{\theta}_{\mathrm{mode}} = \hat{\theta}_{\mathrm{med}} = \bar{y}$$

となり，ベイズ推定量と最尤推定量 (標本平均) が一致する．

例 1.10 例 1.3 の続き θ の事後分布は $Ga\left(\sum_{i=1}^{n} y_i + a_0, n + b_0\right)$ であるから，

$$\hat{\theta} = \frac{\sum_{i=1}^{n} y_i + a_0}{n + b_0}, \quad \hat{\theta}_{\mathrm{mode}} = \frac{\sum_{i=1}^{n} y_i + a_0 - 1}{n + b_0}$$

となる．

ベイズ統計学は，**決定理論** (decision theory) と密接な関係があることが知られている．いま，パラメータ θ の任意の推定量を $\tilde{\theta}$ とし，その**損失関数** (loss function) を $L(\tilde{\theta}, \theta)$ と表すことにする．ここで損失関数として，**二次損失関数** (quadratic loss function)

$$L(\tilde{\theta}, \theta) = (\tilde{\theta} - \theta)^2$$

を選べば，事後平均 $\hat{\theta}$ は期待損失

$$\mathrm{E}[L(\tilde{\theta},\theta)] = \int_\Theta (\tilde{\theta}-\theta)^2 \pi(\theta|\boldsymbol{y})\mathrm{d}\theta$$

の最小化から導出することができる．このことを確認するため，上式を $\tilde{\theta}$ に関して微分し 0 とおくと，

$$\frac{\mathrm{d}\mathrm{E}[L(\tilde{\theta},\theta)]}{\mathrm{d}\tilde{\theta}} = 2\int_\Theta (\tilde{\theta}-\theta)\pi(\theta|\boldsymbol{y})\mathrm{d}\theta = 0$$

が得られる．これを整理すれば，期待損失を最小にする $\tilde{\theta}$ は

$$\tilde{\theta} = \int_\Theta \theta\pi(\theta|\boldsymbol{y})\mathrm{d}\theta$$

であり，事後平均であることが分かる．同様に，事後中央値 $\hat{\theta}_\mathrm{med}$ は**線形損失関数** (linear loss function)

$$L(\tilde{\theta},\theta) = |\tilde{\theta}-\theta|$$

を，事後モード $\hat{\theta}_\mathrm{mode}$ は **0-1 損失関数** (0-1 loss function)

$$L(\tilde{\theta},\theta) = \begin{cases} 0, & |\tilde{\theta}-\theta| \leq \epsilon \\ 1, & |\tilde{\theta}-\theta| > \epsilon \end{cases} \quad (\epsilon > 0)$$

を考えたときに，それぞれの期待損失を最小にすることが知られている (Bernardo and Smith, 1994; Geweke, 2005)．

通常，パラメータの推定値が得られたときには，その推定値の精度を示す必要がある．古典的統計学では推定量の標準誤差 (standard error) がよく用いられるが，ベイズ統計学においては，

$$\int_\Theta (\theta-\hat{\theta})^2 \pi(\theta|\boldsymbol{y})\mathrm{d}\theta$$

で定義される**事後分散** (posterior variance)，あるいはその正の平方根である**事後標準偏差** (posterior standard deviation) が用いられる．

例 1.11 例 1.1 の続き 事後分散は $\hat{\tau}^2 = \tau_0^2\sigma^2/(n\tau_0^2+\sigma^2)$，事後標準偏差は $\hat{\tau} = \sqrt{\tau_0^2\sigma^2/(n\tau_0^2+\sigma^2)}$ である．

例 1.12 例 1.3 の続き 事後分散は $(\sum_{i=1}^n y_i + a_0)/(n+b_0)^2$ である．

1.3.2 区間推定

ベイズ統計学において,古典的統計学の信頼区間 (confidence interval) に対応するのが,信用区間 (credible interval) である.θ に対する $100(1-\alpha)\%$ の信用区間 $I = [l, u]$ は,

$$\int_l^u \pi(\theta|\boldsymbol{y}) \mathrm{d}\theta = 1 - \alpha$$

を満たす区間として定義される.

一般に,信用区間は多数存在する.そこで,信用区間の幅がなるべく小さくなるように事後分布の密度の高い部分に信用区間を選んだとき,これを**最高事後密度区間** (highest posterior density interval:以下 HPD 区間) と呼ぶ.より正確には,$100(1-\alpha)\%$ の HPD 区間 I_{HPD} は

$$I_{\mathrm{HPD}} = \{\theta | \pi(\theta|\boldsymbol{y}) \geq k(\alpha)\}$$

によって定義される.ただし,$k(\alpha)$ は

$$\int_{I_{\mathrm{HPD}}} \pi(\theta|\boldsymbol{y}) \mathrm{d}\theta = 1 - \alpha$$

を満たすように選ばれなければならない.

例 1.13 例 1.1 の続き 事後分布は正規分布であるので,θ に対する $100(1-\alpha)\%$ の HPD 区間は,$I_{\mathrm{HPD}} = [\hat{\theta} - z(\alpha/2)\hat{\tau}, \hat{\theta} + z(\alpha/2)\hat{\tau}]$ となる.ここで,$z(\alpha/2)$ は標準正規分布 $N(0,1)$ の上側確率が $\alpha/2$ となる点である.

事後分布が対称でない限り,HPD 区間の計算はかなり面倒である.そこで,実際の分析では,事後分布の $\alpha/2$ 分位点 $q_{\alpha/2}$ と $(1-\alpha/2)$ 分位点 $q_{1-\alpha/2}$ を計算し,$I = [q_{\alpha/2}, q_{1-\alpha/2}]$ を $100(1-\alpha)\%$ 信用区間として用いることが多い.

1.3.3 仮説検定

仮説検定は,パラメータ $\theta \in \Theta$ に関して 2 つの仮説

$$H_0 : \theta \in \Theta_0, \quad H_1 : \theta \in \Theta_1$$

を設定し,データ $\boldsymbol{y}$ に基づいてどちらが正しいかを判断するための手続きである.ここで,$\Theta_i \subset \Theta \ (i=0,1)$, $\Theta_0 \cap \Theta_1 = \emptyset$ である.ベイズ統計学における

1.3 事後分布

仮説検定は,それぞれの仮説に対する**事後確率** (posterior probability)

$$P(H_0|\boldsymbol{y}), \quad P(H_1|\boldsymbol{y})$$

を計算し,これらを比較することによって行われる.

いま,パラメータの事前分布と同様に,2つの仮説に対する事前情報を**事前確率** (prior probability) を用いて表し,これを $P(H_i)$ $(i=0,1)$ と表記することにする.このとき,

$$\frac{P(H_0)}{P(H_1)}$$

のことを H_1 に対する H_0 の**事前オッズ比** (prior odds ratio) と呼ぶ.例えば,事前オッズ比が 2 $(P(H_0)=2/3, P(H_1)=1/3)$ であれば,分析者は帰無仮説 H_0 の方が対立仮説 H_1 よりも 2 倍正しいと考えていることを意味する.また,事前オッズ比が 1 $(P(H_0)=P(H_1)=1/2)$ であれば,分析者は帰無仮説と対立仮説は無差別であると考えていることになる.

それに対して,事後確率の比

$$\frac{P(H_0|\boldsymbol{y})}{P(H_1|\boldsymbol{y})}$$

を**事後オッズ比** (posterior odds ratio) という.各仮説のもとでのパラメータに対する正則な事前分布を $\pi(\theta|H_i)$ $(i=0,1)$ と表せば,ベイズの定理より事後確率は,

$$P(H_i|\boldsymbol{y}) = \frac{P(H_i)m(\boldsymbol{y}|H_i)}{P(H_0)m(\boldsymbol{y}|H_0)+p(H_1)m(\boldsymbol{y}|H_1)} \quad (i=0,1)$$

と表すことができる.ここで,$m(\boldsymbol{y}|H_i)$ は仮説 H_i のもとでの周辺尤度であり,

$$m(\boldsymbol{y}|H_i) = \int_{\Theta_i} f(\boldsymbol{y}|\theta)\pi(\theta|H_i)\mathrm{d}\theta$$

で与えられる.事後オッズ比を用いれば,その値が 1 より小さいとき,すなわち $P(H_0|\boldsymbol{y}) < P(H_1|\boldsymbol{y})$ であるとき,帰無仮説 H_0 は棄却されることになる.

事後オッズ比のほかに,

$$BF_{01} = \frac{P(H_0|\boldsymbol{y})/P(H_1|\boldsymbol{y})}{P(H_0)/P(H_1)} = \frac{事後オッズ比}{事前オッズ比} \tag{1.6}$$

によって定義される**ベイズ・ファクター** (Bayes factor) も広く用いられている.

表 1.1 ベイズ・ファクターの解釈 (Jeffreys, 1961)

BF_{01}	$\log_{10} BF_{01}$	H_0 に反する証拠
$0.00 \sim 0.01$	$-\infty \sim -2.0$	H_0 に反する証拠が決定的である
$0.01 \sim 0.03$	$-2.0 \sim -1.5$	H_0 に反する証拠が非常に強い
$0.03 \sim 0.10$	$-1.5 \sim -1.0$	H_0 に反する証拠が強い
$0.10 \sim 0.32$	$-1.0 \sim -0.5$	H_0 に反する証拠が十分にある
$0.32 \sim 1.00$	$-0.5 \sim 0.0$	H_0 に反する証拠があまりあるとはいえない
$1.00 \sim$	$0.0 \sim$	H_0 を支持する

Jeffreys (1961) は,帰無仮説に反する証拠があるかどうかについて,表 1.1 にしたがってベイズ・ファクターを解釈することを提案している.また,上式を書き直せば,

$$\underbrace{\frac{P(H_0|\boldsymbol{y})}{P(H_1|\boldsymbol{y})}}_{\text{事後オッズ比}} = \underbrace{\frac{P(H_0)}{P(H_1)}}_{\text{事前オッズ比}} \times \underbrace{BF_{01}}_{\text{ベイズ・ファクター}}$$

なる関係が得られ,$P(H_0) = P(H_1)$ であればベイズ・ファクターと事後オッズ比は同じものとなる.さらに,(1.6) 式のベイズ・ファクターを整理すれば,

$$BF_{01} = \frac{m(\boldsymbol{y}|H_0)}{m(\boldsymbol{y}|H_1)} \tag{1.7}$$

と表すことができ,周辺尤度が仮説検定において重要な役割を果たしていることが分かる.

ここで説明した仮説検定の方法は,モデル選択の問題へ容易に拡張することができる.いま,J 個のモデルがあり,これを記号 M_i $(i = 1, \ldots, J)$ によって表すことにする.また,モデル M_i における統計モデルを $f(\boldsymbol{y}|\theta_i, M_i)$ と表し,パラメータ $\theta_i \in \Theta_i$ の事前分布を $\pi(\theta_i|M_i)$,さらにモデルの事前確率を $\pi(M_i)$ とする.このとき,モデル M_j に対するモデル M_i のベイズ・ファクターは,(1.6), (1.7) 式と同様に

$$BF_{ij} = \frac{P(M_i|\boldsymbol{y})/P(M_j|\boldsymbol{y})}{P(M_i)/P(M_j)} = \frac{m(\boldsymbol{y}|M_i)}{m(\boldsymbol{y}|M_j)}$$

によって与えられる.ここで,

$$\pi(M_i|\boldsymbol{y}) = \frac{m(\boldsymbol{y}|M_i)\pi(M_i)}{\sum_{j=1}^{J} m(\boldsymbol{y}|M_j)\pi(M_j)}$$

1.3 事後分布

$$m(\boldsymbol{y}|M_i) = \int_{\Theta_i} f(\boldsymbol{y}|\theta_i, M_i)\pi(\theta_i|M_i)\mathrm{d}\theta_i$$

である．ベイズ的推論では，各モデルの周辺尤度を計算し，事後オッズ比を用いてモデルを比較したり，周辺尤度の値がもっとも大きいモデルを選択することになる．

例 1.14 ある確率分布からのデータとして，$\boldsymbol{y} = (0.3,\ 0.6,\ 0.7,\ 0.8,\ 0.9)'$ を観測したとする．このとき，y_i の統計モデルとして，

$$f(y_i|\boldsymbol{\theta}_1, M_1) = \begin{cases} 2\theta_{11}, & 0 \leq y_i < \frac{1}{2} \\ 2\theta_{12}, & \frac{1}{2} \leq y_i < 1 \\ 0, & その他 \end{cases}$$

$$f(y_i|\boldsymbol{\theta}_2, M_2) = \begin{cases} 3\theta_{21}, & 0 \leq y_i < \frac{1}{3} \\ 3\theta_{22}, & \frac{1}{3} \leq y_i < \frac{2}{3} \\ 3\theta_{23}, & \frac{2}{3} \leq y_i < 1 \\ 0, & その他 \end{cases}$$

の 2 つを考えることにする．ただし，$\boldsymbol{\theta}_1 = (\theta_{11}, \theta_{12})'$, $\boldsymbol{\theta}_2 = (\theta_{21}, \theta_{22}, \theta_{23})'$, $\sum_j \theta_{ij} = 1\ (i = 1, 2)$ である．さらに，各モデルのパラメータに対する事前分布として，次のディリクレ分布を仮定する．

$$\pi(\boldsymbol{\theta}_1|M_1) = Dir(1,1), \quad \pi(\boldsymbol{\theta}_2|M_2) = Dir(1,1,1)$$

このとき，各モデルの事後分布は

$$\pi(\boldsymbol{\theta}_1|\boldsymbol{y}, M_1) = Dir(2,5), \quad \pi(\boldsymbol{\theta}_2|\boldsymbol{y}, M_2) = Dir(2,2,4)$$

となることが分かる．これより，周辺尤度は

$$m(\boldsymbol{y}|M_1) = 2^5 \frac{\Gamma(2)\Gamma(5)}{\Gamma(7)} = \frac{16}{15}, \quad m(\boldsymbol{y}|M_2) = 2 \cdot 3^5 \frac{\Gamma(2)\Gamma(2)\Gamma(4)}{\Gamma(8)} = \frac{81}{140}$$

と計算される．よって，ベイズ・ファクターは $BF_{12} = \frac{16/15}{81/140} \approx 1.84$ となり，より単純な M_1 が選ばれることになる．

仮説検定やモデル選択を行うとき，パラメータの事前分布について注意しなければならないことがある．例えば，パラメータ $\theta_i \in (-\infty, \infty)$ の事前分布として $\pi(\theta_i|M_i) \propto 1$ を仮定したとする．この事前分布は非正則であり，任意の

定数 $c_i\,(>0)$ を用いて $\pi(\theta_i|M_i)=c_i$ と表すことができる．このとき，周辺尤度は

$$m(\boldsymbol{y}|M_i) = \int_{\Theta_i} f(\boldsymbol{y}|\theta_i,M_i)\pi(\theta_i|M_i)\mathrm{d}\theta_i$$
$$= c_i \int_{\Theta_i} f(\boldsymbol{y}|\theta_i,M_i)\mathrm{d}\theta_i$$

と表される．c_i は任意の定数であったから，周辺尤度の値も任意となり，仮説検定やモデル選択を周辺尤度に基づいて行うことはできないことになる．この例が示すように，周辺尤度やベイズ・ファクターを用いて仮説検定やモデル選択を行う場合には，パラメータの事前分布は正則でなければならない．もし非正則な事前分布を用いたときには，情報量規準など別の統計量を用いる必要がある (第 4 章を参照)．

1.3.4 予 測

すでに観測されたデータを使って，まだ観測されていない将来のデータ y_f を予測したいことがある．y_f の確率分布を $f(y_f|\boldsymbol{y},\theta)$ と表せば，ベイズ的推論では，

$$\pi(y_f|\boldsymbol{y}) = \int_{\Theta} f(y_f|\boldsymbol{y},\theta)\pi(\theta|\boldsymbol{y})\mathrm{d}\theta \tag{1.8}$$

で与えられる予測分布 (predictive distribution) に基づいて y_f に関する予測を行う．これは，パラメータに関する推測を事後分布に基づいて行うのとまったく同じであり，例えば，y_f の点推定値が必要であれば予測分布の平均値やモードを計算すればよいし，予測区間が必要であれば予測分布から $100(1-\alpha)\%$ 信用区間を計算すればよい．ここで，予測分布が事後分布 $\pi(\theta|\boldsymbol{y})$ に関する $f(y_f|\boldsymbol{y},\theta)$ の期待値となっていることに注意してほしい．後で見るように，(1.8) 式はシミュレーション法を適用するのに便利な表現となっている．

1.4　近似による計算

パラメータ $\boldsymbol{\theta} \in \Theta \subset \mathbb{R}^k$ の関数を $g(\boldsymbol{\theta})$ と表す．ベイズ統計学では，

$$\mathrm{E}\left[g(\boldsymbol{\theta})\right] = \int_{\Theta} g(\boldsymbol{\theta})\pi(\boldsymbol{\theta}|\boldsymbol{y})\mathrm{d}\boldsymbol{\theta}$$

で与えられる期待値の計算をしなければならないことが多くある．例えば，事後平均値や事後分散を求める場合などである．しかし，一般にこの積分を解くのは難しく，シミュレーションによる推定方法が提案される以前では，数値積分や近似によってその値を求めていた．ここでは，ベイズ分析でよく用いられてきた近似法を2つ紹介する．

1.4.1 正規分布による近似

事後分布 $\pi(\boldsymbol{\theta}|\boldsymbol{y})$ の事後モードを $\boldsymbol{\theta}^*$ と表す．事後分布の対数をとり，$\boldsymbol{\theta}^*$ の周りでテイラー展開すれば，

$$\log \pi(\boldsymbol{\theta}|\boldsymbol{y}) \approx \log \pi(\boldsymbol{\theta}^*|\boldsymbol{y}) - \frac{1}{2}(\boldsymbol{\theta}-\boldsymbol{\theta}^*)' \boldsymbol{V}^{-1}(\boldsymbol{\theta}-\boldsymbol{\theta}^*)$$

を得る．ここで，

$$\boldsymbol{V}^{-1} = -\left.\frac{\partial^2 \log \pi(\boldsymbol{\theta}|\boldsymbol{y})}{\partial \boldsymbol{\theta} \partial \boldsymbol{\theta}'}\right|_{\boldsymbol{\theta}=\boldsymbol{\theta}^*}$$

である．したがって，

$$\pi(\boldsymbol{\theta}|\boldsymbol{y}) \approx \exp\left\{\log \pi(\boldsymbol{\theta}^*|\boldsymbol{y}) - \frac{1}{2}(\boldsymbol{\theta}-\boldsymbol{\theta}^*)' \boldsymbol{V}^{-1}(\boldsymbol{\theta}-\boldsymbol{\theta}^*)\right\}$$
$$\propto \exp\left\{-\frac{1}{2}(\boldsymbol{\theta}-\boldsymbol{\theta}^*)' \boldsymbol{V}^{-1}(\boldsymbol{\theta}-\boldsymbol{\theta}^*)\right\}$$
$$= N(\boldsymbol{\theta}^*, \boldsymbol{V})$$

となる．この式は，事後分布が正規分布によって近似できることを示している．

例 1.15 θ の事後分布は χ 分布

$$\pi(\theta|\boldsymbol{y}) \propto \theta^{\nu_0-1} e^{-\theta^2/2} \quad (\theta \geq 0)$$

であるとしよう（χ^2 分布ではないので注意）．ここで，ν_0 は自由度を表し，$\nu_0 \geq 1$ であるとする．このとき，

$$\frac{\mathrm{d}\log\pi(\theta|\boldsymbol{y})}{\mathrm{d}\theta} = \frac{\nu_0-1}{\theta} - \theta, \quad \frac{\mathrm{d}^2\log\pi(\theta|\boldsymbol{y})}{\mathrm{d}\theta^2} = -\frac{\nu_0-1}{\theta^2} - 1$$

が得られる．したがって，事後モードは $\theta^* = \sqrt{\nu_0-1}$ であり，

$$\pi(\theta|\boldsymbol{y}) \approx N\left(\sqrt{\nu_0-1}, \frac{1}{2}\right)$$

なる近似が得られる．図 1.4 には，$\nu_0 \in \{4, 16, 36, 100\}$ に対する正規分布による近似の結果が示されており，ν_0 の値が大きいときには近似がかなり正確であることが見てとれる．

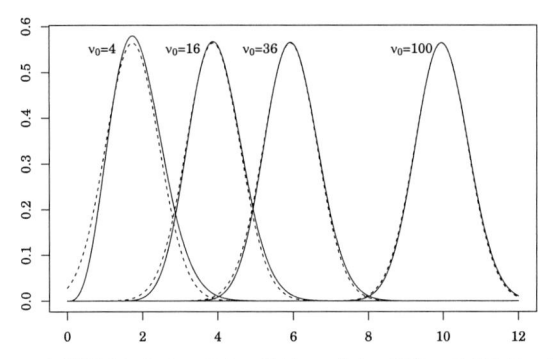

図 1.4　正規分布による χ 分布の近似：χ 分布 (実線)，正規近似 (破線)

1.4.2　ラプラス法による近似

関数 $f(\boldsymbol{\theta})$ と $h(\boldsymbol{\theta})$ が与えられたとき，積分

$$I = \int_\Theta f(\boldsymbol{\theta})e^{-nh(\boldsymbol{\theta})}\mathrm{d}\boldsymbol{\theta} \tag{1.9}$$

を近似することを考える．ここで，$f, h : \Theta \to \mathbb{R}$，$-h(\boldsymbol{\theta})$ は $\boldsymbol{\theta}^*$ で最大値をとるものとする．

まず，f と h を $\boldsymbol{\theta}^*$ の周りでテイラー展開すると，

$$f(\boldsymbol{\theta}) \approx f(\boldsymbol{\theta}^*) + f_{\boldsymbol{\theta}}(\boldsymbol{\theta}^*)'(\boldsymbol{\theta} - \boldsymbol{\theta}^*) + \frac{1}{2}(\boldsymbol{\theta} - \boldsymbol{\theta}^*)'\boldsymbol{\Sigma}_f^{-1}(\boldsymbol{\theta} - \boldsymbol{\theta}^*)$$

$$h(\boldsymbol{\theta}) \approx h(\boldsymbol{\theta}^*) + h_{\boldsymbol{\theta}}(\boldsymbol{\theta}^*)'(\boldsymbol{\theta} - \boldsymbol{\theta}^*) + \frac{1}{2}(\boldsymbol{\theta} - \boldsymbol{\theta}^*)'\boldsymbol{\Sigma}_h^{-1}(\boldsymbol{\theta} - \boldsymbol{\theta}^*)$$

を得る．ここで，$f_{\boldsymbol{\theta}}(\boldsymbol{\theta}) = \partial f(\boldsymbol{\theta})/\partial \boldsymbol{\theta}$，$h_{\boldsymbol{\theta}}(\boldsymbol{\theta}) = \partial h(\boldsymbol{\theta})/\partial \boldsymbol{\theta}$，

$$\boldsymbol{\Sigma}_f^{-1} = \left.\frac{\partial^2 f(\boldsymbol{\theta})}{\partial \boldsymbol{\theta} \partial \boldsymbol{\theta}'}\right|_{\boldsymbol{\theta}=\boldsymbol{\theta}^*}, \quad \boldsymbol{\Sigma}_h^{-1} = \left.\frac{\partial^2 h(\boldsymbol{\theta})}{\partial \boldsymbol{\theta} \partial \boldsymbol{\theta}'}\right|_{\boldsymbol{\theta}=\boldsymbol{\theta}^*}$$

である．テイラー展開の結果を (1.9) 式に代入し，$h_{\boldsymbol{\theta}}(\boldsymbol{\theta}^*) = \boldsymbol{0}$ であることに注意すれば，

$$I \approx \int_\Theta \left\{ f(\boldsymbol{\theta}^*) + f_{\boldsymbol{\theta}}(\boldsymbol{\theta}^*)'(\boldsymbol{\theta} - \boldsymbol{\theta}^*) + \frac{1}{2}(\boldsymbol{\theta} - \boldsymbol{\theta}^*)' \boldsymbol{\Sigma}_f^{-1}(\boldsymbol{\theta} - \boldsymbol{\theta}^*) \right\}$$
$$\times \exp\left\{ -nh(\boldsymbol{\theta}^*) - \frac{n}{2}(\boldsymbol{\theta} - \boldsymbol{\theta}^*)' \boldsymbol{\Sigma}_h^{-1}(\boldsymbol{\theta} - \boldsymbol{\theta}^*) \right\} \mathrm{d}\boldsymbol{\theta}$$
$$= e^{-nh(\boldsymbol{\theta}^*)} \int_\Theta \left\{ f(\boldsymbol{\theta}^*) + f_{\boldsymbol{\theta}}(\boldsymbol{\theta}^*)'(\boldsymbol{\theta} - \boldsymbol{\theta}^*) + \frac{1}{2}(\boldsymbol{\theta} - \boldsymbol{\theta}^*)' \boldsymbol{\Sigma}_f^{-1}(\boldsymbol{\theta} - \boldsymbol{\theta}^*) \right\}$$
$$\times \exp\left\{ -\frac{n}{2}(\boldsymbol{\theta} - \boldsymbol{\theta}^*)' \boldsymbol{\Sigma}_h^{-1}(\boldsymbol{\theta} - \boldsymbol{\theta}^*) \right\} \mathrm{d}\boldsymbol{\theta}$$

となる．最後の項は，正規分布 $N(\boldsymbol{\theta}^*, (1/n)\boldsymbol{\Sigma}_h)$ の核であるから，

$$I \approx \left(\frac{2\pi}{n}\right)^{k/2} |\boldsymbol{\Sigma}_h|^{1/2} e^{-nh(\boldsymbol{\theta}^*)} \left\{ f(\boldsymbol{\theta}^*) + \frac{\mathrm{tr}(\boldsymbol{\Sigma}_f^{-1}\boldsymbol{\Sigma}_h)}{2n} \right\}$$

が得られる．ここで，$\mathrm{tr}(\boldsymbol{A})$ は行列 $\boldsymbol{A}$ のトレースを表す．また導出において，平均が $\boldsymbol{0}$，共分散行列が $\boldsymbol{\Sigma}$ である確率変数 $\boldsymbol{x}$ については，$\mathrm{E}[\boldsymbol{x}'\boldsymbol{A}\boldsymbol{x}] = \mathrm{tr}(\boldsymbol{A}\boldsymbol{\Sigma})$ が成立することを用いている．よって，n が十分大きいときには，トレースの項を無視すれば，I に対して

$$I \approx f(\boldsymbol{\theta}^*) \left(\frac{2\pi}{n}\right)^{k/2} |\boldsymbol{\Sigma}_h|^{1/2} e^{-nh(\boldsymbol{\theta}^*)} \tag{1.10}$$

なる近似が得られる．この近似方法をラプラス法 (Laplace's method) という．

例 1.16 ラプラス法をガンマ関数 (Gamma function)

$$\Gamma(n) = \int_0^\infty t^{n-1} e^{-t} \mathrm{d}t$$

に適用してみよう．$\theta = t/n$, $h(\theta) = \theta - \log\theta$ とすれば，ガンマ関数を

$$\Gamma(n+1) = n \int_0^\infty (n\theta)^n e^{-n\theta} \mathrm{d}\theta = n^{n+1} \int_0^\infty e^{-nh(\theta)} \mathrm{d}\theta$$

と書き直すことができる．$h(\theta)$ を微分すれば，$h'(\theta) = 1 - 1/\theta$, $h''(\theta) = 1/\theta^2$ であるから，$\theta^* = 1$, $h(\theta^*) = 1$, $h''(\theta^*) = 1$ を得る．$f(\theta) = 1$, $k = 1$ であることに注意して，(1.10) 式に代入すると

$$\Gamma(n+1) \approx n^{n+1} \sqrt{\frac{2\pi}{n} \cdot \frac{1}{h''(\theta^*)}} e^{-nh(\theta^*)} = \sqrt{2\pi n} \frac{n^n}{e^n}$$

が得られ，これはスターリングの公式 (Stirling's formula) となっている．

次に

$$\mathrm{E}[g(\boldsymbol{\theta})] = \frac{\int_\Theta g(\boldsymbol{\theta})e^{-nh(\boldsymbol{\theta})}\mathrm{d}\boldsymbol{\theta}}{\int_\Theta e^{-nh(\boldsymbol{\theta})}\mathrm{d}\boldsymbol{\theta}} \tag{1.11}$$

で与えられる期待値を考えることにする．この式において，

$$\frac{e^{-nh(\boldsymbol{\theta})}}{\int_\Theta e^{-nh(\boldsymbol{\theta})}\mathrm{d}\boldsymbol{\theta}}$$

はベイズ的推論における $\boldsymbol{\theta}$ の事後分布に対応している．(1.11) 式の分母では $f(\boldsymbol{\theta}) = 1$，分子では $f(\boldsymbol{\theta}) = g(\boldsymbol{\theta})$ であると考え，分母と分子に対してそれぞれラプラス法を適用すると，

$$\mathrm{E}[g(\boldsymbol{\theta})] \approx \frac{g(\boldsymbol{\theta}^*)(2\pi/n)^{k/2}|\boldsymbol{\Sigma}_h|^{1/2}e^{-nh(\boldsymbol{\theta}^*)}}{(2\pi/n)^{k/2}|\boldsymbol{\Sigma}_h|^{1/2}e^{-nh(\boldsymbol{\theta}^*)}} = g(\boldsymbol{\theta}^*) \tag{1.12}$$

となる．Tierney and Kadane (1986) は，この場合の近似は正規分布による近似と精度が変わらないことを証明した．

もし，$g(\boldsymbol{\theta}) > 0$ であれば，

$$g(\boldsymbol{\theta})e^{-nh(\boldsymbol{\theta})} = e^{\log g(\boldsymbol{\theta}) - nh(\boldsymbol{\theta})} = e^{-n\tilde{h}(\boldsymbol{\theta})}$$

と書き直し，$\tilde{\boldsymbol{\theta}}$ において $-\tilde{h}(\boldsymbol{\theta})$ は最大値をとるとする．再び分母と分子にラプラス法を適用すれば，

$$\mathrm{E}[g(\boldsymbol{\theta})] \approx \frac{|\boldsymbol{\Sigma}_{\tilde{h}}|^{1/2}e^{-n\tilde{h}(\tilde{\boldsymbol{\theta}})}}{|\boldsymbol{\Sigma}_h|^{1/2}e^{-nh(\boldsymbol{\theta}^*)}}$$

を得る．ただし，

$$\boldsymbol{\Sigma}_{\tilde{h}}^{-1} = \left.\frac{\partial^2 \tilde{h}(\boldsymbol{\theta})}{\partial \boldsymbol{\theta} \partial \boldsymbol{\theta}'}\right|_{\boldsymbol{\theta} = \tilde{\boldsymbol{\theta}}}$$

である．この場合の近似は (1.12) 式による近似よりも精度がよいことが，Tierney and Kadane (1986) において示されている．

例 1.17 例 1.2 の続き 事後分布は $Be\left(\sum_{i=1}^n y_i + a_0, n - \sum_{i=1}^n y_i + b_0\right)$ であったから，事後平均は

$$\mathrm{E}(\theta) = \frac{\sum_{i=1}^n y_i + a_0}{n + a_0 + b_0}$$

である．いま，$g(\theta) = \theta$ としてラプラス法を適用すれば，事後平均の近似として

$$\mathrm{E}(\theta) \approx \frac{(\sum_{i=1}^{n} y_i + a_0)^{\sum_{i=1}^{n} y_i + a_0 + 1/2}(n + a_0 + b_0 - 2)^{n+a_0+b_0-1/2}}{(\sum_{i=1}^{n} y_i + a_0 - 1)^{\sum_{i=1}^{n} y_i + a_0 - 1/2}(n + a_0 + b_0 - 1)^{n+a_0+b_0+1/2}}$$

が得られる．表 1.2 には，$\sum_{i=1}^{n} y_i = 3, a_0 = b_0 = 1$ としたときの計算結果が示されている．n が大きくなるにつれて，近似の精度がよくなっていくことが分かる．

表 1.2　ラプラス法による事後平均の近似

n	厳密	近似値
5	0.5714	0.5578
10	0.3333	0.3326
15	0.2353	0.2359
20	0.1818	0.1826
25	0.1481	0.1489
30	0.1250	0.1257
50	0.0769	0.0774
75	0.0519	0.0523
100	0.0392	0.0395

Chapter 2
モンテカルロ法

近年の計算機のめざましい発展に伴い，統計科学の分野において**乱数** (random number) を利用した数値計算法が広く用いられるようになってきた．この方法は**モンテカルロ法** (Monte Carlo method) と呼ばれ，ベイズ統計学では，
1) 確率分布 $\pi(\boldsymbol{x})$ にしたがう乱数 $\boldsymbol{x}$ を発生させること
2) 確率変数 $\boldsymbol{x} \in \mathcal{X}$ の関数 $g(\boldsymbol{x})$ に対して，その期待値

$$\mathrm{E}[g(\boldsymbol{x})] = \int_{\mathcal{X}} g(\boldsymbol{x})\pi(\boldsymbol{x})\mathrm{d}\boldsymbol{x}$$

を計算すること

を主たる目的として利用されている．本章では，これら 2 点について説明する．

2.1 サンプリングの基本アルゴリズム

この節では，1 次元の確率変数 $x \in \mathcal{X} \subset \mathbb{R}$ を考え，その確率分布 $\pi(x)$ から乱数を発生させるための基本的な方法を紹介する．なお，以下では，記号 $\pi(\cdot)$ は確率密度関数および確率分布の両方を表すために用い，誤解の恐れがないときには，例えば $\pi(x) = N(\mu, \sigma^2)$ と書くことによって，$\pi(x)$ が正規分布の確率密度関数であることを表す．また，確率分布から乱数を発生させることをサンプリング (sampling)，得られた乱数をサンプル (sample) と呼んだりする．さらに，一様分布，正規分布，ガンマ分布などの標準的な確率分布にしたがう乱数については利用できるものとして説明を行う (標準的な確率分布からのサンプリング法については，Devroye, 1986; Ripley, 1987; Gentle, 2003; Tanizaki, 2004 などを参照).

2.1.1 逆変換法

連続型確率変数 x の分布関数を

$$F(z) = \int_{-\infty}^{z} \pi(x) \mathrm{d}x$$

と表すことにする．また，分布関数の逆関数 (分位点関数) を $F^{-1}(u)$ と表記し，既知であるとする．このとき，次の定理が成立する．

定理 2.1 $u \sim U(0,1)$ とし，$y = F^{-1}(u)$ なる変数変換を考える．このとき，$y \sim F$ が成立する．

証明 いま，$y = F^{-1}(u)$ の分布関数を F_y と表す．このとき，
$$F_y(z) = P(y \leq z) = P\bigl(F^{-1}(u) \leq z\bigr) = P\bigl(F(F^{-1}(u)) \leq F(z)\bigr)$$
$$= P(u \leq F(z)) = F(z)$$

となる．これは，y の確率分布が F であることを示している．　□

この定理を用いれば，アルゴリズム 2.1 に示されている**逆変換法** (inverse transform method) と呼ばれる以下の方法によって，$\pi(x)$ からサンプリングすることができる．

アルゴリズム 2.1　逆変換法
1: 一様分布 $U(0,1)$ から u を発生させる．
2: $x = F^{-1}(u)$ を返す．

例 2.1　指数分布 $Exp(\theta)$ の分布関数は，
$$F(z) = 1 - e^{-\theta z}$$

であり，その逆関数は
$$F^{-1}(u) = -\frac{1}{\theta} \log(1-u)$$

で与えられる．したがって，指数分布からのサンプリングは，$U(0,1)$ から u を発生させ，
$$x = -\frac{1}{\theta} \log(1-u)$$

とすればよい．

> **例 2.2**　一般化 λ 分布は，分位点関数
> $$F^{-1}(u) = \mu + \frac{1}{\sigma}\left\{\frac{u^{\alpha}-1}{\alpha} - \frac{(1-u)^{\beta}-1}{\beta}\right\} \quad (0 \leq u \leq 1)$$
> によって定義される確率分布である (Freimer et al., 1988)．ここで，μ, σ, α, β はパラメータを表す．したがって，逆変換法を用いれば一般化 λ 分布から容易にサンプリングすることができる．

> **例 2.3**　切断正規分布 $N(\mu, \sigma^2)I(a, b)$ からのサンプリングを考える．多くの数値計算ライブラリーでは，標準正規分布の分布関数 $\Phi(z)$ やその逆関数 $\Phi^{-1}(u)$ が用意されているので，u を $U(0, 1)$ から発生させ，
> $$x = \mu + \sigma\Phi^{-1}(p_a + u(p_b - p_a))$$
> とすれば，切断正規分布からサンプリングすることができる．ここで，
> $$p_a = \Phi\left(\frac{a-\mu}{\sigma}\right), \quad p_b = \Phi\left(\frac{b-\mu}{\sigma}\right)$$
> である．切断正規分布に対する別のサンプリング法については，例えば Chopin (2011) を参照されたい．

2.1.2　棄却法

多くの確率分布では，分布関数の逆関数を求めることは容易ではない．そのため，逆変換法を利用したサンプリングは限られた場合にしか利用できない．逆変換法に代わる方法として，次の定理を基礎とする**棄却法** (rejection method) がよく用いられる (棄却法は，**受容・棄却法** (acceptance-rejection method) ともいわれる)．

> **定理 2.2**　確率変数 $x \in \mathcal{X}$ の確率密度関数は $q(x)$ であり，$u \sim U(0, 1)$ とする．このとき，$u \leq h(x)$ を満たす x だけを考えると，x の密度関数は，
> $$\frac{h(x)q(x)}{\int_{\mathcal{X}} h(x)q(x)\mathrm{d}x} \tag{2.1}$$
> で与えられる．

証明 x と u について,

$$P(x \leq z, u \leq h(x)) = \int_{-\infty}^{z} \int_0^{h(x)} q(x) \mathrm{d}u \mathrm{d}x = \int_{-\infty}^{z} h(x)q(x)\mathrm{d}x$$

が成立するので,

$$P(u \leq h(x)) = \int_{\mathcal{X}} h(x)q(x)\mathrm{d}x$$

となる. したがって,

$$P(x \leq z | u \leq h(x)) = \frac{\int_{-\infty}^{z} h(x)q(x)\mathrm{d}x}{\int_{\mathcal{X}} h(x)q(x)\mathrm{d}x}$$

を得る. □

確率密度関数 $q(x)$ はサンプリングが容易で, $\pi(x) > 0$ であるすべての x に対して,

$$\pi(x) \leq Cq(x) < \infty$$

が成り立つとする. ここで, C は定数を表し, $Cq(x)$ は**包絡関数** (envelope function) と呼ばれる. (2.1) 式において,

$$h(x) = \frac{\pi(x)}{Cq(x)}$$

とすれば, x の密度関数は $\pi(x)$ となる. そこで, $\pi(x)$ からサンプリングするためのアルゴリズムとして, 次のアルゴリズム 2.2 が得られる.

アルゴリズム 2.2 棄却法

1: $q(y)$ から y を発生させる.
2: $U(0,1)$ から u を発生させる.
3: もし

$$u \leq \frac{\pi(y)}{Cq(y)}$$

であれば, y を受容し $x = y$ を返す. そうでなければ, y を棄却して 1 に戻る.

棄却法では, 1 つの x をサンプリングするために, $u \leq \pi(y)/\{Cq(y)\}$ が満たされるまでステップ 1 と 2 を繰り返さなければならない. 当然, この繰り返

しが少ない方が効率的なアルゴリズムとなる．定理 2.2 より，ステップ 3 において y が採択される確率は $1/C$ であるから，C の値がなるべく小さい，すなわち，$\pi(x)$ をうまく近似するような $q(x)$ を選ぶことが望ましい．

ここでは，x を 1 次元の確率変数として説明したが，棄却法は多次元の確率分布に対しても適用することができる．また，ベイズ統計学との関連でいえば，ステップ 3 では $\pi(x)$ と $q(x)$ の比を計算しているので，$\pi(x)$ の正規化定数が分からない場合でも棄却法が利用できる点は重要である．

例 2.4 棄却法を使って，切断正規分布

$$\pi(x) = \frac{2}{\sqrt{2\pi}} e^{-x^2/2} \quad (x \geq 0) \tag{2.2}$$

からサンプリングを行うことにする．いま，$q(x) = e^{-x}$ とすれば，

$$\frac{\pi(x)}{q(x)} = \sqrt{\frac{2}{\pi}} e^{x - x^2/2}$$

となる．$\pi(x)/q(x)$ の最大値は，$x - x^2/2$ を最大にする x の値，つまり $x = 1$ のときに得られる．よって，$C = \sqrt{2e/\pi}$ ($1/C \approx 0.76$) とおけば，すべての $x \geq 0$ について $\pi(x) \leq Cq(x)$ となる．図 2.1 には，$\pi(x)$ と $Cq(x)$ のグラフ (左)，棄却法によって得られた 10000 個のサンプルのヒストグラム (右) が示されている．

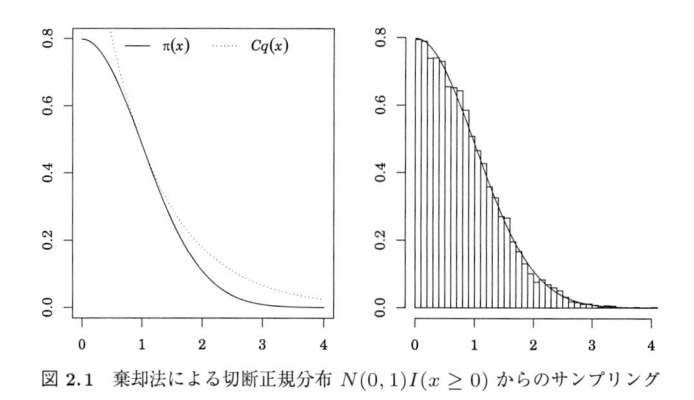

図 2.1 棄却法による切断正規分布 $N(0,1)I(x \geq 0)$ からのサンプリング

もし，$l(x) \leq \pi(x)$ を満たす関数 $l(x)$ を見つけることができれば，抉り出し

法 (squeeze method) と呼ばれる方法を適用して，アルゴリズム 2.3 に示されているように棄却法を変更することができる (Devroye, 1986).

アルゴリズム 2.3 棄却法 + 挟り出し法

1: $q(y)$ から y を発生させる．
2: $U(0,1)$ から u を発生させる．
3: もし
$$u \leq \frac{l(y)}{Cq(y)}$$
であれば，y を受容し $x = y$ を返す．そうでなければ 4 に進む．
4: もし
$$u \leq \frac{\pi(y)}{Cq(y)}$$
であれば，y を受容し $x = y$ を返す．そうでなければ，y を棄却して 1 に戻る．

挟り出し法はステップ 3 に組み込まれており，$\pi(x)$ のかわりに $l(x)$ を評価している点に注意する必要がある．したがって，通常の棄却法よりも $\pi(x)$ を評価する回数が減ることになり，アルゴリズム 2.3 は $\pi(x)$ の計算に時間がかかる場合などで有効な方法となる．

2.1.3 適応的棄却法

棄却法を行うためには，サンプリングが容易であり，$\pi(x) \leq Cq(x)$ を満たす $q(x)$ を選ばなければならない．さらに，棄却法が効率的であるためには，$\pi(x)$ をうまく近似する $q(x)$ が必要である．しかし，$\pi(x)$ が複雑な確率分布であるときには，必ずしもこのような $q(x)$ を見つけることができないことがある．そこで，Gilks (1992), Gilks and Wild (1992) は，$\pi(x)$ を区分的に近似することによって棄却法の拡張を行った．彼らの方法は，**適応的棄却法** (adaptive rejection method) と呼ばれている．

適応的棄却法を説明するために，いくつか記号を準備する．まず，$h(x) = \log \pi(x)$ とおき，$h(x)$ は凹関数であるとする $(\mathrm{d}^2 h(x)/\mathrm{d}x^2 < 0)$．また，$m$ 個の点 $x_1 < x_2 < \cdots < x_m$ $(x_i \in \mathcal{X})$ を選び，$S_m = \{x_1, \ldots, x_m\}$ とする．さ

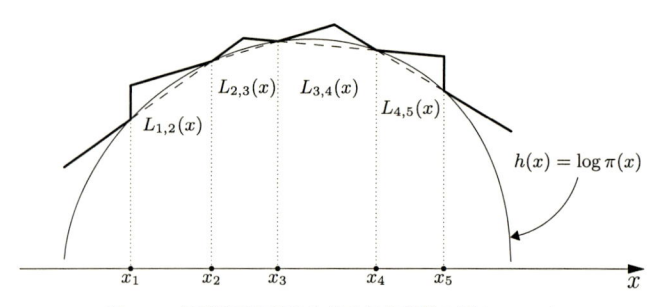

図 2.2 適応的棄却法における包絡関数の例 ($m = 5$)

らに，点 $(x_i, h(x_i))$ と $(x_{i+1}, h(x_{i+1}))$ を結ぶ直線を $L_{i,i+1}(x)$ と表す．ただし，$L_{0,1}(x) = L_{2,3}(x)$，$L_{m,m+1}(x) = L_{m-2,m-1}(x)$ であるとする．このとき，$h(x)$ が凹関数であることから，$x \in [x_i, x_{i+1}]$ $(i = 1, \ldots, m-1)$ に対して，

$$L_{i,i+1}(x) \leq h(x) \leq \min\{L_{i-1,i}(x),\ L_{i+1,i+2}(x)\}$$

が成立する．さらに，$h(x) \leq L_{1,2}(x)$ $(x \leq x_1)$, $h(x) \leq L_{m-1,m}(x)$ $(x \geq x_m)$ であるから，

$$u_m(x) = \begin{cases} L_{1,2}(x), & x \leq x_1 \\ \min\{L_{i-1,i}(x),\ L_{i+1,i+2}(x)\}, & x \in [x_i, x_{i+1}]\ (i = 1, \ldots, m-1) \\ L_{m-1,m}(x), & x \geq x_m \end{cases}$$

と定義すれば，

$$h(x) \leq u_m(x)$$

が成り立つ (図 2.2 には，$m = 5$ であるときの $h(x)$ (実線)，$L_{i,i+1}(x)$ (破線)，$u_m(x)$ (太線) が例示されている)．よって，棄却法において $\exp\{u_m(x)\}$ を $\pi(x)$ の包絡関数とし，

$$q_m(x) = \frac{\exp\{u_m(x)\}}{\int_\mathcal{X} \exp\{u_m(x)\}\,\mathrm{d}x}$$

からサンプリングすることにすれば，アルゴリズム 2.4 が得られる．

アルゴリズム 2.4 適応的棄却法

1: $q_m(y)$ から y を発生させる．
2: $U(0, 1)$ から u を発生させる．
3: もし，

$$u \leq \exp\{h(y) - u_m(y)\}$$

であれば,y を受容し $x = y$ を返す.そうでなければ,S_m に y を加えて $u_m(x)$ と $q_m(x)$ を更新し,y を棄却して 1 に戻る.

このアルゴリズムにおいて,$q_m(x)$ からのサンプリングは,逆変換法と次に説明する混合法とを組み合わせることによって容易に行うことができる.また Gilks and Wild (1992) は,m の初期値はあまり大きくなくても適応的棄却法がうまく機能すると述べている.

適応的棄却法は,$h(x) = \log \pi(x)$ が凹関数でその値を計算できる場合にはいつでも使えることから,非常に汎用性の高いサンプリング方法となっている.そのため,BUGS などのソフトウェアで利用されている (Lunn et al., 2012).また,y が棄却されたときには $q_m(x)$ が更新されるため,$q_m(x)$ の近似精度がよくなり,サンプリングの過程で受容率が改善されるという特徴がある.

ここでは,もっとも単純な適応的棄却法について説明したが,x_i における接線を利用して $u_m(x)$ を構築する方法もある (Gilks and Wild, 1992).さらに,

$$l_m(x) = \begin{cases} -\infty, & x \leq x_1 \\ L_{i,i+1}(x), & x \in [x_i, x_{i+1}] \ (i = 1, \ldots, m-1) \\ -\infty, & x \geq x_m \end{cases}$$

と定義すれば,$l_m(x) \leq h(x)$ が成り立つので,アルゴリズム 2.3 と同様に抉り出し法を組み込むことも可能である.

2.1.4 混合法

確率分布 $\pi(x)$ が,

$$\pi(x) = \sum_{i=1}^{r} w_i \pi_i(x)$$

と表すことができるとする.ここで,$w_i \geq 0 \ (i = 1, \ldots, r)$,$\sum_{i=1}^{r} w_i = 1$ であり,各 $\pi_i(x)$ も確率分布である.このとき,$\pi(x)$ を混合分布 (mixture distribution) と呼ぶ.この混合分布は非常に柔軟で,さまざまな形の確率分布を表現することができる (Frühwirth-Schnatter, 2006).また,混合分布からサンプリングを行うためには,次のアルゴリズム 2.5 を実行すればよい.

> **アルゴリズム 2.5** 混合法 I
>
> 1: 確率分布 $(w_1,\ldots,w_r)$ から i を発生させる.
> 2: $\pi_i(x)$ から x を発生させる.

このアルゴリズムは,まず離散型確率変数 i を確率分布 $(w_1,\ldots,w_r)$ にしたがって発生させ,その後に選ばれた $\pi_i(x)$ から x をサンプリングする方法となっており,混合法 (composition method) と呼ばれる.$\pi(x)$ が

$$\pi(x) = \int_{\mathcal{Y}} p(x|y)w(y)\mathrm{d}y$$

と表される場合でも,同様にしてサンプリングすることができる (アルゴリズム 2.6).ここで,$p(x|y)$ は x の条件付き確率分布,$w(y)$ は確率変数 y の密度関数を表す.

> **アルゴリズム 2.6** 混合法 II
>
> 1: $w(y)$ から y を発生させる.
> 2: $p(x|y)$ から x を発生させる.

> **例 2.5** 自由度 ν の t 分布の確率密度関数は,
>
> $$\pi(x) = \int_0^{\infty} p(x|y)w(y)\mathrm{d}y$$
>
> と表すことができる.ここで,$x|y \sim N(0, 1/y)$, $y \sim Ga(\nu/2, \nu/2)$ である.したがって,t 分布からのサンプリングは混合法により可能である.

> **例 2.6** 1.3.4 項で見たように,ベイズ的推論における予測分布は
>
> $$\pi(y_f|\boldsymbol{y}) = \int_{\Theta} p(y_f|\boldsymbol{y}, \boldsymbol{\theta})\pi(\boldsymbol{\theta}|\boldsymbol{y})\mathrm{d}\boldsymbol{\theta}$$
>
> と表される.したがって,事後分布 $\pi(\boldsymbol{\theta}|\boldsymbol{y})$ から $\boldsymbol{\theta}$ をサンプリングできれば,混合法により容易に y_f をサンプリングすることができる.

2.1.5 一様乱数比法

最後に,Kinderman and Monahan (1977) によって提案された**一様乱数比法** (ratio of uniforms method) を紹介する (一様乱数比法の拡張は,Wakefield *et al.*, 1991; Leydold, 2003; Martino *et al.*, 2013 などが行っている).

まず,一様乱数比法の理論的基礎となる定理を与えておく.

定理 2.3 関数 $p(x)$ ($x \in \mathcal{X}$) は,$p(x) > 0$, $\int_{\mathcal{X}} p(x)\mathrm{d}x < \infty$ であるとする.また,領域 C_p を

$$C_p = \left\{ (u,v) \,\middle|\, 0 \leq u \leq \sqrt{p\left(\frac{v}{u}\right)} \right\} \subset (0,\infty) \times (-\infty, \infty) \tag{2.3}$$

によって定義する.もし,(u,v) がこの C_p 上で一様分布するならば,確率変数 $x = v/u$ の確率密度関数は

$$\pi(x) = \frac{p(x)}{\int_{\mathcal{X}} p(x)\mathrm{d}x}$$

となる.

証明 変数変換 $(u,v) \to (x = v/u,\ y = u)$ を考えると,ヤコビアンは $J = |y|$ である.よって,

$$C_p \text{の面積} = \iint_{C_p} \mathrm{d}u\mathrm{d}v = \int_{\mathcal{X}} \int_0^{\sqrt{p(x)}} y\mathrm{d}y\mathrm{d}x = \int_{\mathcal{X}} \frac{1}{2} p(x)\mathrm{d}x$$

となる.さらに,(u,v) の確率密度関数は $1/(C_p\text{の面積})$ であるから,(x,y) の確率密度関数は $y/(C_p\text{の面積})$ となる.したがって,x の確率密度関数は

$$\int_0^{\sqrt{p(x)}} \frac{y}{C_p\text{の面積}} \mathrm{d}y = \frac{p(x)}{2 \times C_p\text{の面積}} = \frac{p(x)}{\int_{\mathcal{X}} p(x)\mathrm{d}x}$$

となる. □

定理2.3より,$\pi(x) = p(x) / \int_{\mathcal{X}} p(x)\mathrm{d}x$ からサンプリングしたいのであれば,C_p 上で一様分布にしたがう (u,v) をサンプリングし,$x = v/u$ とおけばよい.しかし,C_p の形状が簡単でない限り,一般にこのサンプリングは困難である.もし,C_p を含む矩形 $[0,a] \times [b_-, b_+]$ を求めることができれば,棄却法を利用して次のように $\pi(x)$ からサンプリングすることができる.

> **アルゴリズム 2.7** 一様乱数比法

1: $U(0,1)$ から u_1 と u_2 を発生させる.
2: $u = au_1, v = b_- + (b_+ - b_-)u_2$ とおく.
3: もし $(u,v) \in C_p$ ならば, $x = v/u$ を返す. そうでなければ, v/u を棄却して 1 に戻る.

ステップ 1 と 2 で, 矩形 $[0,a] \times [b_-, b_+]$ 上で一様分布にしたがう (u,v) を発生させていることはよいであろう. 次の定理は, 矩形 $[0,a] \times [b_-, b_+]$ を求めるのに役立つ.

定理 2.4 $p(x)$ と $x^2 p(x)$ は有界であるとする. このとき,
$$a = \sup_x \sqrt{p(x)}, \quad b_- = \inf_{x \leq 0} x\sqrt{p(x)}, \quad b_+ = \sup_{x \geq 0} x\sqrt{p(x)}$$
とすれば, $C_p \subset [0,a] \times [b_-, b_+]$ である.

証明 (2.3) 式より,
$$0 \leq u \leq \sqrt{p(x)} \leq \sup_x \sqrt{p(x)} = a$$
が成立する. また, $x = v/u$ とおけば, $v/x \leq \sqrt{p(x)}$ となる. したがって, $x \leq 0$ であれば
$$v \geq x\sqrt{p(x)} \geq \inf_{x \leq 0} x\sqrt{p(x)} = b_-$$
が成り立ち, $x \geq 0$ のときには
$$v \leq x\sqrt{p(x)} \leq \sup_{x \geq 0} x\sqrt{p(x)} = b_+$$
となる. □

> **例 2.7** 例 2.4 の続き (2.2) 式の切断正規分布から一様乱数比法によってサンプリングする. そこで, $p(x) = e^{-x^2/2}$ $(x \geq 0)$ とする. また, $a = 1$, $b_- = 0, b_+ = \sqrt{2/e}$ とすれば, $C_p \subset [0,a] \times [b_-, b_+]$ となる. 図 2.3 には, 領域 C_p (左) と一様乱数比法によって得られた 10000 個のサンプルのヒストグラム (右) が示されている. 一様乱数比法での採択確率は,

$$\frac{C_p \text{ の面積}}{\text{矩形の面積}} = \frac{\int_0^\infty p(x)\mathrm{d}x}{2 \times \sqrt{2/e}} = \frac{\sqrt{\pi e}}{4} \approx 0.73$$

であるから，例 2.4 の棄却法よりも若干低くなっている．

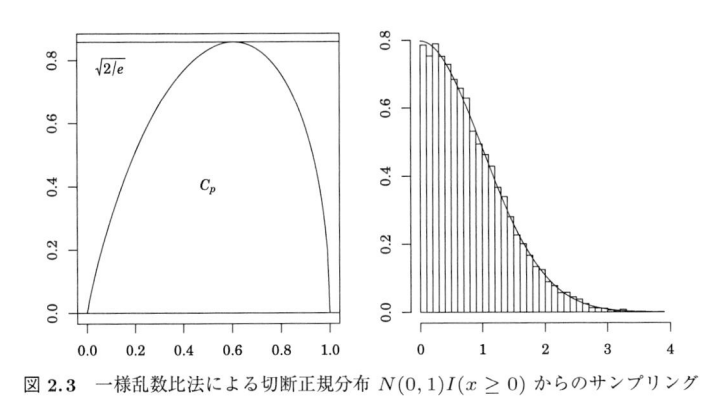

図 2.3 一様乱数比法による切断正規分布 $N(0,1)I(x \geq 0)$ からのサンプリング

2.2 モンテカルロ積分

統計学では，確率変数の平均値や分散などさまざまな期待値 (あるいは積分) の計算が必要とされる．以下では，確率変数 $\boldsymbol{x}$ の任意の関数を $g(\boldsymbol{x})$ と表し，その期待値

$$I = \mathrm{E}_\pi \left[g(\boldsymbol{x}) \right] = \int_{\mathcal{X}} g(\boldsymbol{x}) \pi(\boldsymbol{x}) \mathrm{d}\boldsymbol{x} \tag{2.4}$$

を求める問題を考えることにする．ここで，$\boldsymbol{x} \in \mathcal{X} \subset \mathbb{R}^k$ であり，$\mathrm{E}_\pi[\cdot]$ は確率分布 $\pi(\boldsymbol{x})$ に関する期待値を表す．

もし，$\pi(\boldsymbol{x})$ が正規分布やガンマ分布などのよく知られた確率分布であれば，計算機上で直接 $\pi(\boldsymbol{x})$ からサンプリングを行うことが可能である．いま，$\pi(\boldsymbol{x})$ からの独立なサンプルを $(\boldsymbol{x}^{(1)}, \ldots, \boldsymbol{x}^{(T)})$ と表せば，(2.4) 式で与えられる期待値は，

$$\hat{I}_{\mathrm{MC}} = \frac{1}{T} \sum_{t=1}^T g(\boldsymbol{x}^{(t)}) \tag{2.5}$$

によって推定することができるであろう．このとき，大数の法則によって，$T \to \infty$

のとき $\hat{I}_{\mathrm{MC}}$ は I に収束する. つまり, T が十分大きいときには, I を $\hat{I}_{\mathrm{MC}}$ によって近似できることになる. このようにして期待値 (積分) を求める方法のことをモンテカルロ積分 (Monte Carlo integration) と呼ぶ.

2.2.1 重点サンプリング

ベイズ統計学への応用を考えたとき, (2.4) 式の $\pi(\boldsymbol{x})$ が事後分布に対応する. 多くの問題で事後分布は複雑であるため, $\pi(\boldsymbol{x})$ から直接サンプリングすることは困難である. そこで, 容易にサンプリングができる別の確率分布 $q(\boldsymbol{x})$ を考えることにする. このとき, (2.4) 式を書き直せば

$$I = \int_\mathcal{X} g(\boldsymbol{x})\pi(\boldsymbol{x})\mathrm{d}\boldsymbol{x} = \int_\mathcal{X} g(\boldsymbol{x})\frac{\pi(\boldsymbol{x})}{q(\boldsymbol{x})}q(\boldsymbol{x})\mathrm{d}\boldsymbol{x} = \mathrm{E}_q\left[g(\boldsymbol{x})\frac{\pi(\boldsymbol{x})}{q(\boldsymbol{x})}\right]$$

となる. したがって, I を以下のようにして推定することができる.

アルゴリズム 2.8 重点サンプリング

1: $q(\boldsymbol{x})$ から $\boldsymbol{x}^{(t)}$ $(t=1,\ldots,T)$ を発生させる.
2: $w(\boldsymbol{x}^{(t)}) = \pi(\boldsymbol{x}^{(t)})/q(\boldsymbol{x}^{(t)})$ を計算する.
3: $(\boldsymbol{x}^{(t)}, w(\boldsymbol{x}^{(t)}))$ を用いて

$$\hat{I}_{\mathrm{IS}} = \frac{1}{T}\sum_{t=1}^T g(\boldsymbol{x}^{(t)})w(\boldsymbol{x}^{(t)})$$

を計算する.

アルゴリズム 2.8 において, $w(\boldsymbol{x}^{(t)})$ は $\boldsymbol{x}^{(t)}$ に対する重みとみなすことができる. このように, 重みを伴うサンプルを発生させ, それに基づいて期待値を求める方法のことを**重点サンプリング** (importance sampling) という (Marshall, 1956). また, $\boldsymbol{x}$ を発生させるために用いた $q(\boldsymbol{x})$ のことを**重点密度** (importance density) と呼ぶ.

重点サンプリングにおいても, $q(\boldsymbol{x})$ の台 (support) が $\pi(\boldsymbol{x})$ の台を含んでいるなどの条件を満たしていれば, $T \to \infty$ のときに $\hat{I}_{\mathrm{IS}}$ が I に収束することが分かっている. また, 中心極限定理も成立し,

$$\sqrt{T}(\hat{I}_{\mathrm{IS}} - I) \stackrel{\mathrm{a}}{\sim} N(0, \sigma_{\mathrm{IS}}^2)$$

である (記号 $\overset{a}{\sim}$ は漸近的に分布することを意味する). ここで,
$$\sigma_{\mathrm{IS}}^2 = \mathrm{E}_q\left[\{w(\boldsymbol{x})g(\boldsymbol{x}) - I\}^2\right]$$
であり,
$$\hat{\sigma}_{\mathrm{IS}}^2 = \frac{1}{T}\sum_{t=1}^{T}\{w(\boldsymbol{x}^{(t)})g(\boldsymbol{x}^{(t)}) - \hat{I}_{\mathrm{IS}}\}^2$$
によって推定することができる.

重点サンプリングの精度は,重点密度 $q(\boldsymbol{x})$ の選択に大きく依存する.例えば,$g(\boldsymbol{x}) = 1$ の場合を考えてみよう.このとき,$I = 1$ であるから,
$$\mathrm{Var}(\hat{I}_{\mathrm{IS}}) = \frac{1}{T}\mathrm{E}_q\left[(w(\boldsymbol{x}) - 1)^2\right] = \frac{1}{T}\mathrm{Var}\left(w(\boldsymbol{x})\right)$$
と表すことができる (ここで, $\mathrm{E}_q[w(\boldsymbol{x})] = 1$ であることを使っている).この式より,$w(\boldsymbol{x})$ が 1 に近い,すなわち $q(\boldsymbol{x}) \approx \pi(\boldsymbol{x})$ であるときに重点サンプリングの分散が小さくなることが分かる.また,$w(\boldsymbol{x})$ の分母は $q(\boldsymbol{x})$ であるので,$q(\boldsymbol{x})$ が $\pi(\boldsymbol{x})$ よりも早く 0 に近づくと精度が悪くなる危険があり,$\pi(\boldsymbol{x})$ よりも裾の厚い $q(\boldsymbol{x})$ を選んだ方がよいことになる.

例 2.8　正規分布 $N(0,1)$ の平均を重点サンプリングで求めることにする.このとき, $I = \mathrm{E}_\pi(x) = 0$, $g(x) = x$, $\pi(x) = \frac{1}{(2\pi)^{1/2}}\exp(-x^2/2)$ である.いま, $q(x) = \frac{1}{(2\pi\sigma^2)^{1/2}}\exp(-x^2/2\sigma^2)$ とすれば,
$$\begin{aligned}\sigma_{\mathrm{IS}}^2 &= \int_{-\infty}^{\infty} x^2 \frac{\pi^2(x)}{q(x)}\mathrm{d}x \\ &= \sigma\int_{-\infty}^{\infty}\frac{x^2}{\sqrt{2\pi}}\exp\left\{-\frac{x^2}{2}\left(2 - \frac{1}{\sigma^2}\right)\right\}\mathrm{d}x \\ &= \begin{cases}\frac{\sigma^4}{(2\sigma^2-1)^{3/2}}, & \sigma^2 > \frac{1}{2} \\ \infty, & \sigma^2 \leq \frac{1}{2}\end{cases}\end{aligned}$$
となる.したがって,重点サンプリングの分散が最小となるのは $\sigma^2 = 2$ のときであり,$\pi(x)$ の分散よりも大きくなっている.

一般的には,$q(\boldsymbol{x}) \propto |g(\boldsymbol{x})|\pi(\boldsymbol{x})$ であるときに,重点サンプリングの分散が最小となることが分かっている (Rubinstein, 1981; Geweke, 1989; Evans and

Swartz, 2000). これは，イェンゼンの不等式 (Jensen's inequality) を利用すれば，

$$\sigma_{\text{IS}}^2 = \int_{\mathcal{X}} \{w(\boldsymbol{x})g(\boldsymbol{x}) - I\}^2 q(\boldsymbol{x})\mathrm{d}\boldsymbol{x}$$

$$= \int_{\mathcal{X}} \frac{g(\boldsymbol{x})^2 \pi(\boldsymbol{x})^2}{q(\boldsymbol{x})}\mathrm{d}\boldsymbol{x} - I^2$$

$$= \mathrm{E}_q\left[\frac{g(\boldsymbol{x})^2 \pi(\boldsymbol{x})^2}{q(\boldsymbol{x})^2}\right] - I^2 \geq \left(\mathrm{E}_q\left[\frac{|g(\boldsymbol{x})|\pi(\boldsymbol{x})}{q(\boldsymbol{x})}\right]\right)^2 - I^2$$

なる関係が得られ，最後の不等式で等号が成立するのは，$|g(\boldsymbol{x})|\pi(\boldsymbol{x})/q(\boldsymbol{x})$ が定数のときであることから証明される．Owen and Zhou (2000) では，重点サンプリングの分散を減少させる方法を提案しており，そちらも参考にするとよいであろう．

2.2.2 自己正規化重点サンプリング

ベイズ分析などでは，$\pi(\boldsymbol{x})$ の正規化定数が未知であることが多い．そこで，$\pi(\boldsymbol{x})$ を

$$\pi(\boldsymbol{x}) = \frac{p(\boldsymbol{x})}{\int_{\mathcal{X}} p(\boldsymbol{x})\mathrm{d}\boldsymbol{x}} \propto p(\boldsymbol{x})$$

と表し，(2.4) 式を

$$I = \int_{\mathcal{X}} g(\boldsymbol{x})\pi(\boldsymbol{x})\mathrm{d}\boldsymbol{x} = \int_{\mathcal{X}} g(\boldsymbol{x})\frac{p(\boldsymbol{x})}{\int_{\mathcal{X}} p(\boldsymbol{x})\mathrm{d}\boldsymbol{x}}\mathrm{d}\boldsymbol{x} = \frac{\int_{\mathcal{X}} g(\boldsymbol{x})p(\boldsymbol{x})\mathrm{d}\boldsymbol{x}}{\int_{\mathcal{X}} p(\boldsymbol{x})\mathrm{d}\boldsymbol{x}}$$

と書き直す．さらに，$q(\boldsymbol{x})$ からサンプリングすることにすれば，

$$I = \frac{\int_{\mathcal{X}} g(\boldsymbol{x})\frac{p(\boldsymbol{x})}{q(\boldsymbol{x})}q(\boldsymbol{x})\mathrm{d}\boldsymbol{x}}{\int_{\mathcal{X}} \frac{p(\boldsymbol{x})}{q(\boldsymbol{x})}q(\boldsymbol{x})\mathrm{d}\boldsymbol{x}} = \frac{\mathrm{E}_q\left[g(\boldsymbol{x})\frac{p(\boldsymbol{x})}{q(\boldsymbol{x})}\right]}{\mathrm{E}_q\left[\frac{p(\boldsymbol{x})}{q(\boldsymbol{x})}\right]} \tag{2.6}$$

と表すことができる．(2.6) 式の分母と分子に対して重点サンプリングを適用すれば，次のアルゴリズムが得られる．

アルゴリズム 2.9 自己正規化重点サンプリング

1: $q(\boldsymbol{x})$ から $\boldsymbol{x}^{(t)}$ ($t = 1, \ldots, T$) を発生させる．
2: $w(\boldsymbol{x}^{(t)}) = p(\boldsymbol{x}^{(t)})/q(\boldsymbol{x}^{(t)})$ を計算する．

3: $(\boldsymbol{x}^{(t)}, w(\boldsymbol{x}^{(t)}))$ から

$$\hat{I}_{\text{SNIS}} = \frac{\frac{1}{T}\sum_{t=1}^{T} g(\boldsymbol{x}^{(t)})w(\boldsymbol{x}^{(t)})}{\frac{1}{T}\sum_{t=1}^{T} w(\boldsymbol{x}^{(t)})} = \sum_{t=1}^{T} g(\boldsymbol{x}^{(t)})w^*(\boldsymbol{x}^{(t)}) \tag{2.7}$$

を計算する．ここで，

$$w^*(\boldsymbol{x}^{(t)}) = \frac{w(\boldsymbol{x}^{(t)})}{\sum_{j=1}^{T} w(\boldsymbol{x}^{(j)})}$$

である．

$\sum_{t=1}^{T} w^*(\boldsymbol{x}^{(t)}) = 1$ であることから，$w^*(\boldsymbol{x}^{(t)})$ は正規化された重みとなっている．アルゴリズム 2.9 のように，正規化された重みに基づく重点サンプリングのことを**自己正規化重点サンプリング** (self-normalized importance sampling) あるいは単に重点サンプリングと呼ぶ．自己正規化重点サンプリングの導出から分かるように，$\pi(\boldsymbol{x})$ の正規化定数は

$$\hat{Z}_{\text{SNIS}} = \frac{1}{T}\sum_{t=1}^{T} w(\boldsymbol{x}^{(t)})$$

によって推定することができる．また，$\pi(\boldsymbol{x})$ の近似として

$$\hat{\pi}_{\text{SNIS}}(\boldsymbol{x}) = \sum_{t=1}^{T} w^*(\boldsymbol{x}^{(t)})\delta_{\boldsymbol{x}^{(t)}}(\boldsymbol{x})$$

が得られる．ここで，$\delta_{\boldsymbol{y}}(\boldsymbol{x})$ はディラックのデルタ関数 (delta function) を表し，

$$\delta_{\boldsymbol{y}}(\boldsymbol{x}) = \begin{cases} 1, & \boldsymbol{x} = \boldsymbol{y} \\ 0, & \boldsymbol{x} \neq \boldsymbol{y} \end{cases}$$

である．

$\hat{I}_{\text{MC}}$ や $\hat{I}_{\text{IS}}$ は I の不偏推定量であるが，$\hat{I}_{\text{SNIS}}$ は不偏推定量ではない．しかし，$T \to \infty$ のときには $\hat{I}_{\text{SNIS}}$ も I に収束し，

$$\sqrt{T}(\hat{I}_{\text{SNIS}} - I) \overset{\text{a}}{\sim} N(0, \sigma_{\text{SNIS}}^2)$$

が成立する (Geweke, 1989)．ここで，

$$\sigma_{\text{SNIS}}^2 = \mathrm{E}_q\left[w^2(\boldsymbol{x})(g(\boldsymbol{x}) - I)^2\right]$$

であり，その一致推定量は，

$$\hat{\sigma}^2_{\text{SNIS}} = T \frac{\sum_{t=1}^{T} w^2(\boldsymbol{x}^{(t)})\{g(\boldsymbol{x}^{(t)}) - \hat{I}_{\text{SNIS}}\}^2}{\{\sum_{t=1}^{T} w(\boldsymbol{x}^{(t)})\}^2}$$

で与えられる．また，$\hat{I}_{\text{SNIS}}$ の分散が最小となるのは，$q(\boldsymbol{x}) \propto |g(\boldsymbol{x}) - I|\pi(\boldsymbol{x})$ のときであることが分かっている (Hesterberg, 1988)．Robert and Casella (2004) では，問題によっては $\hat{I}_{\text{IS}}$ よりも $\hat{I}_{\text{SNIS}}$ の方が精度がよくなることを示している．

例 2.9 $x \sim N(0,1)$ であるときに，$I = \mathrm{E}[I(x \geq 2)] = 0.02275$ を自己正規化重点サンプリングによって求める．表 2.1 には，$T = 10000$, $q(x) = N(\mu, 1)$ とし，さまざまな μ の値に対して計算を行った結果が示されている．この表から，$\mu = 0$ ではなく $\mu = 1$ のときに自己正規化重点サンプリングの精度がもっともよいことが分かる．

表 2.1　自己正規化重点サンプリングの例

μ	$\hat{I}_{\text{SNIS}}$	$\hat{\sigma}_{\text{SNIS}}$
0.0	0.0218	0.0015
0.5	0.0218	0.0009
1.0	0.0221	0.0007
1.5	0.0211	0.0009
2.0	0.0209	0.0012
2.5	0.0257	0.0019
3.0	0.0306	0.0034
3.5	0.0197	0.0098
4.0	0.0480	0.0105
4.5	0.0704	0.0237
5.0	0.1913	0.0734

ここで，$q(\boldsymbol{x})$ の選び方について少しコメントしておく．先に示したように，重点サンプリング，自己正規化重点サンプリングともに，最適な $q(\boldsymbol{x})$ は $g(\boldsymbol{x})$ に依存する．したがって，$g(\boldsymbol{x})$ を変えれば，それに応じて $q(\boldsymbol{x})$ も変える必要がある．しかし，平均や分散などさまざまな期待値を計算したいとき，その都度 $q(\boldsymbol{x})$ を選び直してアルゴリズムを実行するのは非常に面倒である．そこで，実際に重点サンプリングを行うときには，$\pi(\boldsymbol{x})$ を近似する $q(\boldsymbol{x})$ を 1 つ選び，それに基づいてさまざまな期待値を計算していることが多い．

いま，独立な確率変数 z_t $(t = 1, \ldots, T)$ を考え，$\mathrm{E}(z_t) = \mu$, $\mathrm{Var}(z_t) = \sigma^2$ であるとする．このとき，

$$\bar{Z}_w = \frac{\sum_{t=1}^T w_t z_t}{\sum_{t=1}^T w_t} \quad (w_t \geq 0,\ \sum_{t=1}^T w_t > 0)$$

の分散は，

$$\mathrm{Var}(\bar{Z}_w) = \sigma^2 \frac{\sum_{t=1}^T w_t^2}{\left(\sum_{t=1}^T w_t\right)^2}$$

で与えられる．一方，$\bar{Z} = \frac{1}{T_e} \sum_{t=1}^{T_e} z_t$ の分散は $\mathrm{Var}(\bar{Z}) = \sigma^2/T_e$ である．そこで，$\mathrm{Var}(\bar{Z}_w) = \mathrm{Var}(\bar{Z})$ とおき，T_e について解くと

$$\hat{T}_e = \frac{\left(\sum_{t=1}^T w_t\right)^2}{\sum_{t=1}^T w_t^2} = \frac{1}{\sum_{t=1}^T (w_t^*)^2} \tag{2.8}$$

を得る．ここで，$w_t^* = w_t / \sum_{j=1}^T w_j$ である．(2.8) 式の $\hat{T}_e$ は，μ を $\bar{Z}$ で推定するときに，$\bar{Z}_w$ による推定と同じ精度を得るのに必要なデータ数を表しており，有効サンプルサイズ (effective sample size：以下 ESS) と呼ばれている．

ESS を書き直すと，

$$\begin{aligned}\hat{T}_e &= \frac{T}{1 + \frac{\frac{1}{T}\sum_{t=1}^T w_t^2 - \left(\frac{1}{T}\sum_{t=1}^T w_t\right)^2}{\left(\frac{1}{T}\sum_{t=1}^T w_t\right)^2}} \\ &= \frac{T}{1 + \frac{\frac{1}{T}\sum_{t=1}^T (w_t - \bar{w})^2}{\bar{w}^2}} \\ &= \frac{T}{1 + CV^2}\end{aligned}$$

が得られる ($\bar{w} = \sum_{t=1}^T w_t / T$)．ここで，$CV$ は w_t の変動係数 (coefficient of variation) を表しており，$CV^2 \geq 0$ であることから $\hat{T}_e \leq T$ であることが分かる (等号が成立するのは w_i が定数のときである)．$\hat{T}_e$ の値が小さいときには，$\bar{Z}_w$ による推定は $\bar{Z}$ よりも多くのサンプルが必要ということになり，推定効率が悪いことを意味する．Kong *et al.* (1994) や Liu (1996) らは，(2.8) 式の w_t^* を $w^*(\boldsymbol{x}^{(t)})$ に置き換えた ESS を重点サンプリングの効率性評価のために用いることを提案している．

2.2.3 重点サンプリングと棄却法の関係

2.1.2 項で説明した棄却法と重点サンプリングの間には密接な関係がある (Chen, 2005). このことを説明するため,重点サンプリングにおける $\pi(\boldsymbol{x})$ と $q(\boldsymbol{x})$ について,$\pi(\boldsymbol{x}) \leq Cq(\boldsymbol{x})$ が成立しているとする (C は定数を表す). また,$(\boldsymbol{x}, u) \in \mathcal{X} \times [0, 1]$ に対する同時確率分布を

$$\pi^*(\boldsymbol{x}, u) = \begin{cases} Cq(\boldsymbol{x}), & \boldsymbol{x} \in \mathcal{X}, \ u \in \left[0, \frac{\pi(\boldsymbol{x})}{Cq(\boldsymbol{x})}\right] \\ 0, & その他 \end{cases}$$

によって定義する.$\pi^*(\boldsymbol{x}, u)$ が同時確率分布となっていることは,

$$\int_\mathcal{X} \int_0^1 \pi^*(\boldsymbol{x}, u) \mathrm{d}u \mathrm{d}\boldsymbol{x} = \int_\mathcal{X} \int_0^{\pi(\boldsymbol{x})/\{Cq(\boldsymbol{x})\}} Cq(\boldsymbol{x}) \mathrm{d}u \mathrm{d}\boldsymbol{x}$$
$$= \int_\mathcal{X} \frac{\pi(\boldsymbol{x})}{Cq(\boldsymbol{x})} Cq(\boldsymbol{x}) \mathrm{d}\boldsymbol{x} = \int_\mathcal{X} \pi(\boldsymbol{x}) \mathrm{d}\boldsymbol{x} = 1$$

であることから確認できる.

(2.4) 式を $\pi^*(\boldsymbol{x}, u)$ を使って書き直せば,

$$I = \mathrm{E}_\pi [g(\boldsymbol{x})] = \int_\mathcal{X} g(\boldsymbol{x}) \pi(\boldsymbol{x}) \mathrm{d}\boldsymbol{x} = \int_\mathcal{X} \int_0^1 g(\boldsymbol{x}) \pi^*(\boldsymbol{x}, u) \mathrm{d}u \mathrm{d}\boldsymbol{x}$$

となる. そこで,$q^*(\boldsymbol{x}, u) = q(\boldsymbol{x})$ を重点密度とする自己正規化重点サンプリングを考えることにする. すなわち,$\boldsymbol{x}^{(t)}$ を $q(\boldsymbol{x})$ から,$u^{(t)}$ を $U(0, 1)$ から発生させ,$w(\boldsymbol{x}^{(t)}, u^{(t)}) = \pi^*(\boldsymbol{x}^{(t)}, u^{(t)})/q^*(\boldsymbol{x}^{(t)}, u^{(t)})$ を計算する. そして,$(\boldsymbol{x}^{(t)}, u^{(t)}, w(\boldsymbol{x}^{(t)}, u^{(t)}))$ ($t = 1, \ldots, T$) から,

$$\hat{I}_\mathrm{RS} = \frac{\sum_{t=1}^T g(\boldsymbol{x}^{(t)}) w(\boldsymbol{x}^{(t)}, u^{(t)})}{\sum_{t=1}^T w(\boldsymbol{x}^{(t)}, u^{(t)})} \tag{2.9}$$

を計算し,この $\hat{I}_\mathrm{RS}$ によって I を推定する.

ここで,$w(\boldsymbol{x}^{(t)}, u^{(t)})$ を詳しく見てみると,

$$w(\boldsymbol{x}^{(t)}, u^{(t)}) = \begin{cases} C, & \boldsymbol{x}^{(t)} \in \mathcal{X}, \ u^{(t)} \in \left[0, \frac{\pi(\boldsymbol{x}^{(t)})}{Cq(\boldsymbol{x}^{(t)})}\right] \\ 0, & その他 \end{cases} \tag{2.10}$$

となっていることが分かる. そこで,$(\boldsymbol{x}^{(t)}, u^{(t)})$ ($t = 1, \ldots, T$) から対応する重みが 0 でないものだけを取り出し,それらを $(\boldsymbol{x}^{(t_1)}, u^{(t_1)}), \ldots, (\boldsymbol{x}^{(t_N)}, u^{(t_N)})$

と表せば，(2.9) 式は

$$\hat{I}_{\mathrm{RS}} = \frac{\sum_{i=1}^{N} Cg(\boldsymbol{x}^{(t_i)})}{NC} = \frac{1}{N}\sum_{i=1}^{N} g(\boldsymbol{x}^{(t_i)})$$

と表すことができる．また (2.10) 式より，$\boldsymbol{x}^{(t_i)}$ $(i = 1,\ldots,N)$ は，棄却法によって $\pi(\boldsymbol{x})$ からサンプリングされた $\boldsymbol{x}$ となっている．以上のことから，棄却法による期待値計算は重点サンプリングの特別な場合とみなすことができる．Chen (2005) では，ESS を基準として棄却法と重点サンプリングの比較も行っている．

2.2.4 サンプリング・重点リサンプリング

重点サンプリングから得られる $\boldsymbol{x}^{(t)}$ は，$q(\boldsymbol{x})$ からのサンプルであり $\pi(\boldsymbol{x})$ からではない．しかし，サンプリング・重点リサンプリング (sampling/importance resampling：以下 SIR) と呼ばれる方法を適用すれば，近似的に $\pi(\boldsymbol{x})$ からのサンプルを得ることができる (Rubin, 1987b; Smith and Gelfand, 1992).

アルゴリズム 2.10 **SIR**

1: $q(\boldsymbol{x})$ から $\boldsymbol{x}^{(t)}$ $(t = 1,\ldots,T)$ を発生させる．
2: $w(\boldsymbol{x}^{(t)}) \propto \pi(\boldsymbol{x}^{(t)})/q(\boldsymbol{x}^{(t)})$ を計算し，$w^*(\boldsymbol{x}^{(t)}) = w(\boldsymbol{x}^{(t)})/\sum_{j=1}^{T} w(\boldsymbol{x}^{(j)})$ とする．
3: 確率分布 $\hat{\pi}_{\mathrm{SNIS}}(\tilde{\boldsymbol{x}}) = \sum_{t=1}^{T} w^*(\boldsymbol{x}^{(t)})\delta_{\boldsymbol{x}^{(t)}}(\tilde{\boldsymbol{x}})$ から $\tilde{\boldsymbol{x}}$ をサンプリングする．

アルゴリズム 2.10 のステップ 1 と 2 は，自己正規化重点サンプリングと同じであり，$\pi(\boldsymbol{x})$ の正規化定数が分からない場合でも適用できることは明らかであろう．また，ステップ 3 は，離散型確率分布 $P(\tilde{\boldsymbol{x}} = \boldsymbol{x}^{(t)}) = w^*(\boldsymbol{x}^{(t)})$ $(t = 1,\ldots,T)$ から $\tilde{\boldsymbol{x}}$ をサンプリングすることと同じである．したがって，SIR によってサンプリングされた $\tilde{\boldsymbol{x}}$ が近似的に $\pi(\boldsymbol{x})$ からのサンプルであることは，任意の $A \subset \mathcal{X}$ に対して

$$P(\boldsymbol{x}^* \in A) = \sum_{t=1}^{T} w^*(\boldsymbol{x}^{(t)}) I(\boldsymbol{x}^{(t)} \in A)$$

$$= \frac{\frac{1}{T}\sum_{t=1}^{T} w(\boldsymbol{x}^{(t)}) I(\boldsymbol{x}^{(t)} \in A)}{\frac{1}{T}\sum_{t=1}^{T} w(\boldsymbol{x}^{(t)})}$$

$$\xrightarrow{T \to \infty} \frac{\int_A \frac{\pi(\boldsymbol{x})}{q(\boldsymbol{x})} q(\boldsymbol{x}) \mathrm{d}\boldsymbol{x}}{\int_{\mathcal{X}} \frac{\pi(\boldsymbol{x})}{q(\boldsymbol{x})} q(\boldsymbol{x}) \mathrm{d}\boldsymbol{x}} = \frac{\int_A \pi(\boldsymbol{x}) \mathrm{d}\boldsymbol{x}}{\int_{\mathcal{X}} \pi(\boldsymbol{x}) \mathrm{d}\boldsymbol{x}} = \int_A \pi(\boldsymbol{x}) \mathrm{d}\boldsymbol{x}$$

が成立することから分かる．

ここで，違う角度から SIR を眺めてみよう．先に述べたように，自己正規化重点サンプリングでは $\pi(\boldsymbol{x})$ を

$$\hat{\pi}_{\mathrm{SNIS}}(\boldsymbol{x}) = \sum_{t=1}^{T} w^*(\boldsymbol{x}^{(t)}) \delta_{\boldsymbol{x}^{(t)}}(\boldsymbol{x})$$

によって近似する．一方，SIR を N 回繰り返して $\tilde{\boldsymbol{x}}^{(1)}, \ldots, \tilde{\boldsymbol{x}}^{(N)}$ を発生させれば，$\pi(\boldsymbol{x})$ の近似として

$$\hat{\pi}_{\mathrm{SIR}}(\boldsymbol{x}) = \frac{1}{N} \sum_{t=1}^{N} \delta_{\tilde{\boldsymbol{x}}^{(t)}}(\boldsymbol{x}) \tag{2.11}$$

が得られることになる．SIR では離散型確率分布からのサンプリングを行っているため，$\tilde{\boldsymbol{x}}^{(1)}, \ldots, \tilde{\boldsymbol{x}}^{(N)}$ の中には同じ値をとるものがある．そこで，

$$n^{(t)} = \sum_{i=1}^{N} I(\tilde{\boldsymbol{x}}^{(i)} = \boldsymbol{x}^{(t)}) \quad (t = 1, \ldots, T)$$

とおけば，(2.11) 式は

$$\hat{\pi}_{\mathrm{SIR}}(\boldsymbol{x}) = \sum_{t=1}^{T} \frac{n^{(t)}}{N} \delta_{\boldsymbol{x}^{(t)}}(\boldsymbol{x})$$

と表すことができる．また，$n^{(t)}$ は多項分布にしたがい，

$$(n^{(1)}, \ldots, n^{(T)}) \sim Mul(N, (w^*(\boldsymbol{x}^{(1)}), \ldots, w^*(\boldsymbol{x}^{(T)})))$$

となっている．したがって，$\mathrm{E}(n^{(t)}) = N w^*(\boldsymbol{x}^{(t)})$ であることから，

$$\mathrm{E}\left[\hat{\pi}_{\mathrm{SIR}}(\boldsymbol{x}) | \hat{\pi}_{\mathrm{SNIS}}(\boldsymbol{x})\right] = \hat{\pi}_{\mathrm{SNIS}}(\boldsymbol{x})$$

が成立し，$\hat{\pi}_{\mathrm{SIR}}(\boldsymbol{x})$ が $\hat{\pi}_{\mathrm{SNIS}}(\boldsymbol{x})$ の不偏推定量となっていることが分かる．

例 2.10 $\pi(x) = 0.6N(-2,1) + 0.4N(2,1)$ とする．また，$q(x)$ として $N(0,2^2)$ を考えることにする．図 2.4 には，SIR ($T = 50000$) によって $N = 5000$ 個のサンプルを発生させた結果がヒストグラムとして示されている．この図より，$\pi(x)$ をうまく近似できていることが確認される．

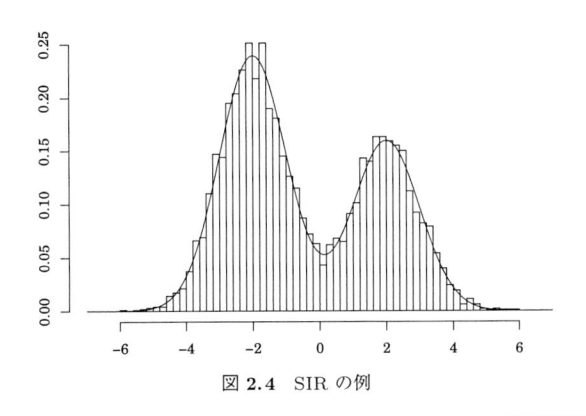

図 2.4 SIR の例

SIR は，$\pi(\boldsymbol{x})$ の近似があったときにそれを改善するためによく用いられる．また，ベイズ統計学への応用では，事前分布や観測値の影響を調べるときに SIR が用いられることがある．例えば，パラメータ $\boldsymbol{\theta}$ の事前分布が複数あり，事前分布の選び方によって $\boldsymbol{\theta}$ の事後平均がどのように変わるか調べたいとしよう．いま，事前分布を $\pi_i(\boldsymbol{\theta})$，対応する事後分布を $\pi_i(\boldsymbol{\theta}|\boldsymbol{y})$ と表し，$\pi_i(\boldsymbol{\theta}|\boldsymbol{y})$ から $\boldsymbol{\theta}$ をサンプリングすることができるとする．このとき，直接 $\pi_j(\boldsymbol{\theta}|\boldsymbol{y})$ ($j \neq i$) からサンプリングしなくても，SIR を利用すれば $\pi_j(\boldsymbol{\theta}|\boldsymbol{y})$ からのサンプルを得ることができ，異なる事前分布における事後平均などを容易に計算することができる．また，観測値 y_i の影響を調べたいときには，事後分布 $\pi(\boldsymbol{\theta}|\boldsymbol{y})$ と $\pi(\boldsymbol{\theta}|\boldsymbol{y}_{-i})$ とを比較しなければならないが（ここで $\boldsymbol{y}_{-i}$ は $\boldsymbol{y}$ から y_i を取り除いたデータを表す），どちらか一方の事後分布からサンプリングすれば，SIR によって他方のサンプルを得ることができ，事後分布の比較が可能となる．

2.3 重点サンプリングの拡張

重点サンプリングについては,さまざまな拡張が行われてきた.本書では,適応的重点サンプリング,重点サンプリング自乗,逐次重点サンプリングの3つを取り上げることにする.本節ではまず適応的重点サンプリングと重点サンプリング自乗を紹介し,次節で逐次重点サンプリングについて説明する.

2.3.1 適応的重点サンプリング

実際に重点サンプリングを適用する場合,$\pi(\boldsymbol{x})$ のモード $\boldsymbol{x}^*$ を求め,$\boldsymbol{V}^{-1} = -\partial^2 \log \pi(\boldsymbol{x})/\partial \boldsymbol{x} \partial \boldsymbol{x}'|_{\boldsymbol{x}=\boldsymbol{x}^*}$ を計算し,正規分布 $N(\boldsymbol{x}^*, \boldsymbol{V})$ あるいは多変量 t 分布 $T_\nu(\boldsymbol{x}^*, \boldsymbol{V})$ を $q(\boldsymbol{x})$ として用いることがよく行われる (1.4.1 項).このような重点密度の選択は多くの問題で有効であるが,$\pi(\boldsymbol{x})$ が多峰分布であったり複雑であるときにはうまく機能しないこともある.

そこで,Kloek and van Dijk (1978),Naylor and Smith (1988),Oh and Berger (1992) などでは,適当な $q(\boldsymbol{x})$ をまず選び,重点サンプリングによって $\pi(\boldsymbol{x})$ の平均や共分散行列を求め,これらの値を使って $q(\boldsymbol{x})$ を更新して重点サンプリングを行っている.こうした方法は,適応的重点サンプリング (adaptive importance sampling) と呼ばれている.Oh and Berger (1993),Richard and Zhang (2007),Kurtz and Song (2013) は,最適化を通じて $q(\boldsymbol{x})$ を選択する方法について議論している.ここでは,Oh and Berger (1993) が提案した方法について見ていくことにする.

いま,$\pi(\boldsymbol{x})$ が多峰分布となりうることも考慮し,$q(\boldsymbol{x})$ の候補として混合分布

$$q_{\boldsymbol{\eta}}(\boldsymbol{x}) = \sum_{i=1}^{r} \alpha_i T_\nu(\boldsymbol{\mu}_i, \boldsymbol{\Sigma}_i)$$

を考えることにする.ここで,$\alpha_i > 0\ (i=1,\ldots,r)$,$\sum_{i=1}^{r} \alpha_i = 1$ であり,自由度 ν と r は分析者が指定する値である.したがって,$q_{\boldsymbol{\eta}}(\boldsymbol{x})$ が $\pi(\boldsymbol{x})$ のよい近似となるように,$\boldsymbol{\eta} = \{\alpha_i, \boldsymbol{\mu}_i, \boldsymbol{\Sigma}_i\ (i=1,\ldots,r)\}$ を選べばよいことになる.Oh and Berger (1993) では,

2.3 重点サンプリングの拡張

$$CV^2(\boldsymbol{\eta}) = \int_\mathcal{X} \frac{\pi^2(\boldsymbol{x})}{q_{\boldsymbol{\eta}}(\boldsymbol{x})} \mathrm{d}\boldsymbol{x} - 1$$

を最小にする $\boldsymbol{\eta}$ を用いることを提案している．この $CV^2(\boldsymbol{\eta})$ を基準として用いる理由は，有効サンプルサイズの説明および

$$CV^2(\boldsymbol{\eta}) = \int_\mathcal{X} \frac{(\pi(\boldsymbol{x}) - q_{\boldsymbol{\eta}}(\boldsymbol{x}))^2}{q_{\boldsymbol{\eta}}(\boldsymbol{x})} \mathrm{d}\boldsymbol{x} = \mathrm{E}_{q_{\boldsymbol{\eta}}}\left[(w(\boldsymbol{x}) - 1)^2\right]$$

と書き直すことができることから明らかであろう．実際には，$CV(\boldsymbol{\eta})^2$ を解析的に評価することは難しいので，

1) $\boldsymbol{\eta}$ の値 $\tilde{\boldsymbol{\eta}}$ を選ぶ
2) $q_{\tilde{\boldsymbol{\eta}}}$ から $\boldsymbol{x}^{(t)}$ $(t=1,\ldots,T)$ を発生させる
3) $CV(\boldsymbol{\eta})$ を重点サンプリングによって求める

$$\hat{CV}^2(\boldsymbol{\eta}) = \frac{\frac{1}{T}\sum_{t=1}^T \frac{p^2(\boldsymbol{x}^{(t)})}{q_{\boldsymbol{\eta}}(\boldsymbol{x}^{(t)})q_{\tilde{\boldsymbol{\eta}}}(\boldsymbol{x}^{(t)})}}{\left\{\frac{1}{T}\sum_{t=1}^T p(\boldsymbol{x}^{(t)})/q_{\tilde{\boldsymbol{\eta}}}(\boldsymbol{x}^{(t)})\right\}^2} - 1$$

4) $\hat{\boldsymbol{\eta}} = \arg\min_{\boldsymbol{\eta}} \hat{CV}(\boldsymbol{\eta})$ として $\tilde{\boldsymbol{\eta}}$ を $\hat{\boldsymbol{\eta}}$ に置き換え，2) に戻る

の計算を $\hat{CV}(\boldsymbol{\eta})$ の値が安定するまで繰り返して $\boldsymbol{\eta}$ の値を求める．ここで $\hat{CV}(\boldsymbol{\eta})$ の計算では，$\pi(\boldsymbol{x})$ の正規化定数が計算できない場合も考慮し，$\pi(\boldsymbol{x}) \propto p(\boldsymbol{x})$ とした重点サンプリングを行っている．

Richard and Zhang (2007) では，

$$d(\boldsymbol{\alpha}) = \int_\mathcal{X} \{\log p(\boldsymbol{x}) - \gamma - \log q_{\boldsymbol{\eta}}(\boldsymbol{x})\}^2 \pi(\boldsymbol{x})\mathrm{d}\boldsymbol{x}$$

を最小にするように $\boldsymbol{\alpha} = (\gamma, \boldsymbol{\eta})$ を選ぶことを提案している (彼らはこの方法を効率的重点サンプリング (efficient importance sampling) と呼んでいる)．ここで，γ は $\pi(\boldsymbol{x})$ の正規化定数などをまとめた未知のパラメータである．この $d(\boldsymbol{\alpha})$ も解析的に解くことは困難であるので，Oh and Berger (1993) と同様に重点サンプリングによって，

$$\hat{d}(\boldsymbol{\alpha}) = \frac{1}{T}\sum_{t=1}^T \{\log p(\boldsymbol{x}^{(t)}) - \gamma - \log q_{\boldsymbol{\eta}}(\boldsymbol{x}^{(t)})\}^2 \frac{p(\boldsymbol{x}^{(t)})}{q_{\tilde{\boldsymbol{\eta}}}(\boldsymbol{x}^{(t)})}$$

を計算し $\boldsymbol{\alpha}$ の値を求めている．彼らの方法では，$\hat{d}(\boldsymbol{\alpha})$ の最小化が一般化最小自乗

法の問題と同じになっている点が特徴である．また Richard and Zhang (2007) は，$q_\eta(\bm{x})$ が指数分布族から選ばれたときには，最小化問題が通常の最小自乗法によって解くことができることを示している．Kurtz and Song (2013) は，$q_\eta(\bm{x})$ として正規分布の混合分布を考え，カルバック–ライブラー情報量の最適化を通じて $q_\eta(\bm{x})$ を選択することを提案している (Rubinstein and Kroese, 2004 を参照)．

2.3.2 重点サンプリング自乗

統計モデルによっては，尤度関数を解析的に求めることができなかったり，あるいは尤度関数の計算が煩雑であることがある．例えば，例 2.2 で述べたように，一般化 λ 分布は分位点関数によってその確率分布が定義され，確率密度関数を明示的に導出することができない．また，安定分布も特性関数が明示的に示されているだけである (Zolotarev, 1986)．さらに統計モデルによっては，変量効果や欠損値など直接観測することができない**潜在変数** (latent variable) を使って，尤度関数が

$$f(\bm{y}|\bm{\theta}) = \int_{\mathcal{Z}} f(\bm{y}|\bm{\theta},\bm{z})\pi(\bm{z}|\bm{\theta})\mathrm{d}\bm{z} \qquad (2.12)$$

のように積分の形で与えられることがある．ここで，$\pi(\bm{z}|\bm{\theta})$ は潜在変数 $\bm{z} \in \mathcal{Z}$ の確率分布を表す．多くの場合，(2.12) 式の積分を解析的に解くことは難しく，このようなときにも尤度関数を求めることができない．

ベイズ分析で重点サンプリングを利用するとき，$\pi(\bm{x})$ が事後分布 $\pi(\bm{\theta}|\bm{y})$ に対応しており，$\pi(\bm{x})$ を評価するためには尤度関数の評価が必要である．したがって，尤度関数を求めることができない統計モデルでは，重みを計算することができないため，通常の重点サンプリングを適用することができないことになる．Tran et al. (2014) は，$\pi(\bm{x})$ を不偏推定量に置き換えることによって直接 $\pi(\bm{x})$ を評価することを回避し，自己正規化重点サンプリングの拡張を行っている．ここでは，彼らの方法を**重点サンプリング自乗** (importance sampling squared：以下 IS^2) と呼ぶことにする．

自己正規化重点サンプリングのときと同様に，$\pi(\bm{x}) \propto p(\bm{x})$ とし，$q(\bm{x})$ からサンプリングすることにする．また，$p(\bm{x})$ の不偏推定量を $\hat{p}(\bm{x})$ と表す．この

とき,Tran et al. (2014) によって提案された IS^2 は,次のアルゴリズムによって実行することができる.

アルゴリズム 2.11 IS^2

1: $q(\boldsymbol{x})$ から $\boldsymbol{x}^{(t)}$ $(t = 1, \ldots, T)$ を発生させる.
2: $\hat{w}(\boldsymbol{x}^{(t)}) = \hat{p}(\boldsymbol{x}^{(t)})/q(\boldsymbol{x}^{(t)})$ を計算する.
3: $(\boldsymbol{x}^{(t)}, \hat{w}(\boldsymbol{x}^{(t)}))$ から

$$\hat{I}_{\text{IS}^2} = \frac{\frac{1}{T}\sum_{t=1}^{T} g(\boldsymbol{x}^{(t)})\hat{w}(\boldsymbol{x}^{(t)})}{\frac{1}{T}\sum_{t=1}^{T} \hat{w}(\boldsymbol{x}^{(t)})} = \sum_{t=1}^{T} g(\boldsymbol{x}^{(t)})\hat{w}^*(\boldsymbol{x}^{(t)})$$

を計算する.ここで,$\hat{w}^*(\boldsymbol{x}^{(t)}) = \hat{w}(\boldsymbol{x}^{(t)})/\sum_{j=1}^{T}\hat{w}(\boldsymbol{x}^{(j)})$ である.

アルゴリズム 2.9 と比べると,IS^2 は,自己正規化重点サンプリングにおける $p(\boldsymbol{x})$ をその不偏推定量で置き換えただけとなっていることが分かるであろう (後で見るように,不偏推定量であることは重要である).

IS^2 を実際に適用する際,どのようにして $\pi(\boldsymbol{x})$ の不偏推定量を求めたらよいであろうか? 1つの方法として,Tran et al. (2014) は重点サンプリングを用いて推定することを提案している ($p(\boldsymbol{x})$ を推定するときと期待値を計算するときとで2回重点サンプリングを使うことから,彼らは importance sampling squared と呼んでいる).ここでは,$\boldsymbol{x}$ を $\boldsymbol{\theta}$ に,$\pi(\boldsymbol{x})$ を事後分布 $\pi(\boldsymbol{\theta}|\boldsymbol{y})$ に置き換えて,ベイズ統計学の枠組みの中で説明することにする.(1.3) 式より,事後分布は

$$\pi(\boldsymbol{\theta}|\boldsymbol{y}) \propto f(\boldsymbol{y}|\boldsymbol{\theta})\pi(\boldsymbol{\theta}) = p(\boldsymbol{\theta}|\boldsymbol{y})$$

と表すことができる.ただし,$\pi(\boldsymbol{\theta})$ は $\boldsymbol{\theta}$ の事前分布を表し,尤度関数 $f(\boldsymbol{y}|\boldsymbol{\theta})$ は (2.12) 式で与えられているとする.また,$f(\boldsymbol{y}|\boldsymbol{\theta}, \boldsymbol{z})$ と $\pi(\boldsymbol{z}|\boldsymbol{\theta})$ を求めることはできるが,(2.12) 式の積分は明示的に解くことができないとする.このとき,$\boldsymbol{z}$ を $q_{\boldsymbol{z}}(\boldsymbol{z}|\boldsymbol{\theta})$ からサンプリングすることにすれば,

$$f(\boldsymbol{y}|\boldsymbol{\theta}) = \int_{\mathcal{Z}} f(\boldsymbol{y}|\boldsymbol{\theta},\boldsymbol{z})\pi(\boldsymbol{z}|\boldsymbol{\theta})\mathrm{d}\boldsymbol{z} = \int_{\mathcal{Z}} f(\boldsymbol{y}|\boldsymbol{\theta},\boldsymbol{z})\frac{\pi(\boldsymbol{z}|\boldsymbol{\theta})}{q_{\boldsymbol{z}}(\boldsymbol{z}|\boldsymbol{\theta})}q_{\boldsymbol{z}}(\boldsymbol{z}|\boldsymbol{\theta})\mathrm{d}\boldsymbol{z}$$
$$= \mathrm{E}_{q_{\boldsymbol{z}}}\left[f(\boldsymbol{y}|\boldsymbol{\theta},\boldsymbol{z})\frac{\pi(\boldsymbol{z}|\boldsymbol{\theta})}{q_{\boldsymbol{z}}(\boldsymbol{z}|\boldsymbol{\theta})}\right]$$

と表すことができる．したがって，重点サンプリングを適用すれば，尤度関数の不偏推定量として

$$\hat{f}(\boldsymbol{y}|\boldsymbol{\theta}) = \frac{1}{N}\sum_{t=1}^{N} f(\boldsymbol{y}|\boldsymbol{\theta}, \boldsymbol{z}^{(t)})w_{\boldsymbol{z}}(\boldsymbol{z}^{(t)}), \quad w_{\boldsymbol{z}}(\boldsymbol{z}^{(t)}) = \frac{\pi(\boldsymbol{z}^{(t)}|\boldsymbol{\theta})}{q_{\boldsymbol{z}}(\boldsymbol{z}^{(t)}|\boldsymbol{\theta})}$$

が得られることになる．ここで，$\boldsymbol{z}^{(t)}$ $(t=1,\ldots,N)$ は $q_{\boldsymbol{z}}(\boldsymbol{z}|\boldsymbol{\theta})$ からの独立なサンプルを表す ($N=T$ である必要はない)．この $\hat{f}(\boldsymbol{y}|\boldsymbol{\theta})$ を用いれば，$p(\boldsymbol{\theta}|\boldsymbol{y})$ の不偏推定量として $\hat{p}(\boldsymbol{\theta}|\boldsymbol{y}) = \hat{f}(\boldsymbol{y}|\boldsymbol{\theta})\pi(\boldsymbol{\theta})$ が求まる．

次に，自己正規化重点サンプリングにおいて，$p(\boldsymbol{x})$ をその不偏推定量 $\hat{p}(\boldsymbol{x})$ で置き換えても構わないことを示そう．まず，Pitt *et al.* (2012) にしたがい，$\hat{p}(\boldsymbol{x}) = p(\boldsymbol{x})e^v$ と表すことにする．ここで，$v = \log\hat{p}(\boldsymbol{x}) - \log p(\boldsymbol{x}) \in \mathbb{R}$ であり，$p(\boldsymbol{x})$ を $\hat{p}(\boldsymbol{x})$ によって推定していることから確率変数となっている．そこで，v の確率分布を $p_v(v|\boldsymbol{x})$ と表すことにする．また，$\hat{p}(\boldsymbol{x})$ は $p(\boldsymbol{x})$ の不偏推定量であるから，v については

$$\mathrm{E}_{p_v}[e^v] = \int_{\mathbb{R}} e^v p_v(v|\boldsymbol{x})\mathrm{d}v = 1$$

が成立する．この式は，$e^v p_v(v|\boldsymbol{x})$ が v の (条件付き) 確率分布となっていることを意味しているので，$\boldsymbol{x}$ と v の同時確率分布を

$$\pi(\boldsymbol{x}, v) = \pi(\boldsymbol{x})e^v p_v(v|\boldsymbol{x}) \propto p(\boldsymbol{x})e^v p_v(v|\boldsymbol{x})$$

によって定義することにする．この同時確率分布 $\pi(\boldsymbol{x}, v)$ については，

$$\pi(\boldsymbol{x}) = \int_{\mathbb{R}} \pi(\boldsymbol{x}, v)\mathrm{d}v$$

が成り立っていることは明らかであろう．そこで，$\pi(\boldsymbol{x}, v)$ を用いて (2.4) 式を書き直すと，

$$I = \mathrm{E}_\pi[g(\boldsymbol{x})] = \int_{\mathcal{X}} g(\boldsymbol{x})\pi(\boldsymbol{x})\mathrm{d}\boldsymbol{x} = \int_{\mathcal{X}\times\mathbb{R}} g(\boldsymbol{x})\pi(\boldsymbol{x}, v)\mathrm{d}\boldsymbol{x}\mathrm{d}v \quad (2.13)$$

となる．いま，(2.13) 式を $q^*(\boldsymbol{x}, v) = q(\boldsymbol{x})p_v(v|\boldsymbol{x})$ を重点密度とする自己正規化重点サンプリングによって求めることにする．このとき，$(\boldsymbol{x}, v)$ のサンプリングについては，$\boldsymbol{x}^{(t)}$ を $q(\boldsymbol{x})$ からサンプリングし，次に v を $p_v(v|\boldsymbol{x}^{(t)})$ からサンプリングすればよい．また，このときの重み $w(\boldsymbol{x}, v)$ は，

$$w(\boldsymbol{x}, v) = \frac{p(\boldsymbol{x})e^v p_v(v|\boldsymbol{x})}{q^*(\boldsymbol{x}, v)} = \frac{p(\boldsymbol{x})e^v p_v(v|\boldsymbol{x})}{q(\boldsymbol{x}) p_v(v|\boldsymbol{x})} = \frac{\hat{p}(\boldsymbol{x})}{q(\boldsymbol{x})} = \hat{w}(\boldsymbol{x})$$

と表すことができる.以上をまとめると,アルゴリズム 2.11 が得られることになり,通常の自己正規化重点サンプリングにおいて,$p(\boldsymbol{x})$ をその不偏推定量で置き換えてもよいことが分かる.

Tran $et\ al.$ (2014) は,$T \to \infty$ のときには $\hat{I}_{\mathrm{IS}^2}$ は I に収束し,さらに
$$\sqrt{T}(\hat{I}_{\mathrm{IS}^2} - I) \stackrel{\mathrm{a}}{\sim} N(0, \sigma^2_{\mathrm{IS}^2})$$
が成立することを証明している.ここで,$w(\boldsymbol{x}) = p(\boldsymbol{x})/q(\boldsymbol{x})$ とおけば,
$$\sigma^2_{\mathrm{IS}^2} = \mathrm{E}_q\left[w^2(\boldsymbol{x})(g(\boldsymbol{x}) - I)^2 \mathrm{E}_{p_v}[e^{2v}]\right]$$
である.IS^2 の精度は,$p(\boldsymbol{x})$ を推定しているために,通常の自己正規化重点サンプリングよりも悪くなる.具体的には,Tran $et\ al.$ (2014) は,いくつかの仮定のもとで
$$\frac{\sigma^2_{\mathrm{SNIS}}}{\sigma^2_{\mathrm{IS}^2}} = \exp(\sigma^2)$$
が成立することを示している.ここで,σ^2 は $v = \log \hat{p}(\boldsymbol{x}) - \log p(\boldsymbol{x})$ の分散を表す.したがって,N を大きくして $\hat{p}(\boldsymbol{x})$ の精度を上げれば,IS^2 の精度がよくなることになる.しかし,N を大きくすれば計算時間が長くなってしまう.Tran $et\ al.$ (2014) では,N の選び方についても議論しているので,参考にしてほしい.

2.4 逐次重点サンプリング

2.4.1 逐次重点サンプリングの基本

重点サンプリングでは,$\boldsymbol{x} = (x_1, \ldots, x_k)'$ の次元が大きくなるにつれ,サンプリングが容易でしかも $\pi(\boldsymbol{x})$ をうまく近似する $q(\boldsymbol{x})$ を選ぶことが難しくなる (以下では,x_i をスカラーとして説明するがベクトルであっても構わない).もし,
$$\begin{aligned}\pi(\boldsymbol{x}) &= \pi(x_1)\pi(x_2|x_1)\cdots\pi(x_k|\boldsymbol{x}_{1:k-1}) \\ &= \pi(x_1)\prod_{i=2}^{k} \pi(x_i|\boldsymbol{x}_{1:i-1})\end{aligned} \tag{2.14}$$

と表すことができれば，(2.14) 式に応じて $q(\boldsymbol{x})$ を

$$q(\boldsymbol{x}) = q_1(x_1)q_2(x_2|x_1)\cdots q_k(x_k|\boldsymbol{x}_{1:k-1})$$
$$= q_1(x_1)\prod_{i=2}^{k} q_i(x_i|\boldsymbol{x}_{1:i-1}) \tag{2.15}$$

のように分解し，逐次的に $q(\boldsymbol{x})$ を構築することが考えられる．ここで，$\boldsymbol{x}_{1:i} = (x_1,\ldots,x_i)' \in \mathcal{X}_{1:i} \subset \mathbb{R}^i$ である．各 x_i は $\boldsymbol{x}$ よりも次元が小さくなっているので，直接 $q(\boldsymbol{x})$ を選ぶよりも $\pi(x_i|\boldsymbol{x}_{1:i-1})$ を近似する $q_i(x_i|\boldsymbol{x}_{1:i-1})$ を選択する方が容易であると期待される．

(2.15) 式より，$q(\boldsymbol{x})$ から $\boldsymbol{x}$ をサンプリングするためには，まず x_1 を $q_1(x_1)$ からサンプリングし，順次 x_i を $q_i(x_i|\boldsymbol{x}_{1:i-1})$ からサンプリングすればよいことが分かる．また，

$$\begin{aligned}w_i(\boldsymbol{x}_{1:i}) &= \frac{\pi(\boldsymbol{x}_{1:i})}{q(\boldsymbol{x}_{1:i})} = \frac{\pi(\boldsymbol{x}_{1:i})}{q_1(x_1)\prod_{j=2}^{i} q_j(x_j|\boldsymbol{x}_{1:j-1})} \\ &= \frac{\pi(\boldsymbol{x}_{1:i-1})}{q_1(x_1)\prod_{j=2}^{i-1} q_j(x_j|\boldsymbol{x}_{1:j-1})} \cdot \frac{\pi(x_i|\boldsymbol{x}_{1:i-1})}{q_i(x_i|\boldsymbol{x}_{1:i-1})} \\ &= w_{i-1}(\boldsymbol{x}_{1:i-1})\frac{\pi(x_i|\boldsymbol{x}_{1:i-1})}{q_i(x_i|\boldsymbol{x}_{1:i-1})} \end{aligned} \tag{2.16}$$

であることから，$w_i(\boldsymbol{x}_{1:i})$ も逐次的に計算することができる．ただし，$w_1(x_1) = \pi(x_1)/q_1(x_1)$，$w_k(\boldsymbol{x}_{1:k}) = w(\boldsymbol{x}) = \pi(\boldsymbol{x})/q(\boldsymbol{x})$ である．したがって，次に示すアルゴリズムを実行することによって，重点サンプリングに必要な $(\boldsymbol{x}^{(t)}, w(\boldsymbol{x}^{(t)}))$ を求めることができる．

アルゴリズム 2.12　逐次重点サンプリング I

1: $q_1(x_1)$ から $x_1^{(t)}$ $(t=1,\ldots,T)$ を発生させる．
2: $w_1(x_1^{(t)}) = \pi(x_1^{(t)})/q_1(x_1^{(t)})$ $(t=1,\ldots,T)$ を計算する．
　$i = 2,\ldots,k$ に対して 3 と 4 を繰り返す．
3: $q_i(x_i|\boldsymbol{x}_{1:i-1}^{(t)})$ から $x_i^{(t)}$ $(t=1,\ldots,T)$ を発生させる．
4:
$$w_i(\boldsymbol{x}_{1:i}^{(t)}) = w_{i-1}(\boldsymbol{x}_{1:i-1}^{(t)})\frac{\pi(x_i^{(t)}|\boldsymbol{x}_{1:i-1}^{(t)})}{q_i(x_i^{(t)}|\boldsymbol{x}_{1:i-1}^{(t)})} \quad (t=1,\ldots,T)$$

を計算する．

5: $(\boldsymbol{x}^{(t)}, w(\boldsymbol{x}^{(t)}))$ から

$$\hat{I} = \frac{1}{T}\sum_{t=1}^{T} g(\boldsymbol{x}^{(t)}) w(\boldsymbol{x}^{(t)})$$

を計算する．

逐次重点サンプリングでは，各 i において $(\boldsymbol{x}_{1:i}^{(t)}, w_i(\boldsymbol{x}_{1:i}^{(t)}))$ が生成されることになる．$w_i(\boldsymbol{x}_{1:i}) = \pi(\boldsymbol{x}_{1:i})/q(\boldsymbol{x}_{1:i})$ であるから，これらを利用すれば，

$$I_i = \mathrm{E}_\pi[g_i(\boldsymbol{x}_{1:i})] = \int_{\mathcal{X}_{1:i}} g_i(\boldsymbol{x}_{1:i}) \pi(\boldsymbol{x}_{1:i}) \mathrm{d}\boldsymbol{x}_{1:i}$$

で与えられる期待値を

$$\hat{I}_i = \frac{1}{T} \sum_{t=1}^{T} g_i(\boldsymbol{x}_{1:i}^{(t)}) w_i(\boldsymbol{x}_{1:i}^{(t)})$$

によって逐次的に推定することができる．ここで，$g_i(\boldsymbol{x}_{1:i})$ は $\boldsymbol{x}_{1:i}$ の関数を表す．また，$\pi(x_i|\boldsymbol{x}_{1:i-1}) = \pi(\boldsymbol{x}_{1:i})/\pi(\boldsymbol{x}_{1:i-1}) \propto \pi(\boldsymbol{x}_{1:i})$ であることから，$\boldsymbol{x}_{1:i}^{(t)}$ の重みを

$$w_i(\boldsymbol{x}_{1:i}^{(t)}) = w_{i-1}(\boldsymbol{x}_{1:i-1}^{(t)}) \frac{\pi(\boldsymbol{x}_{1:i}^{(t)})}{q_i(x_i^{(t)}|\boldsymbol{x}_{1:i-1}^{(t)})}$$

にしたがって更新し，この $w_i(\boldsymbol{x}_{1:i}^{(t)})$ に基づいて自己正規化重点サンプリングを行うことも可能である ((2.7) 式を参照)．

このように，逐次的に $q(\boldsymbol{x})$ や $w(\boldsymbol{x})$ を求め，それに基づいて期待値を計算する方法を**逐次重点サンプリング** (sequential importance sampling) という．逐次重点サンプリングは，1950 年代にすでに統計物理学の分野で Hammersley and Morton (1954) や Rosenbluth and Rosenbluth (1955) によって提案されていたが，Gordon et al. (1993), Kong et al. (1994), Liu and Chen (1995) らが状態空間モデル (state space model) や欠損値問題を扱うための方法として提案したことにより，統計学においても広く利用されるようになった．

例 2.11 $\pi(\boldsymbol{x})$ が $N(\boldsymbol{\mu}, \boldsymbol{\Sigma})$ であるとき,

$$P(\boldsymbol{a} \leq \boldsymbol{x} \leq \boldsymbol{b}) = \mathrm{E}\left[I(\boldsymbol{a} \leq \boldsymbol{x} \leq \boldsymbol{b})\right]$$
$$= \int_{\mathbb{R}^k} I(\boldsymbol{a} \leq \boldsymbol{x} \leq \boldsymbol{b}) \cdot \frac{1}{(2\pi)^{k/2}|\boldsymbol{\Sigma}|^{1/2}} \exp\left\{-\frac{1}{2}(\boldsymbol{x}-\boldsymbol{\mu})'\boldsymbol{\Sigma}^{-1}(\boldsymbol{x}-\boldsymbol{\mu})\right\} \mathrm{d}\boldsymbol{x}$$

を求めることにする.ここで,$\boldsymbol{a}=(a_1,\ldots,a_k)'$, $\boldsymbol{b}=(b_1,\ldots,b_k)'$ である.いま,共分散行列 $\boldsymbol{\Sigma}$ のコレスキー分解を

$$\boldsymbol{\Sigma}^{1/2} = \begin{pmatrix} s_{11} & 0 & \cdots & 0 \\ s_{21} & s_{22} & \cdots & 0 \\ \vdots & \vdots & \ddots & 0 \\ s_{k1} & s_{k2} & \cdots & s_{kk} \end{pmatrix}$$

と表し,$\boldsymbol{z} \sim N(\boldsymbol{0}, \boldsymbol{I})$ とすれば,$\boldsymbol{x} = \boldsymbol{\mu} + \boldsymbol{\Sigma}^{1/2}\boldsymbol{z}$ と表すことができる.また,不等式 $\boldsymbol{a} \leq \boldsymbol{x} \leq \boldsymbol{b}$ の第 i 要素は,

$$\frac{a_i - \mu_i - \sum_{j=1}^{i-1} s_{ij}z_j}{s_{ii}} \leq z_i \leq \frac{b_i - \mu_i - \sum_{j=1}^{i-1} s_{ij}z_j}{s_{ii}} \tag{2.17}$$

と書き直すことができる.ここで,z_i と μ_i はそれぞれ $\boldsymbol{z}$ と $\boldsymbol{\mu}$ の第 i 要素である.(2.17) 式の不等式の両端をまとめて,

$$\boldsymbol{a}(\boldsymbol{z}) = \left(\frac{a_1 - \mu_1}{s_{11}}, \frac{a_2 - \mu_2 - s_{21}z_1}{s_{22}}, \ldots, \frac{a_k - \mu_k - \sum_{j=1}^{k-1} s_{kj}z_j}{s_{kk}}\right)'$$
$$\boldsymbol{b}(\boldsymbol{z}) = \left(\frac{b_1 - \mu_1}{s_{11}}, \frac{b_2 - \mu_2 - s_{21}z_1}{s_{22}}, \ldots, \frac{b_k - \mu_k - \sum_{j=1}^{k-1} s_{kj}z_j}{s_{kk}}\right)'$$

と表せば,

$$P(\boldsymbol{a} \leq \boldsymbol{x} \leq \boldsymbol{b}) = P(\boldsymbol{a}(\boldsymbol{z}) \leq \boldsymbol{z} \leq \boldsymbol{b}(\boldsymbol{z}))$$
$$= \int_{\mathbb{R}^k} I(\boldsymbol{a}(\boldsymbol{z}) \leq \boldsymbol{z} \leq \boldsymbol{b}(\boldsymbol{z})) \frac{1}{(2\pi)^{k/2}} \exp\left(-\frac{1}{2}\boldsymbol{z}'\boldsymbol{z}\right) \mathrm{d}\boldsymbol{z}$$

を得る.そこで,$\pi(z_i|\boldsymbol{z}_{1:i-1})$ は標準正規分布,$q(z_i|\boldsymbol{z}_{1:i-1})$ は (2.17) 式を制約とする切断正規分布として逐次重点サンプリングを適用すれば,Keane (1990, 1994), Geweke (1991), Hajivassiliou and McFadden (1998) らによって提案された **GHK** シミュレータ (GHK simulator) が得られることになる (アルゴリズム 2.13).

アルゴリズム 2.13　GHK シミュレータ

1: 切断正規分布
$$N(0,1)I\left(\frac{a_1 - \mu_1}{s_{11}}, \frac{b_1 - \mu_1}{s_{11}}\right)$$

から $z_1^{(t)}$ $(t = 1, \ldots, T)$ を発生させる.

2:
$$w_1(z_1^{(t)}) = \left\{\Phi\left(\frac{b_1 - \mu_1}{s_{11}}\right) - \Phi\left(\frac{a_1 - \mu_1}{s_{11}}\right)\right\} \quad (t = 1, \ldots, T)$$

を計算する.

$i = 2, \ldots, k$ に対して 3 と 4 を繰り返す.

3: 切断正規分布
$$N(0,1)I\left(\frac{a_i - \mu_i - \sum_{j=1}^{i-1} s_{ij} z_j^{(t)}}{s_{ii}}, \frac{b_i - \mu_i - \sum_{j=1}^{i-1} s_{ij} z_j^{(t)}}{s_{ii}}\right)$$

から $z_i^{(t)}$ $(t = 1, \ldots, T)$ を発生させる.

4:
$$\begin{aligned}
&w_i(\boldsymbol{z}_{1:i}^{(t)}) \\
&= w_{i-1}(\boldsymbol{z}_{1:i-1}^{(t)}) \\
&\quad \times \left\{\Phi\left(\frac{b_i - \mu_i - \sum_{j=1}^{i-1} s_{ij} z_j^{(t)}}{s_{ii}}\right) - \Phi\left(\frac{a_i - \mu_i - \sum_{j=1}^{i-1} s_{ij} z_j^{(t)}}{s_{ii}}\right)\right\} \\
&(t = 1, \ldots, T)
\end{aligned}$$

を計算する.

5: $(\boldsymbol{z}^{(t)}, w(\boldsymbol{z}^{(t)}))$ から
$$\hat{P}(\boldsymbol{a} \leq \boldsymbol{x} \leq \boldsymbol{b}) = \frac{1}{T}\sum_{t=1}^{T} w(\boldsymbol{z}^{(t)})$$

を計算する.

2.4.2　逐次重点サンプリングの一般化

$\pi(\boldsymbol{x})$ を (2.14) 式のように表したり，$w(\boldsymbol{x})$ を逐次的に計算するためには，

$$\pi(\boldsymbol{x}_{1:i}) = \int \cdots \int \pi(x_1, \ldots, x_k) \mathrm{d}x_{i+1} \cdots \mathrm{d}x_k$$

が必要とされる．しかし，問題によってはこれらを求めることができない場合もある．そこで，Liu (2001) と Doucet and Johansen (2011) にしたがい，先に述べた逐次重点サンプリングを拡張することにする．

まず，(2.14) 式における $\pi(x_1), \pi(x_2|x_1), \ldots, \pi(x_k|\boldsymbol{x}_{1:k-1})$ のかわりに，補助分布 (auxiliary distribution) と呼ばれる別の確率分布

$$\pi_1(x_1), \pi_2(\boldsymbol{x}_{1:2}), \ldots, \pi_k(\boldsymbol{x}_{1:k})$$

を導入する ($\pi(x_i|\boldsymbol{x}_{1:i-1}) \propto \pi(\boldsymbol{x}_{1:i})$ であることに注意)．ただし，$\pi_k(\boldsymbol{x}_{1:k}) = \pi(\boldsymbol{x})$ とする．また，$w_i(\boldsymbol{x}_{1:i})$ を

$$\begin{aligned} w_i(\boldsymbol{x}_{1:i}) &= \frac{\pi_i(\boldsymbol{x}_{1:i})}{q_1(x_1) \prod_{j=2}^{i} q_j(x_j|\boldsymbol{x}_{1:j-1})} \\ &= \frac{\pi_{i-1}(\boldsymbol{x}_{1:i-1})}{q_1(x_1) \prod_{j=2}^{i-1} q_j(x_j|\boldsymbol{x}_{1:j-1})} \cdot \frac{\pi_i(\boldsymbol{x}_{1:i})}{\pi_{i-1}(\boldsymbol{x}_{1:i-1}) q_i(x_i|\boldsymbol{x}_{1:i-1})} \\ &= w_{i-1}(\boldsymbol{x}_{1:i-1}) \frac{\pi_i(\boldsymbol{x}_{1:i})}{\pi_{i-1}(\boldsymbol{x}_{1:i-1}) q_i(x_i|\boldsymbol{x}_{1:i-1})} \end{aligned} \quad (2.18)$$

によって更新することにする．このとき，$\pi_i(\boldsymbol{x}_{1:i})$ の正規化定数が未知である場合も考慮すれば，逐次重点サンプリング I は次のように修正される．

アルゴリズム 2.14　逐次重点サンプリング II

1: $q_1(x_1)$ から $x_1^{(t)}$ $(t = 1, \ldots, T)$ を発生させる．
2: $w_1(x_1^{(t)}) = \pi_1(x_1^{(t)})/q_1(x_1^{(t)})$ $(t = 1, \ldots, T)$ を計算する．
　$i = 2, \ldots, k$ に対して 3 と 4 を繰り返す．
3: $q_i(x_i|\boldsymbol{x}_{1:i-1}^{(t)})$ から $x_i^{(t)}$ $(t = 1, \ldots, T)$ を発生させる．
4:

$$w_i(\boldsymbol{x}_{1:i}^{(t)}) = w_{i-1}(\boldsymbol{x}_{1:i-1}^{(t)}) \frac{\pi_i(\boldsymbol{x}_{1:i}^{(t)})}{\pi_{i-1}(\boldsymbol{x}_{1:i-1}^{(t)}) q_i(x_i^{(t)}|\boldsymbol{x}_{1:i-1}^{(t)})} \quad (t = 1, \ldots, T)$$

を計算する．

5: $(\boldsymbol{x}^{(t)}, w(\boldsymbol{x}^{(t)}))$ から

$$\hat{I}_{\mathrm{SIS}} = \sum_{t=1}^{T} g(\boldsymbol{x}^{(t)}) w^*(\boldsymbol{x}^{(t)}) \tag{2.19}$$

を計算する．ただし，$w^*(\boldsymbol{x}^{(t)}) = w(\boldsymbol{x}^{(t)})/\sum_{j=1}^{T} w(\boldsymbol{x}^{(j)})$, $w(\boldsymbol{x}^{(t)}) = w_k(\boldsymbol{x}_{1:k}^{(t)})$ である．

逐次重点サンプリング I と同様に，各 i において得られた $(\boldsymbol{x}_{1:i}^{(t)}, w_i(\boldsymbol{x}_{1:i}^{(t)}))$ を用いれば，

$$\hat{I}_{\mathrm{SIS},i} = \sum_{t=1}^{T} g_i(\boldsymbol{x}_{1:i}^{(t)}) w_i^*(\boldsymbol{x}_{1:i}^{(t)}), \quad w_i^*(\boldsymbol{x}_{1:i}^{(t)}) = \frac{w_i(\boldsymbol{x}_{1:i}^{(t)})}{\sum_{j=1}^{T} w_i(\boldsymbol{x}_{1:i}^{(j)})}$$

によって

$$\mathrm{E}_{\pi_i}[g_i(\boldsymbol{x}_{1:i})] = \int_{\mathcal{X}_{1:i}} g_i(\boldsymbol{x}_{1:i}) \pi_i(\boldsymbol{x}_{1:i}) \mathrm{d}\boldsymbol{x}_{1:i}$$

を推定することができる (逐次重点サンプリング I と異なり，$\pi(\boldsymbol{x}_{1:i})$ に関する期待値ではないことに注意)．また，

$$\hat{Z}_i = \frac{1}{T} \sum_{t=1}^{T} w_i(\boldsymbol{x}_{1:i}^{(t)}), \quad \hat{\pi}_i(\boldsymbol{x}_{1:i}) = \sum_{t=1}^{T} w_i^*(\boldsymbol{x}_{1:i}^{(t)}) \delta_{\boldsymbol{x}_{1:i}^{(t)}}(\boldsymbol{x}_{1:i})$$

は，それぞれ $\pi_i(\boldsymbol{x}_{1:i})$ の正規化定数と $\pi_i(\boldsymbol{x}_{1:i})$ の推定値となっていることはよいであろう．

アルゴリズム 2.14 を実行する際，どのような補助分布 $\pi_i(\boldsymbol{x}_{1:i})$ を用いたらよいかということが問題となる．Liu (2001) では，$\pi(\boldsymbol{x}_{1:i})$ を近似する $\pi_i(\boldsymbol{x}_{1:i})$ を選べばよいと述べている．これは，$\pi(x_i|\boldsymbol{x}_{1:i-1}) \propto \pi(\boldsymbol{x}_{1:i}) \approx \pi_i(\boldsymbol{x}_{1:i})$ であれば，$\pi_i(\boldsymbol{x}_{1:i})$ をもとにうまく機能する $q_i(x_i|\boldsymbol{x}_{1:i-1})$ を求めることができるからである．統計モデルによっては，自然な形で $\pi_i(\boldsymbol{x}_{1:i})$ や $q_i(x_i|\boldsymbol{x}_{1:i-1})$ が得られることもある．次の例を見てみよう．

例 2.12 逐次重点サンプリングは，状態空間モデルにおいてもっともよく利用されている．そこで，次の状態空間モデルを考えることにする：

$$\begin{aligned}&(遷移方程式) \quad x_i \sim h(x_i|x_{i-1}) \quad (i=2,\ldots,n)\\ &(観測方程式) \quad y_i \sim f(y_i|x_i) \quad (i=1,\ldots,n)\end{aligned}$$

ここで,y_i は i 期の観測値,x_i は i 期の状態変数を表す.また,x_1 の初期分布を $h_1(x_1)$ と表し,既知であるとする (状態空間モデルについては,例えば Harvey, 1989; Tanizaki, 1996; Durbin and Koopman, 2012; 片山, 2000, 2011 を参照されたい.また,状態空間モデルに対する逐次重点サンプリングについては,Doucet *et al.*, 2001; Doucet and Johansen, 2011; Douc *et al.*, 2014; 生駒, 2008 に詳しい).

いま,
$$I = \mathrm{E}_\pi [g(\boldsymbol{x})] = \int_{\mathbb{R}^n} g(\boldsymbol{x})\pi(\boldsymbol{x}|\boldsymbol{y})\mathrm{d}\boldsymbol{x}$$
に関心があるとしよう.ここで,$\pi(\boldsymbol{x}|\boldsymbol{y})$ はデータ $\boldsymbol{y} = (y_1,\ldots,y_n)'$ を所与とした状態変数 $\boldsymbol{x} = (x_1,\ldots,x_n)'$ の事後分布を表し,
$$\pi(\boldsymbol{x}|\boldsymbol{y}) \propto f(\boldsymbol{y}|\boldsymbol{x})h(\boldsymbol{x}) = \prod_{i=1}^n f(y_i|x_i) \cdot h_1(x_1) \prod_{i=2}^n h(x_i|x_{i-1})$$
で与えられる.$\boldsymbol{x}$ の次元はデータ数 n に等しいため,$\pi(\boldsymbol{x}|\boldsymbol{y})$ は高次元の確率分布となることがあり,これを近似する $q(\boldsymbol{x})$ を見つけることは容易ではない.また,$\boldsymbol{x}_{1:i}$ の事後分布 $\pi(\boldsymbol{x}_{1:i}|\boldsymbol{y})$ も,特別な場合を除き一般的には求めることができない.

そこで,逐次重点サンプリング II を適用するため,i 期までのデータ $\boldsymbol{y}_{1:i}$ を所与とした $\boldsymbol{x}_{1:i}$ の事後分布
$$\pi_i(\boldsymbol{x}_{1:i}|\boldsymbol{y}_{1:i}) = \frac{f(\boldsymbol{y}_{1:i}|\boldsymbol{x}_{1:i})h(\boldsymbol{x}_{1:i})}{\int_{\mathbb{R}^i} f(\boldsymbol{y}_{1:i}|\boldsymbol{x}_{1:i})h(\boldsymbol{x}_{1:i})\mathrm{d}\boldsymbol{x}_{1:i}}$$
を考えることにする.この事後分布については,
$$\begin{aligned}\pi_i(\boldsymbol{x}_{1:i}|\boldsymbol{y}_{1:i}) &= \frac{\pi(\boldsymbol{x}_{1:i},y_i|\boldsymbol{y}_{1:i-1})}{\pi(y_i|\boldsymbol{y}_{1:i-1})} \\ &= \pi_{i-1}(\boldsymbol{x}_{1:i-1}|\boldsymbol{y}_{1:i-1})\frac{\pi(x_i,y_i|\boldsymbol{x}_{1:i-1},\boldsymbol{y}_{1:i-1})}{\pi(y_i|\boldsymbol{y}_{1:i-1})} \\ &= \pi_{i-1}(\boldsymbol{x}_{1:i-1}|\boldsymbol{y}_{1:i-1})\frac{f(y_i|x_i)h(x_i|x_{i-1})}{\pi(y_i|\boldsymbol{y}_{1:i-1})}\end{aligned}$$
が成立し,(2.18) 式は

$$w_i(\boldsymbol{x}_{1:i}) \propto w_{i-1}(\boldsymbol{x}_{1:i-1}) \frac{f(y_i|x_i)h(x_i|x_{i-1})}{q_i(x_i|\boldsymbol{x}_{1:i-1})}$$

となる．Gordon *et al.* (1993) や Tanizaki and Mariano (1998) では，遷移方程式を使って x_i を発生させている．このとき，$q_i(x_i|\boldsymbol{x}_{1:i-1}) = h(x_i|x_{i-1})$ であり，$w_i(\boldsymbol{x}_{1:i})$ はさらに簡略化され，

$$w_i(\boldsymbol{x}_{1:i}) \propto w_{i-1}(\boldsymbol{x}_{1:i-1}) f(y_i|x_i)$$

と表すことができる．

次に，$q_i(x_i|\boldsymbol{x}_{1:i-1})$ の選択について考えよう．理論的には，$\hat{I}_{\text{SIS}}$ や $\hat{I}_{\text{SIS},i}$ の分散を最小にする $q_i(x_i|\boldsymbol{x}_{1:i-1})$ を選ぶことは可能である．しかし，この場合には，逐次的にさまざまな数量を計算できるという逐次重点サンプリングの利点が損なわれる恐れがある．また，前節で見たように，最適な $q_i(x_i|\boldsymbol{x}_{1:i-1})$ は期待値を評価する関数に依存するため，$(\boldsymbol{x}^{(t)}, w(\boldsymbol{x}^{(t)}))$ を得た後で色々な期待値を計算したいときには，この基準はあまり有用ではない．

かわりに逐次重点サンプリングでは，$w(\boldsymbol{x})$ の分散を最小にする $q_i(x_i|\boldsymbol{x}_{1:i-1})$ が用いられることがある．簡単な計算から，$w(\boldsymbol{x})$ の分散を最小にするのは $q(\boldsymbol{x}) = \pi(\boldsymbol{x})$ のとき，つまり $q_i(x_i|\boldsymbol{x}_{1:i-1}) = \pi(x_i|\boldsymbol{x}_{1:i-1})$ のときである．しかし，$\pi(x_i|\boldsymbol{x}_{1:i-1})$ を求めることができない状況をいまは考えているので，ほかの基準が必要となる．そこで，各 i ごとに $w_i(\boldsymbol{x}_{1:i})$ の分散を最小にする $q_i(x_i|\boldsymbol{x}_{1:i-1})$ を探すことにする．$\boldsymbol{x}_{1:i-1}$ を所与とした $w_i(\boldsymbol{x}_{1:i})$ の分散は，

$$\begin{aligned}
&\text{Var}(w_i(\boldsymbol{x}_{1:i})) \\
&= \mathrm{E}_{q_i}[w_i^2(\boldsymbol{x}_{1:i})] - \mathrm{E}_{q_i}[w_i(\boldsymbol{x}_{1:i})]^2 \\
&= \frac{w_{i-1}^2(\boldsymbol{x}_{1:i-1})}{\pi_{i-1}^2(\boldsymbol{x}_{1:i-1})} \left\{ \int_{\mathbb{R}} \frac{\pi_i^2(\boldsymbol{x}_{1:i})}{q_i(x_i|\boldsymbol{x}_{1:i-1})} dx_i - \pi_i^2(\boldsymbol{x}_{1:i-1}) \right\} \\
&= \frac{w_{i-1}^2(\boldsymbol{x}_{1:i-1})}{\pi_{i-1}^2(\boldsymbol{x}_{1:i-1})} \left\{ \pi_i^2(\boldsymbol{x}_{1:i-1}) \int_{\mathbb{R}} \frac{\pi_i^2(x_i|\boldsymbol{x}_{1:i-1})}{q_i(x_i|\boldsymbol{x}_{1:i-1})} dx_i - \pi_i^2(\boldsymbol{x}_{1:i-1}) \right\}
\end{aligned}$$

で与えられる (Doucet *et al.*, 2000)．この分散が最小になるのは，

$$q_i(x_i|\boldsymbol{x}_{1:i-1}) = \pi_i(x_i|\boldsymbol{x}_{1:i-1}) \tag{2.20}$$

のときである．さらにこのとき，$w_i(\boldsymbol{x}_{1:i})$ の更新式は，

$$w_i(\boldsymbol{x}_{1:i}) = w_{i-1}(\boldsymbol{x}_{1:i-1}) \frac{\pi_i(\boldsymbol{x}_{1:i-1})}{\pi_{i-1}(\boldsymbol{x}_{1:i-1})}$$

と表すことができる．

例 2.13　例 2.12 の続き　状態空間モデルの性質から，(2.20) 式は

$$q_i(x_i|\boldsymbol{x}_{1:i-1}) = \frac{f(y_i|x_i)h(x_i|x_{i-1})}{f(y_i|x_{i-1})}$$

と表され，

$$w_i(\boldsymbol{x}_{1:i}) \propto w_{i-1}(\boldsymbol{x}_{1:i-1}) f(y_i|x_{i-1})$$

となる．ここで，

$$f(y_i|x_{i-1}) = \int_{\mathbb{R}} f(y_i|x_i)h(x_i|x_{i-1})\mathrm{d}x_i$$

である．

2.4.3　リサンプリング

逐次重点サンプリングでは，$w_i(\boldsymbol{x}_{1:i})$ の分散は i とともに増加することが知られている (Kong et al., 1994; Chopin, 2004)．ここでは，(2.16) 式で与えられている逐次重点サンプリング I の重みに対してこのことを示すことにする．そのために必要な補題を与えておく．

補題 2.1　確率変数 x と y に対し，

$$\mathrm{Var}(x) = \mathrm{E}\left[\mathrm{Var}(x|y)\right] + \mathrm{Var}\left[\mathrm{E}(x|y)\right]$$

が成立する．ここで，y はベクトルであってもよい．また，$\mathrm{E}(x|y)$ と $\mathrm{Var}(x|y)$ は，それぞれ y を所与とした x の条件付き期待値と条件付き分散を表す．

証明　x の分散は，

$$\mathrm{Var}(x) = \mathrm{E}(x^2) - \mathrm{E}(x)^2 = \mathrm{E}\left[\mathrm{E}(x^2|y)\right] - \mathrm{E}\left[\mathrm{E}(x|y)\right]^2$$

と表すことができる．さらに書き直せば，

$$\begin{aligned}
\mathrm{Var}(x) &= \mathrm{E}\left[\mathrm{Var}(x|y) + \mathrm{E}(x|y)^2\right] - \mathrm{E}\left[\mathrm{E}(x|y)\right]^2 \\
&= \mathrm{E}\left[\mathrm{Var}(x|y)\right] + \mathrm{E}\left[\mathrm{E}(x|y)^2\right] - \mathrm{E}\left[\mathrm{E}(x|y)\right]^2 \\
&= \mathrm{E}\left[\mathrm{Var}(x|y)\right] + \mathrm{Var}\left[\mathrm{E}(x|y)\right]
\end{aligned}$$

を得る. □

定理 2.5 (2.16) 式の $w_i(\boldsymbol{x}_{1:i})$ に対して,
$$\mathrm{Var}(w_i(\boldsymbol{x}_{1:i})) \geq \mathrm{Var}(w_{i-1}(\boldsymbol{x}_{1:i-1}))$$
が成立する.

証明 いま, $\mu_i(x_i|\boldsymbol{x}_{1:i-1}) = \pi(x_i|\boldsymbol{x}_{1:i-1})/q_i(x_i|\boldsymbol{x}_{1:i-1})$ とおき, $i=2$ の場合について証明する. 補題 2.1 より, $w_2(\boldsymbol{x}_{1:2}) = w_1(x_1)\mu_2(x_2|x_1)$ の分散は,

$$\begin{aligned}\mathrm{Var}\,(w_2(\boldsymbol{x}_{1:2})) &= \mathrm{Var}\,(w_1(x_1)\mu_2(x_2|x_1)) \\ &= \mathrm{E}\,\{\mathrm{Var}\,[w_1(x_1)\mu_2(x_2|x_1)|x_1]\} \\ &\quad + \mathrm{Var}\,\{\mathrm{E}\,[w_1(x_1)\mu_2(x_2|x_1)|x_1]\}\end{aligned}$$

と表すことができる. ここで, $\mathrm{E}[\mu_2(x_2|x_1)|x_1] = 1$ であるから,

$$\begin{aligned}\mathrm{Var}\,(w_2(\boldsymbol{x}_{1:2})) &= \mathrm{E}\{w_1^2(x_1)\mathrm{Var}\,[\mu_2(x_2|x_1)|x_1]\} + \mathrm{Var}\,\{\mathrm{E}\,[w_1(x_1)|x_1]\} \\ &= \mathrm{E}\{w_1^2(x_1)\mathrm{Var}\,[\mu_2(x_2|x_1)|x_1]\} + \mathrm{Var}\,[w_1(x_1)] \\ &\geq \mathrm{Var}\,(w_1(x_1))\end{aligned}$$

となる. □

$w_i(\boldsymbol{x}_{1:i})$ の分散が i とともに増加するということは, 逐次重点サンプリングによって生成された $(\boldsymbol{x}_{1:i}^{(t)}, w_i(\boldsymbol{x}_{1:i}^{(t)}))$ では, ある特定の $\boldsymbol{x}_{1:i}^{(t)}$ の重みだけが大きくなり, それ以外の $\boldsymbol{x}_{1:i}^{(r)}$ ($r \neq t$) については重みが 0 に近づくことを意味する. 次の例でこのことを確認してみよう.

例 2.14 状態空間モデル

$$\begin{aligned} &x_1 \sim N(0,1), \quad x_i \sim N(x_{i-1}, 1) \\ &y_i \sim N(x_i, 1) \end{aligned} \quad (i = 1, \ldots, 100)$$

を考え, 遷移方程式から x_i を発生させる重点密度を用いて逐次重点サンプリングを実行した. 図 2.5 には, $\log w_i^*(\boldsymbol{x}_{1:i}^{(t)})$ ($i = 1, 10, 30, 60$) の経験分布が示されている. この図より, i が大きいときにはほとんどの重みは小さくなっていることが分かる.

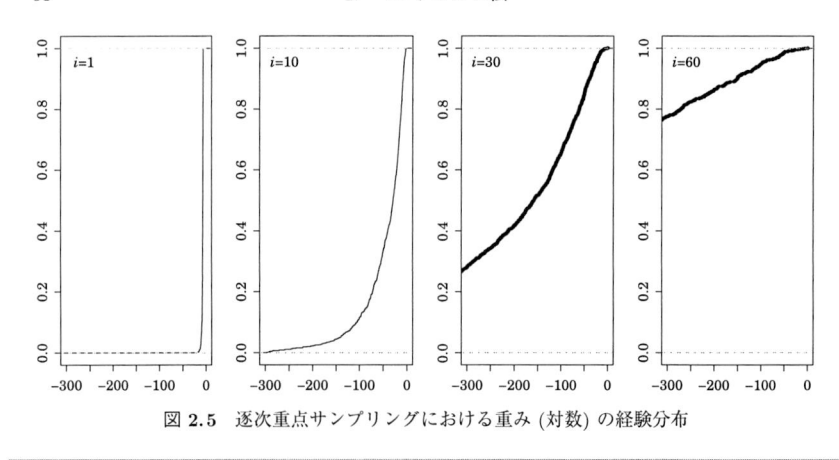

図 2.5 逐次重点サンプリングにおける重み (対数) の経験分布

ある $x_{1:i}^{(t)}$ に重みが集中し，ほかの $x_{1:i}^{(r)}$ ($r \neq t$) の重みが小さくなってしまうことを重みの退化 (weight degeneracy) という．定理 2.5 で示したように，重みの退化は逐次重点サンプリングでは避けて通れない問題である．しかし，重みの退化が存在する場合，逐次重点サンプリングによって期待値を求めたとしてもその精度はあまりよくない (ある $x_{1:i}^{(t)}$ の正規化された重みが 1 で，そのほかは 0 である場合を考えれば明らかであろう)．そこでこの問題を解決するために，逐次重点アルゴリズムにリサンプリングを組み込むことで改善が行われている．

アルゴリズム 2.15 逐次重点サンプリング + リサンプリング

1: $q_1(x_1)$ から $x_1^{(t)}$ ($t = 1, \ldots, T$) を発生させる．
2: $w_1(x_1^{(t)}) = p_1(x_1^{(t)})/q_1(x_1^{(t)})$ ($t = 1, \ldots, T$) を計算する．
3: 重みを $w_1^*(x_1^{(t)}) = w_1(x_1^{(t)})/\sum_{j=1}^{T} w_1(x_1^{(j)})$ によって正規化し，

$$\text{ESS}_1 = \frac{1}{\sum_{t=1}^{T} w_1^*(x_1^{(t)})^2}$$

を計算する．

4: もし $\text{ESS}_1 < T^*$ であれば，SIR によって $\{x_1^{(t)}\}$ をリサンプリングし，$w_1(x_1^{(t)}) = 1/T$ ($t = 1, \ldots, T$) とおく．

$i = 2, \ldots, k$ に対して 5 から 8 を繰り返す．

5: $q_i(x_i|\boldsymbol{x}_{1:i-1}^{(t)})$ から $x_i^{(t)}$ $(t=1,\ldots,T)$ を発生させる.
6:
$$w_i(\boldsymbol{x}_{1:i}^{(t)}) = w_{i-1}(\boldsymbol{x}_{1:i-1}^{(t)}) \frac{p_i(\boldsymbol{x}_{1:i}^{(t)})}{p_{i-1}(\boldsymbol{x}_{1:i-1}^{(t)}) q_i(x_i^{(t)}|\boldsymbol{x}_{1:i-1}^{(t)})} \quad (t=1,\ldots,T)$$

を計算する.
7: 重みを $w_i^*(\boldsymbol{x}_{1:i}^{(t)}) = w_i(\boldsymbol{x}_{1:i}^{(t)})/\sum_{j=1}^T w_i(\boldsymbol{x}_{1:i}^{(j)})$ によって正規化し,
$$\text{ESS}_i = \frac{1}{\sum_{t=1}^T w_i^*(\boldsymbol{x}_{1:i}^{(t)})^2}$$

を計算する.
8: もし $\text{ESS}_i < T^*$ であれば, SIR によって $\{\boldsymbol{x}_{1:i}^{(t)}\}$ をリサンプリングし, $w_i(\boldsymbol{x}_{1:i}^{(t)}) = 1/T$ $(t=1,\ldots,m)$ とおく.
9: $(\boldsymbol{x}^{(t)}, w(\boldsymbol{x}^{(t)}))$ から
$$\hat{I}_{\text{SIS}} = \sum_{t=1}^T g(\boldsymbol{x}^{(t)}) w^*(\boldsymbol{x}^{(t)})$$

を計算する. ただし, $w^*(\boldsymbol{x}^{(t)}) = w(\boldsymbol{x}^{(t)})/\sum_{j=1}^T w(\boldsymbol{x}^{(j)})$ である.

アルゴリズム 2.15 では,重みの退化の基準として ESS を用い,これが一定水準以下となった場合にリサンプリングを行うことで計算効率を高めている.ここで,ステップ 4 と 8 における T^* は分析者が指定する値であり,$T^* = T/2$ がよく用いられている.また,リサンプリングの詳細については,各 i において得られた $\{\boldsymbol{x}_{1:i}^{(1)},\ldots,\boldsymbol{x}_{1:i}^{(T)}\}$ の中から,T 個の $\tilde{\boldsymbol{x}}_{1:i}$ を確率 $P(\tilde{\boldsymbol{x}}_{1:i} = \boldsymbol{x}_{1:i}^{(t)}) = w_i^*(\boldsymbol{x}_{1:i}^{(t)})$ $(t=1,\ldots,T)$ で復元抽出によって発生させ,これらを新たな $\{\boldsymbol{x}_{1:i}^{(1)},\ldots,\boldsymbol{x}_{1:i}^{(T)}\}$ として用いればよい.この方法は,マルチノミナル・リサンプリング (multinomial resampling) と呼ばれている.これ以外にも,システマティック・リサンプリング (systematic resampling) や残差リサンプリング (residual resampling) などがある (Liu and Chen, 1998; Carpenter et al., 1999).さらに,リサンプリングを加えた逐次重点サンプリングの理論的性質については,Chopin (2004) を参照されたい.

Chapter 3
マルコフ連鎖モンテカルロ法

前章で説明したモンテカルロ法では，独立なサンプルを利用していた．それに対して，1990 年頃からサンプル間の相関を許したモンテカルロ法が，統計科学の分野において利用されるようになってきた．この方法が，**マルコフ連鎖モンテカルロ法** (Markov chain Monte Carlo method：以下 MCMC 法) である．MCMC 法にはいくつかの方法があり，その中でも**メトロポリス-ヘイスティングス・アルゴリズム** (Metropolis-Hastings algorithm：以下 MH アルゴリズム) と**ギブス・サンプリング** (Gibbs sampling) と呼ばれる方法がベイズ統計学においてよく用いられている．そこで本章では，この 2 つの方法を中心に MCMC 法について説明する (MCMC 法を解説したテキストとして，Liu, 2001; Robert and Casella, 2004; Gamerman and Lopes, 2006 を挙げておく．また，邦語による解説としては，大森, 2001; 中妻, 2003; 伊庭, 2005; 和合, 2005 などがある).

3.1 マルコフ連鎖

MCMC 法は，その名が示すとおり「マルコフ連鎖」と「モンテカルロ法」を組み合わせた方法である．具体的には，マルコフ連鎖 (Markov chain) と呼ばれる確率過程の性質を利用して確率分布からのサンプリングを行い，さまざまな計算を行う方法である．モンテカルロ法についてはすでに説明したので，この節ではマルコフ連鎖とその性質について簡単に説明することにする (マルコフ連鎖の詳細については，Karlin and Taylor, 1975; Ross, 1995 などを参照).

3.1.1 マルコフ連鎖と推移行列

時点 t における確率変数を $\boldsymbol{x}^{(t)}$ と表し，確率過程 $(\boldsymbol{x}^{(0)}, \boldsymbol{x}^{(1)}, \ldots)$ を考える

ことにする．また，$\boldsymbol{x}^{(t)}$ ($t = 0, 1, \ldots$) のとりうる値の集合を記号 $\mathcal{X}$ によって表し，これを**状態空間** (state space) と呼ぶ．以下では説明を簡単にするために，$\boldsymbol{x}^{(t)}$ は 1 次元の確率変数とし，その状態空間は $\mathcal{X} = \{1, \ldots, k\}$ であるとする ($\boldsymbol{x}^{(t)}$ はスカラーであるが，ボールド体を用いて表記する)．

確率過程 $(\boldsymbol{x}^{(0)}, \boldsymbol{x}^{(1)}, \ldots)$ が，すべての $i, j \in \mathcal{X}$ と $t \geq 0$ に対して，

$$P\bigl(\boldsymbol{x}^{(t+1)} = j | \boldsymbol{x}^{(0)} = i_0, \boldsymbol{x}^{(1)} = i_1, \ldots, \boldsymbol{x}^{(t-1)} = i_{t-1}, \boldsymbol{x}^{(t)} = i\bigr)$$
$$= P(\boldsymbol{x}^{(t+1)} = j | \boldsymbol{x}^{(t)} = i) \tag{3.1}$$

を満たすとき，$(\boldsymbol{x}^{(0)}, \boldsymbol{x}^{(1)}, \ldots)$ はマルコフ連鎖であるという．ここで，$i_k \in \mathcal{X}$ は時点 k での状態を表す．一般の確率過程では，$\boldsymbol{x}^{(t+1)}$ のしたがう確率分布は，時点 t までの履歴 $\{\boldsymbol{x}^{(0)} = i_0, \boldsymbol{x}^{(1)} = i_1, \ldots, \boldsymbol{x}^{(t-1)} = i_{t-1}, \boldsymbol{x}^{(t)} = i\}$ に依存して決まると考えられる．しかし，マルコフ連鎖は，$t + 1$ 期における条件付き確率分布が時点 t よりも前の履歴には依存しない確率過程となっており，この性質は**マルコフ性** (Markov property) と呼ばれる．

(3.1) 式の条件付き確率を

$$p(i, j) = P(\boldsymbol{x}^{(t+1)} = j | \boldsymbol{x}^{(t)} = i)$$

と表し，これを i から j への**推移確率** (transition probability) と呼ぶ．また，$p(i, j)$ を第 (i, j) 要素とする $k \times k$ 行列を

$$\boldsymbol{T} = \begin{pmatrix} p(1,1) & p(1,2) & \cdots & p(1,k) \\ p(2,1) & p(2,2) & \cdots & p(2,k) \\ \vdots & \vdots & \ddots & \vdots \\ p(k,1) & p(k,2) & \cdots & p(k,k) \end{pmatrix}$$

と表す．この行列は**推移行列** (transition matrix) と呼ばれ，マルコフ連鎖がどのように推移していくかを決定する．推移確率 $p(i, j)$ は，現在の状態が i であるとき，次の期に状態 j へ移る確率を表しているので，推移行列の各行については，

$$p(i, j) \geq 0, \quad \sum_{j=1}^{k} p(i, j) = 1$$

が成立している．

例 3.1 状態空間を $\mathcal{X} = \{1, 2, 3\}$ とし，推移行列

$$T = \begin{pmatrix} 1/2 & 1/3 & 1/6 \\ 3/4 & 0 & 1/4 \\ 0 & 1 & 0 \end{pmatrix}$$

を持つマルコフ連鎖を考える．もし，現在の状態が 1 であるときには，次の期には確率 1/2 で現在の状態にとどまり，確率 1/3 で状態 2 に移り，確率 1/6 で状態 3 に推移する．現在の状態が 2 であれば，状態 1 もしくは状態 3 に移動する．また，状態 3 からは必ず状態 2 に推移する．

初期状態 $\boldsymbol{x}^{(0)}$ の確率分布を行ベクトル $\boldsymbol{\pi}^{(0)}$ を用いて，

$$\boldsymbol{\pi}^{(0)} = (\pi_1^{(0)}, \pi_2^{(0)}, \ldots, \pi_k^{(0)}) = \left(P(\boldsymbol{x}^{(0)} = 1), P(\boldsymbol{x}^{(0)} = 2), \ldots, P(\boldsymbol{x}^{(0)} = k)\right)$$

と表すことにする．同様に，行ベクトル $\boldsymbol{\pi}^{(1)}, \boldsymbol{\pi}^{(2)}, \ldots$ によって，$\boldsymbol{x}^{(1)}, \boldsymbol{x}^{(2)}, \ldots$ の確率分布を表す．つまり，

$$\boldsymbol{\pi}^{(t)} = (\pi_1^{(t)}, \pi_2^{(t)}, \ldots, \pi_k^{(t)}) = \left(P(\boldsymbol{x}^{(t)} = 1), P(\boldsymbol{x}^{(t)} = 2), \ldots, P(\boldsymbol{x}^{(t)} = k)\right)$$

である．ここで，$\boldsymbol{x}^{(1)}$ の確率分布 $\boldsymbol{\pi}^{(1)}$ について考えると，

$$\pi_j^{(1)} = P(\boldsymbol{x}^{(1)} = j) = \sum_{i=1}^k P(\boldsymbol{x}^{(0)} = i, \boldsymbol{x}^{(1)} = j)$$

$$= \sum_{i=1}^k P(\boldsymbol{x}^{(0)} = i) P(\boldsymbol{x}^{(1)} = j | \boldsymbol{x}^{(0)} = i) = \sum_{i=1}^k \pi_i^{(0)} p(i, j)$$

であることから，$\boldsymbol{\pi}^{(1)} = \boldsymbol{\pi}^{(0)} T$ を得る．また，$\boldsymbol{x}^{(2)}$ についても，$\boldsymbol{\pi}^{(2)} = \boldsymbol{\pi}^{(1)} T = \boldsymbol{\pi}^{(0)} T^2$ となる．これを逐次繰り返し行えば，$\boldsymbol{\pi}^{(t)} = \boldsymbol{\pi}^{(0)} T^t$ が導かれる．

3.1.2 マルコフ連鎖の性質

先に得た関係より，マルコフ連鎖の確率的振る舞いは，初期分布 $\boldsymbol{\pi}^{(0)}$ と推移行列 T によって完全に決定されることが分かる．このことから，初期分布と推移行列が与えられれば，マルコフ連鎖にしたがう確率変数は次のようにして発生させることができる．

> **アルゴリズム 3.1** マルコフ連鎖
>
> 1: 初期状態 $\boldsymbol{x}^{(0)}$ を $\boldsymbol{\pi}^{(0)}$ からサンプリングする.
> 2: $t = 0, 1, \ldots$ に対して, $\boldsymbol{x}^{(t+1)}$ を $(\boldsymbol{T})_{\boldsymbol{x}^{(t)}}$ からサンプリングする.

アルゴリズム 3.1 における $(\boldsymbol{T})_{\boldsymbol{x}^{(t)}}$ は, 推移行列 $\boldsymbol{T}$ の第 $\boldsymbol{x}^{(t)}$ 行からなる確率分布を表す. したがって, ステップ 2 では, $\boldsymbol{x}^{(t+1)}$ を離散型確率分布

$$P(\boldsymbol{x}^{(t+1)} = j) = p(\boldsymbol{x}^{(t)}, j) \quad (j = 1, \ldots, k)$$

から発生させればよい. また, このようにして得られる $(\boldsymbol{x}^{(0)}, \boldsymbol{x}^{(1)}, \ldots)$ については, $\boldsymbol{x}^{(t)} \sim \boldsymbol{\pi}^{(t)}$ となっていることは明らかであろう.

MCMC 法との関連を考えたとき, $\boldsymbol{\pi}^{(t)}$ は収束するのか, 収束するとすればその条件は何であるか, 収束先はどのような確率分布であるのか, ということが問題となる. この問いに対する鍵となるのが, マルコフ連鎖の

1) 既約性 (irreducibility)
2) 非周期性 (aperiodicity)
3) 不変分布 (invariant distribution)

である.

マルコフ連鎖の既約性とは, 連鎖がどのような状態から出発したとしても, 有限回のステップで別の状態にたどり着くことができる性質のことである. より厳密には, 推移行列が $\boldsymbol{T}$ であるマルコフ連鎖を考えたとき, すべての $i, j \in \mathcal{X}$ に対して, $(\boldsymbol{T}^n)_{ij} > 0$ を満たす有限の n が存在すれば, マルコフ連鎖は既約であるという. ここで, $(\boldsymbol{T}^n)_{ij}$ は $\boldsymbol{T}^n$ の第 (i, j) 要素を表す.

> **例 3.2** 例 3.1 のマルコフ連鎖は既約であるので, ここでは既約でないマルコフ連鎖を示そう. 例えば, 推移行列が
>
> $$\boldsymbol{T} = \begin{pmatrix} 0.6 & 0.4 & 0 \\ 0.3 & 0.7 & 0 \\ 0.2 & 0.2 & 0.6 \end{pmatrix}$$
>
> であるマルコフ連鎖を考えてみる. 状態 3 からは, すべての状態に推移することができるが, 状態 1 あるいは状態 2 からは状態 3 にたどり着くことができない. よって, この推移行列を持つマルコフ連鎖は既約ではない.

次に，状態 $i \in \mathcal{X}$ に対して，$\{n \geq 1 : (\boldsymbol{T}^n)_{ii} > 0\}$ で定義される集合を考える．これは，元の状態に戻るのに必要なステップ数の集合を表している．この集合の最大公約数を状態 i の周期 (period) といい，すべての状態の周期が 1 であるとき，マルコフ連鎖は非周期的であるという．文字どおり，非周期性は一定の時間間隔で訪れる状態がないことを意味している．

例 3.3 マルコフ連鎖の推移行列が

$$\boldsymbol{T} = \begin{pmatrix} 0 & 0.5 & 0 & 0.5 \\ 0.5 & 0 & 0.5 & 0 \\ 0 & 0.5 & 0 & 0.5 \\ 0.5 & 0 & 0.5 & 0 \end{pmatrix}$$

であるとする．このマルコフ連鎖では，$\{n \geq 1 : (\boldsymbol{T}^n)_{ii} > 0\} = \{2, 4, 6, \ldots\}$ $(i = 1, \ldots, 4)$ である．よって，連鎖の周期は 2 なので非周期的ではない．

最後にマルコフ連鎖の不変分布についてである．推移行列が $\boldsymbol{T}$ であるマルコフ連鎖に対して，行ベクトル $\boldsymbol{\pi} = (\pi_1, \ldots, \pi_k)$ が

1) $\pi_i \geq 0$ $(i \in \mathcal{X})$， $\sum_{i=1}^{k} \pi_i = 1$
2) $\boldsymbol{\pi} = \boldsymbol{\pi} \boldsymbol{T}$

を満たすとき，$\boldsymbol{\pi}$ は $\boldsymbol{T}$ の不変分布であるという．

例 3.4 例 3.1 において，$\boldsymbol{\pi} = (1/2, 1/3, 1/6)$ を考えると，$\sum_{i=1}^{3} \pi_i = 1$ であり，$\boldsymbol{\pi} = \boldsymbol{\pi} \boldsymbol{T}$ を満たす．よって，この $\boldsymbol{\pi}$ は $\boldsymbol{T}$ の不変分布である．

マルコフ連鎖が既約性と非周期性を満たしているときには，不変分布が一意に存在する．またこのとき，$\boldsymbol{\pi}^{(t)}$ が不変分布 $\boldsymbol{\pi}$ に収束することも証明できる (Häggström, 2002)．この結果を定理としてまとめておく．

定理 3.1 (マルコフ連鎖の収束) マルコフ連鎖 $(\boldsymbol{x}^{(0)}, \boldsymbol{x}^{(1)}, \ldots)$ は既約で非周期的であるとし，その推移行列を $\boldsymbol{T}$ とする．また，$\boldsymbol{\pi}$ を $\boldsymbol{T}$ の不変分布とする．このとき，任意の初期分布 $\boldsymbol{\pi}^{(0)}$ に対して，$t \to \infty$ であるとき $\frac{1}{2} \sum_{i=1}^{k} |\pi_i^{(t)} - \pi_i| \to 0$ となる．

定理 3.1 において，任意の初期分布に対して収束するということは，初期状態を適当な確率分布から選んでもよいし，あるいは固定した値を選んでもよいことを意味する．

3.1.3 詳細釣り合い条件

これまでの議論から，マルコフ連鎖の収束を利用して確率分布 π からサンプリングを行うためには，既約性と非周期性を満たし，π を不変分布とするような推移行列を作ればよいことになる．そして，アルゴリズム 3.1 によって $(\boldsymbol{x}^{(0)}, \boldsymbol{x}^{(1)}, \ldots)$ をサンプリングし十分大きい m をとれば，$(\boldsymbol{x}^{(m+1)}, \boldsymbol{x}^{(m+2)}, \ldots)$ は π からのサンプルとなる．

実際には，既約性や非周期性を満たす推移行列を作成することはそれほど難しいことではない．むしろ問題となるのは，所与の π を不変分布とする推移行列をどのように設計すればよいかということである．このとき重要な役割を果たすのが，**詳細釣り合い条件** (detailed balance condition) と呼ばれるもので，

$$\pi_i p(i,j) = \pi_j p(j,i) \quad (i,j \in \mathcal{X}) \tag{3.2}$$

によって与えられる．この条件が満たされているとき，マルコフ連鎖は**可逆** (reversible) であるともいう．詳細釣り合い条件は，π が不変分布となるための十分条件となっている．これは，(3.2) 式の両辺を i に関して和をとれば，$\sum_{i=1}^{k} \pi_i p(i,j) = \sum_{i=1}^{k} \pi_j p(j,i) = \pi_j$ となることから確認することができる．MCMC 法の多くのアルゴリズムでは，この詳細釣り合い条件を満たすように推移行列が設計されている．

これまで状態空間が離散であるマルコフ連鎖について説明してきた．状態空間が連続の場合でも，数学的に面倒な点はあるが，これまでの結果は基本的に成立する (一般的な状態空間におけるマルコフ連鎖については，Nummelin, 1984 や Meyn and Tweedie, 1993 に詳しい)．連続な状態空間では，推移行列のかわりに

$$P(\boldsymbol{x}^{(t+1)} \in A | \boldsymbol{x}^{(t)} = \boldsymbol{x}) = \int_A T(\boldsymbol{x}, \boldsymbol{y}) \mathrm{d}\boldsymbol{y} \quad (\boldsymbol{x} \in \mathcal{X},\ A \subset \mathcal{X})$$

を満たす条件付き確率分布 $T(\boldsymbol{x}, \boldsymbol{y})$ を考える．この $T(\boldsymbol{x}, \boldsymbol{y})$ のことを**推移核** (transition kernel) と呼ぶ．また，$T(\boldsymbol{x}, \boldsymbol{y})$ の不変分布は，

$$\pi(\boldsymbol{y}) = \int_{\mathcal{X}} \pi(\boldsymbol{x}) T(\boldsymbol{x}, \boldsymbol{y}) \mathrm{d}\boldsymbol{x}$$

を満たす確率分布 $\pi(\boldsymbol{x})$ として定義される．さらに，詳細釣り合い条件は，

$$\pi(\boldsymbol{x})T(\boldsymbol{x},\boldsymbol{y}) = \pi(\boldsymbol{y})T(\boldsymbol{y},\boldsymbol{x})$$

によって与えられることになる．

3.2 メトロポリス-ヘイスティングス法

MCMC法の中でもっとも代表的な方法が，MHアルゴリズムである．これは，半世紀以上も前にMetropolis et al. (1953) により提案され，その後Hastings (1970) によって一般化されたアルゴリズムである．ちなみに，Dongarra and Sullivan (2000) では20世紀におけるトップ10アルゴリズムが示されており，その1つにMHアルゴリズムが挙げられている．

3.2.1 メトロポリス-ヘイスティングス・アルゴリズム

いま，確率分布 $\pi(\boldsymbol{x})$ からサンプリングを行いたいとしよう．この $\pi(\boldsymbol{x})$ のことを目標分布 (target distribution) と呼ぶ．MHアルゴリズムでは，提案分布 (proposal distribution) と呼ばれる確率分布を利用して，目標分布からのサンプリングを行う (提案分布を候補発生分布 (candidate generating distribution) と呼ぶこともある)．提案分布は，現在の状態を所与としたときの条件付き確率分布であり，以下では $q(\boldsymbol{y}|\boldsymbol{x})$ と表すことにする．

MHアルゴリズムの特徴は，提案分布から次の状態の候補となる値を発生させ，それを採択確率 (acceptance probability) と呼ばれる値にしたがって採択するか棄却するかを決める点にある．具体的には，以下のアルゴリズムによって $\pi(\boldsymbol{x})$ からのサンプリングを行う．

アルゴリズム 3.2 MHアルゴリズム

初期値 $\boldsymbol{x}^{(0)}$ を決め，$t = 0, 1, \ldots$ に対して次を繰り返す．
1: $\boldsymbol{y}$ を $q(\boldsymbol{y}|\boldsymbol{x}^{(t)})$ から発生させる．
2: u を一様分布 $U(0,1)$ から発生させ，

3.2 メトロポリス–ヘイスティングス法

$$x^{(t+1)} = \begin{cases} y & u \leq \alpha(x^{(t)}, y) \text{ の場合} \\ x^{(t)} & \text{その他の場合} \end{cases}$$

とする．ただし，

$$\alpha(x, y) = \min\left\{1, \frac{\pi(y)q(x|y)}{\pi(x)q(y|x)}\right\}$$

である．

アルゴリズム 3.2 において，$\alpha(x, y)$ が MH アルゴリズムの採択確率を表している．この採択確率は，目標分布や提案分布の比にしか依存していないので，正規化定数が分からない場合でも MH アルゴリズムが適用できる．また，候補の値が棄却されれば $x^{(t+1)} = x^{(t)}$ とすることから，MH アルゴリズムでは同じ値が連続する場合がある．

MH アルゴリズムを実行するためには，候補を発生させる提案分布 $q(y|x)$ を決定しなければならない．提案分布の選択は，MH アルゴリズムの効率性や収束の速度に大きく影響を与えるので，十分注意する必要がある．代表的な提案分布の例を見てみよう．

a. 酔歩連鎖

目標分布 $\pi(x)$ が連続分布であるとする．そこで，現在の状態が $x^{(t)} = x$ であるとき，候補を

$$y = x + \epsilon, \quad \epsilon \sim N(0, \sigma^2 I)$$

にしたがって発生させるとする．この方法を**酔歩連鎖** (random walk chain) という．このとき，$q(y|x) = q(x|y)$ が成立するので，採択確率は

$$\alpha(x, y) = \min\left\{1, \frac{\pi(y)}{\pi(x)}\right\}$$

と簡略化される．Metropolis *et al.* (1953) によって提案された方法は，$q(y|x) = q(x|y)$ であるときの MH アルゴリズムである．

酔歩連鎖では，ϵ の分布として正規分布以外に，一様分布 $U(-\sigma, \sigma)$ や多変量 t 分布 $T_\nu(0, \sigma^2 I)$ などもよく用いられる．また，σ は現在の状態からの変化分を決定するパラメータであり，ステップ・サイズ (step size) と呼ばれる．ステップ・サイズが小さいと採択確率は 1 に近くなるが，現在の状態が少ししか

変化せず，状態空間全体を推移するのに時間がかかってしまう．逆にステップ・サイズが大きいときには，現在の状態は大きく変化するが採択確率が低下してしまう．最適なステップ・サイズの選択については，Roberts *et al.* (1997) や Roberts and Rosenthal (2001) らが議論している．

例 3.5 目標分布を

$$\pi(x) = \frac{1}{3}N(0,1) + \frac{2}{3}N(4,1)$$

とし，$\epsilon \sim U(-\sigma, \sigma)$ ($\sigma \in \{0.1, 1.0, 5.0\}$) である酔歩連鎖を考えることにする．図 3.1 には，サンプリングされた x の時系列プロット (上段) とヒストグラム (下段) が示されている．この図より，$\sigma = 0.1$ のときには，0 付近の領域に到達できていないことが分かる．一方，$\sigma = 1$ や $\sigma = 5$ の場合には，連鎖が状態空間全体を推移できていることが見てとれる．採択確率に関しては，0.99 ($\sigma = 0.1$), 0.84 ($\sigma = 1.0$), 0.51 ($\sigma = 5$) であり，ステップ・サイズが大きくなるにつれて減少することが確認される．

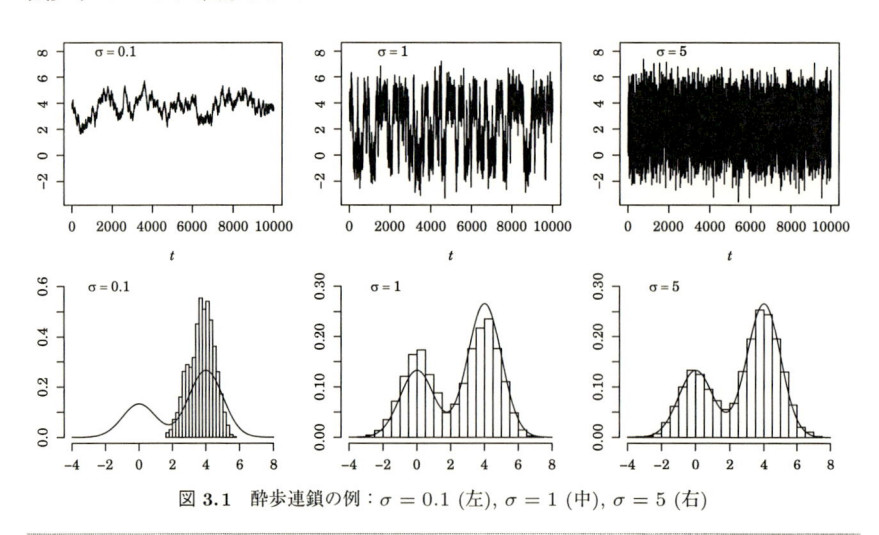

図 3.1 酔歩連鎖の例：$\sigma = 0.1$ (左), $\sigma = 1$ (中), $\sigma = 5$ (右)

b. ランジェヴァン連鎖

次の状態の候補を

$$\boldsymbol{y} = \boldsymbol{x} + \frac{\sigma^2}{2}\frac{\partial \log \pi(\boldsymbol{x})}{\partial \boldsymbol{x}} + \boldsymbol{\epsilon}, \quad \boldsymbol{\epsilon} \sim N(\boldsymbol{0}, \sigma^2 \boldsymbol{I})$$

にしたがって発生させるのが，ランジェヴァン連鎖 (Langevin chain) である (Roberts and Rosenthal, 1998; Christensen *et al.*, 2001; Christensen and Waagepetersen, 2002 を参照)．現在の状態 $\boldsymbol{x}$ が目標分布のモード付近にあるときには $\partial \log \pi(\boldsymbol{x})/\partial \boldsymbol{x} \approx 0$ であり，ランジェヴァン連鎖は酔歩連鎖とほぼ同じになる．しかし，$\boldsymbol{x}$ が目標分布のモードから離れているときには $\partial \log \pi(\boldsymbol{x})/\partial \boldsymbol{x} \neq 0$ であるため，ランジェヴァン連鎖では酔歩連鎖よりもモードに近い領域に候補の値を発生させることができる．

c. 独立連鎖

候補となる $\boldsymbol{y}$ を，現在の状態 $\boldsymbol{x}$ に依存することなく発生させるとする．つまり，$q(\boldsymbol{y}|\boldsymbol{x}) = q(\boldsymbol{y})$ とするのが独立連鎖 (independent chain) である．この場合，採択確率は

$$\alpha(\boldsymbol{x},\boldsymbol{y}) = \min\left\{1, \frac{\pi(\boldsymbol{y})/q(\boldsymbol{y})}{\pi(\boldsymbol{x})/q(\boldsymbol{x})}\right\}$$

となる．ここで，$\pi(\boldsymbol{x})/q(\boldsymbol{x})$ は，重点サンプリングの重みに対応しており，$\boldsymbol{y}$ の重みが $\boldsymbol{x}$ のそれよりも大きければ必ず $\boldsymbol{y}$ が選択され，そうでなければ重みの比に応じて $\boldsymbol{y}$ が選択される．提案分布 $q(\boldsymbol{y})$ としては，採択確率が高くなるように $\pi(\boldsymbol{x})$ を近似する確率分布を用いることが望ましい．実際の問題では，$\pi(\boldsymbol{x})$ のモードを平均に，$\{-\partial \log \pi(\boldsymbol{x})/\partial \boldsymbol{x} \partial \boldsymbol{x}'\}^{-1}$ を共分散行列とする多変量 t 分布などがよく用いられている．

d. ARMH アルゴリズム

独立連鎖では，提案分布が目標分布のよい近似となっていない場合，採択確率が低くなってしまう．そこで，第 2 章で説明した棄却法の考えを取り入れることによって，提案分布の近似を改善し，採択確率を高めることができる．この方法は，**ARMH** アルゴリズム (acceptance-rejection Metropolis–Hastings algorithm) と呼ばれており，具体的な手順は以下のとおりである．

1) 確率分布 $q(\boldsymbol{y})$ から $\boldsymbol{y}$ を発生させ，確率

$$p = \min\left\{1, \frac{\pi(\boldsymbol{y})}{Cq(\boldsymbol{y})}\right\}$$

で採択し，確率 $1-p$ で棄却する．$\boldsymbol{y}$ が採択されるまで，このステップを続ける．

2) 採択確率を

$$\alpha(\boldsymbol{x},\boldsymbol{y}) = \begin{cases} 1, & \pi(\boldsymbol{x}) < Cq(\boldsymbol{x}) \\ \frac{Cq(\boldsymbol{x})}{\pi(\boldsymbol{x})}, & \pi(\boldsymbol{x}) \geq Cq(\boldsymbol{x}) \text{ かつ } \pi(\boldsymbol{y}) < Cq(\boldsymbol{y}) \\ \min\left\{1, \frac{\pi(\boldsymbol{y})/q(\boldsymbol{y})}{\pi(\boldsymbol{x})/q(\boldsymbol{x})}\right\}, & \pi(\boldsymbol{x}) \geq Cq(\boldsymbol{x}) \text{ かつ } \pi(\boldsymbol{y}) \geq Cq(\boldsymbol{y}) \end{cases}$$

として，MHアルゴリズムを実行する．

ここで，C は適当な定数を表す．棄却法とは異なり，必ずしも $\pi(\boldsymbol{x}) \leq Cq(\boldsymbol{x})$ となるように C の値を選ぶ必要はないが，最初のステップで $\boldsymbol{y}$ が採択される確率が高くなるように選ぶことが望ましい．例えば，$\pi(\boldsymbol{x})$ のモード $\boldsymbol{x}^*$ を求めることができるのであれば，$C = \pi(\boldsymbol{x}^*)/q(\boldsymbol{x}^*)$ とするとよい．また，ステップ1で採択された $\boldsymbol{y}$ の確率分布の詳細については，Chib and Greenberg (1995) に示されている．

3.2.2　MHアルゴリズムの収束

MHアルゴリズムによってサンプリングされる $(\boldsymbol{x}^{(0)}, \boldsymbol{x}^{(1)}, \ldots)$ が，マルコフ連鎖を形成していることは明らかであろう．また，MHアルゴリズムでは，状態が $\boldsymbol{x}$ から $\boldsymbol{y}$ へ推移するときの推移核は，

$$T(\boldsymbol{x}, \boldsymbol{y}) = q(\boldsymbol{y}|\boldsymbol{x})\alpha(\boldsymbol{x}, \boldsymbol{y}) + r(\boldsymbol{x})\delta_{\boldsymbol{x}}(\boldsymbol{y}) \tag{3.3}$$

によって与えられる．ここで，右辺第2項は候補の値が棄却される場合に対応しており，

$$r(\boldsymbol{x}) = \int_{\mathcal{X}} q(\boldsymbol{y}|\boldsymbol{x})\{1 - \alpha(\boldsymbol{x}, \boldsymbol{y})\} \mathrm{d}\boldsymbol{y}$$

である．また，明らかに

$$\pi(\boldsymbol{x})r(\boldsymbol{x})\delta_{\boldsymbol{x}}(\boldsymbol{y}) = \pi(\boldsymbol{y})r(\boldsymbol{y})\delta_{\boldsymbol{y}}(\boldsymbol{x})$$

が成立する．右辺第1項についても，

$$\begin{aligned}\pi(\boldsymbol{x})q(\boldsymbol{y}|\boldsymbol{x})\alpha(\boldsymbol{x},\boldsymbol{y}) &= \min\{\pi(\boldsymbol{x})q(\boldsymbol{y}|\boldsymbol{x}), \pi(\boldsymbol{y})q(\boldsymbol{x}|\boldsymbol{y})\} \\ &= \pi(\boldsymbol{y})q(\boldsymbol{x}|\boldsymbol{y})\min\left\{\frac{\pi(\boldsymbol{x})q(\boldsymbol{y}|\boldsymbol{x})}{\pi(\boldsymbol{y})q(\boldsymbol{x}|\boldsymbol{y})}, 1\right\} \\ &= \pi(\boldsymbol{y})q(\boldsymbol{x}|\boldsymbol{y})\alpha(\boldsymbol{y}, \boldsymbol{x})\end{aligned}$$

が成り立つ．したがって，

$$\pi(\boldsymbol{x})T(\boldsymbol{x},\boldsymbol{y}) = \pi(\boldsymbol{x})q(\boldsymbol{y}|\boldsymbol{x})\alpha(\boldsymbol{x},\boldsymbol{y}) + \pi(\boldsymbol{x})r(\boldsymbol{x})\delta_{\boldsymbol{x}}(\boldsymbol{y})$$
$$= \pi(\boldsymbol{y})q(\boldsymbol{x}|\boldsymbol{y})\alpha(\boldsymbol{y},\boldsymbol{x}) + \pi(\boldsymbol{y})r(\boldsymbol{y})\delta_{\boldsymbol{y}}(\boldsymbol{x})$$
$$= \pi(\boldsymbol{y})T(\boldsymbol{y},\boldsymbol{x})$$

を得る．つまり，MH アルゴリズムによって生成されるマルコフ連鎖は詳細釣り合い条件を満たしており，不変分布として $\pi(\boldsymbol{x})$ を持つことになる．また，Roberts and Smith (1994) や Tierney (1994) が示しているように，MH アルゴリズムではほとんどの場合で既約性と非周期性が満たされている．したがって，MH アルゴリズムによって $(\boldsymbol{x}^{(0)}, \boldsymbol{x}^{(1)}, \ldots)$ を発生させれば，十分大きい t_0 以降のサンプル $(\boldsymbol{x}^{(t_0+1)}, \boldsymbol{x}^{(t_0+2)}, \ldots)$ は $\pi(\boldsymbol{x})$ からのサンプルとみなすことができる．このマルコフ連鎖が不変分布に収束するまでの時間 t_0 のことを，**稼働検査期間** (burn-in period) と呼ぶ．

ちなみに，$\boldsymbol{x} = \boldsymbol{y}$ のときには詳細釣り合い条件は必ず成り立つ．したがって，詳細釣り合い条件が満たされているかどうかを証明するときには，$\boldsymbol{x} \neq \boldsymbol{y}$ の場合のみを考え，

$$\pi(\boldsymbol{x})q(\boldsymbol{y}|\boldsymbol{x})\alpha(\boldsymbol{x},\boldsymbol{y}) = \pi(\boldsymbol{y})q(\boldsymbol{x}|\boldsymbol{y})\alpha(\boldsymbol{y},\boldsymbol{x})$$

が成立することを示せばよい．

3.2.3　MH アルゴリズムの組み合わせ

MH アルゴリズムは簡潔なアルゴリズムであり，その実装は比較的容易である．また，MH アルゴリズムは，拡張性の高いアルゴリズムとなっている．例えば，$\pi(\boldsymbol{x})$ からのサンプリングを行うのに，2 つの MH アルゴリズムがあるとしよう．ここでは，各アルゴリズムの推移核を $T_1(\boldsymbol{x},\boldsymbol{y})$, $T_2(\boldsymbol{x},\boldsymbol{y})$ と表すことにする．そして，確率 w で推移核が $T_1(\boldsymbol{x},\boldsymbol{y})$ である MH アルゴリズムを使い，確率 $1-w$ で推移核が $T_2(\boldsymbol{x},\boldsymbol{y})$ である MH アルゴリズムを使ってサンプリングを行うとする．これは，例えば確率 w で酔歩連鎖を利用し，確率 $1-w$ で独立連鎖を利用するような場合に相当する．

この方法によって生成されるマルコフ連鎖の推移核は，

$$T(\boldsymbol{x},\boldsymbol{y}) = wT_1(\boldsymbol{x},\boldsymbol{y}) + (1-w)T_2(\boldsymbol{x},\boldsymbol{y}) \tag{3.4}$$

と表すことができる．この推移核のことを，**混合型推移核** (mixture of transition

kernels) と呼ぶ．容易に確認されるように，$T_i(\boldsymbol{x}, \boldsymbol{y})$ $(i=1,2)$ の不変分布が $\pi(\boldsymbol{x})$ であれば，(3.4) 式の推移核 $T(\boldsymbol{x}, \boldsymbol{y})$ の不変分布も $\pi(\boldsymbol{x})$ となる．したがって，このように MH アルゴリズムを組み合わせても，そこから生成されるマルコフ連鎖は目標分布に収束することになる．混合型推移核を用いる利点は，性質の異なる MH アルゴリズムを組み合わせることによって，より効率的なサンプリング方法を簡単に構築できるところにある．

MH アルゴリズムの組み合わせ方には，混合型のほかに循環型と呼ばれる方法もある．この方法では，最初に $T_1(\boldsymbol{x}, \boldsymbol{z})$ を推移核とする MH アルゴリズムによって状態を $\boldsymbol{x}$ から $\boldsymbol{z}$ に推移させる．そして次に，推移核が $T_2(\boldsymbol{z}, \boldsymbol{y})$ である MH アルゴリズムを用いて $\boldsymbol{z}$ から $\boldsymbol{y}$ に推移させる．このとき，$\boldsymbol{x}$ から $\boldsymbol{y}$ へ移動するときの推移核は，

$$T(\boldsymbol{x}, \boldsymbol{y}) = \int_{\mathcal{X}} T_1(\boldsymbol{x}, \boldsymbol{z}) T_2(\boldsymbol{z}, \boldsymbol{y}) \mathrm{d}\boldsymbol{z} \tag{3.5}$$

となる．(3.5) 式の推移核のことを，**循環型推移核** (cycle of transition kernels) という．循環型推移核についても，各推移核の不変分布が $\pi(\boldsymbol{x})$ であれば，

$$\int_{\mathcal{X}} \pi(\boldsymbol{x}) T(\boldsymbol{x}, \boldsymbol{y}) \mathrm{d}\boldsymbol{x} = \int_{\mathcal{X}} \int_{\mathcal{X}} \pi(\boldsymbol{x}) T_1(\boldsymbol{x}, \boldsymbol{z}) T_2(\boldsymbol{z}, \boldsymbol{y}) \mathrm{d}\boldsymbol{x} \mathrm{d}\boldsymbol{z}$$
$$= \int_{\mathcal{X}} \underbrace{\left\{ \int_{\mathcal{X}} \pi(\boldsymbol{x}) T_1(\boldsymbol{x}, \boldsymbol{z}) \mathrm{d}\boldsymbol{x} \right\}}_{\pi(\boldsymbol{z})} T_2(\boldsymbol{z}, \boldsymbol{y}) \mathrm{d}\boldsymbol{z}$$
$$= \int_{\mathcal{X}} \pi(\boldsymbol{z}) T_2(\boldsymbol{z}, \boldsymbol{y}) \mathrm{d}\boldsymbol{z} = \pi(\boldsymbol{y})$$

が成立し，$\pi(\boldsymbol{x})$ が $T(\boldsymbol{x}, \boldsymbol{y})$ の不変分布となる．

ここでは，MH アルゴリズムが 2 つの場合について説明したが，混合型と循環型の組み合わせは，3 つ以上の MH アルゴリズムに対しても適用できる．このときの収束条件の詳細については，Tierney (1994) を参照されたい．また，循環型推移核を利用した重要な MCMC 法が，次節で説明するギブス・サンプリングである．

3.3 ギブス・サンプリング

MHアルゴリズムと並んでよく用いられるのが，ギブス・サンプリング (Gibbs sampling) と呼ばれる方法である．この方法は，Geman and Geman (1984) による画像復元のためのアルゴリズムとして知られていたが，Gelfand and Smith (1990) がベイズ推定における事後分布からのサンプリング法として用いたことによって，統計科学の分野でも急速に広まっていった．

3.3.1 ギブス・サンプリング・アルゴリズム

ギブス・サンプリングは，$\boldsymbol{x}$ を k 個のブロック $\boldsymbol{x} = (\boldsymbol{x}_1, \ldots, \boldsymbol{x}_k)$ に分割し，各 $\boldsymbol{x}_i$ をその条件付き確率分布 $\pi(\boldsymbol{x}_i|\boldsymbol{x}_{-i})$ からサンプリングする方法である (アルゴリズム3.3)．ここで，$\boldsymbol{x}_{-i} = (\boldsymbol{x}_1, \ldots, \boldsymbol{x}_{i-1}, \boldsymbol{x}_{i+1}, \ldots, \boldsymbol{x}_k)$ であり，$\pi(\boldsymbol{x}_i|\boldsymbol{x}_{-i})$ のことを完全条件付き分布 (full conditional distribution) と呼ぶ．

アルゴリズム 3.3 ギブス・サンプリング

1: 初期値 $\boldsymbol{x}^{(0)} = (\boldsymbol{x}_1^{(0)}, \ldots, \boldsymbol{x}_k^{(0)})$ を決める．
2: $t = 0, 1, \ldots$ に対して次を繰り返す．
   (1) $\boldsymbol{x}_1^{(t+1)}$ を $\pi(\boldsymbol{x}_1|\boldsymbol{x}_2^{(t)}, \ldots, \boldsymbol{x}_k^{(t)})$ からサンプリングする．
   (2) $\boldsymbol{x}_2^{(t+1)}$ を $\pi(\boldsymbol{x}_2|\boldsymbol{x}_1^{(t+1)}, \boldsymbol{x}_3^{(t)}, \ldots, \boldsymbol{x}_k^{(t)})$ からサンプリングする．
      $\vdots$
   (k) $\boldsymbol{x}_k^{(t+1)}$ を $\pi(\boldsymbol{x}_k|\boldsymbol{x}_1^{(t+1)}, \ldots, \boldsymbol{x}_{k-1}^{(t+1)})$ からサンプリングする．

ギブス・サンプリングでは，MHアルゴリズムのように提案分布を選択する必要がない．そのため，すべての $\pi(\boldsymbol{x}_i|\boldsymbol{x}_{-i})$ からサンプリングできるのであれば，実行するのは非常に容易である．また，ここで示したアルゴリズムでは，決められた順番で $\boldsymbol{x}_i$ をサンプリングしているが，ランダムな順番で $\boldsymbol{x}_i$ のサンプリングを行っても構わない (Liu et al., 1995)．ブロックの選び方については3.4節で触れるが，多くの統計モデルでは自然な形でブロックが決まってくる．

例 3.6 目標分布が
$$\pi(x_1, x_2) = {}_nC_{x_1} x_2^{x_1+\alpha-1}(1-x_2)^{n-x_1+\beta-1}$$
であるとする.ただし,$x_1 \in \{0, 1, \ldots, n\}$, $x_2 \in [0, 1]$ である.このとき,x_1 と x_2 の完全条件付き分布は,それぞれ
$$\pi(x_1|x_2) \propto {}_nC_{x_1} x_2^{x_1}(1-x_2)^{n-x_1}$$
$$\pi(x_2|x_1) \propto x_2^{x_1+\alpha-1}(1-x_2)^{n-x_1+\beta-1}$$
となる.したがって,ギブス・サンプリングでは,
$$x_1|x_2 \sim Bi(n, x_2), \quad x_2|x_1 \sim Be(x_1+\alpha, n-x_1+\beta)$$
のサンプリングを繰り返せばよい.

3.3.2 多重ブロック MH アルゴリズムとギブス・サンプリング

ギブス・サンプリングによって生成されるマルコフ連鎖は,k 回のステップを経て次の状態へと推移する.ここでは,説明を簡単にするために $k=2$ として,ギブス・サンプリングと MH アルゴリズムとの関係を見ることにする.そのために,**多重ブロック MH アルゴリズム** (multiple-block MH algorithm) と呼ばれる方法について説明する.

いま,$\boldsymbol{x} = (\boldsymbol{x}_1, \boldsymbol{x}_2)$ から $\boldsymbol{y} = (\boldsymbol{y}_1, \boldsymbol{y}_2)$ への推移を,$(\boldsymbol{x}_1, \boldsymbol{x}_2) \to (\boldsymbol{y}_1, \boldsymbol{x}_2) \to (\boldsymbol{y}_1, \boldsymbol{y}_2)$ の順番で行うとする.多重ブロック MH アルゴリズムでは,$(\boldsymbol{x}_1, \boldsymbol{x}_2)$ から $(\boldsymbol{y}_1, \boldsymbol{x}_2)$ の推移を,不変分布が $\pi(\boldsymbol{x}_1|\boldsymbol{x}_2)$ である MH アルゴリズムによって行う.これは,候補の値を提案分布 $q_1(\boldsymbol{y}_1|\boldsymbol{x}_1, \boldsymbol{x}_2)$ から発生させ,採択確率を
$$\alpha_1(\boldsymbol{x}_1, \boldsymbol{y}_1) = \min\left\{1, \frac{\pi(\boldsymbol{y}_1|\boldsymbol{x}_2)q_1(\boldsymbol{x}_1|\boldsymbol{y}_1, \boldsymbol{x}_2)}{\pi(\boldsymbol{x}_1|\boldsymbol{x}_2)q_1(\boldsymbol{y}_1|\boldsymbol{x}_1, \boldsymbol{x}_2)}\right\}$$
とする MH アルゴリズムを考えればよい.このときの推移核を $T_1(\boldsymbol{x}_1, \boldsymbol{y}_1|\boldsymbol{x}_2)$ と表すことにする.同様に,$(\boldsymbol{y}_1, \boldsymbol{x}_2)$ から $(\boldsymbol{y}_1, \boldsymbol{y}_2)$ への推移も,不変分布が $\pi(\boldsymbol{x}_2|\boldsymbol{x}_1)$ となるように,提案分布が $q_2(\boldsymbol{y}_2|\boldsymbol{y}_1, \boldsymbol{x}_2)$,採択確率が
$$\alpha_2(\boldsymbol{x}_2, \boldsymbol{y}_2) = \min\left\{1, \frac{\pi(\boldsymbol{y}_2|\boldsymbol{y}_1)q_2(\boldsymbol{x}_2|\boldsymbol{y}_1, \boldsymbol{y}_2)}{\pi(\boldsymbol{x}_2|\boldsymbol{y}_1)q_2(\boldsymbol{y}_2|\boldsymbol{y}_1, \boldsymbol{x}_2)}\right\}$$
である MH アルゴリズムによって行い,このときの推移核を $T_2(\boldsymbol{x}_2, \boldsymbol{y}_2|\boldsymbol{y}_1)$ と

表す．

多重ブロック MH アルゴリズムでは，$\boldsymbol{x}$ から $\boldsymbol{y}$ への推移核が，
$$T(\boldsymbol{x}, \boldsymbol{y}) = T_1(\boldsymbol{x}_1, \boldsymbol{y}_1 | \boldsymbol{x}_2) T_2(\boldsymbol{x}_2, \boldsymbol{y}_2 | \boldsymbol{y}_1)$$
で与えられ，循環型推移核の特殊な場合とみなすことができる．さらに，$T_1(\boldsymbol{x}_1, \boldsymbol{y}_1 | \boldsymbol{x}_2)$ の不変分布が $\pi(\boldsymbol{x}_1 | \boldsymbol{x}_2)$ であることを用いれば，

$$\begin{aligned}
\int_{\mathcal{X}} \pi(\boldsymbol{x}) T(\boldsymbol{x}, \boldsymbol{y}) \mathrm{d}\boldsymbol{x} &= \iint \pi(\boldsymbol{x}_1, \boldsymbol{x}_2) T_1(\boldsymbol{x}_1, \boldsymbol{y}_1 | \boldsymbol{x}_2) T_2(\boldsymbol{x}_2, \boldsymbol{y}_2 | \boldsymbol{y}_1) \mathrm{d}\boldsymbol{x}_1 \mathrm{d}\boldsymbol{x}_2 \\
&= \int \left[\int \pi(\boldsymbol{x}_1 | \boldsymbol{x}_2) T_1(\boldsymbol{x}_1, \boldsymbol{y}_1 | \boldsymbol{x}_2) \mathrm{d}\boldsymbol{x}_1 \right] \\
&\qquad \times \pi(\boldsymbol{x}_2) T_2(\boldsymbol{x}_2, \boldsymbol{y}_2 | \boldsymbol{y}_1) \mathrm{d}\boldsymbol{x}_2 \\
&= \int \pi(\boldsymbol{y}_1 | \boldsymbol{x}_2) \pi(\boldsymbol{x}_2) T_2(\boldsymbol{x}_2, \boldsymbol{y}_2 | \boldsymbol{y}_1) \mathrm{d}\boldsymbol{x}_2
\end{aligned}$$

を得る．ここで，積分内の最初の確率分布は，ベイズの定理より $\pi(\boldsymbol{y}_1 | \boldsymbol{x}_2) = \pi(\boldsymbol{y}_1) \pi(\boldsymbol{x}_2 | \boldsymbol{y}_1) / \pi(\boldsymbol{x}_2)$ と書き直すことができるので，

$$\begin{aligned}
\int_{\mathcal{X}} \pi(\boldsymbol{x}) T(\boldsymbol{x}, \boldsymbol{y}) \mathrm{d}\boldsymbol{x} &= \int \pi(\boldsymbol{y}_1) \pi(\boldsymbol{x}_2 | \boldsymbol{y}_1) T_2(\boldsymbol{x}_2, \boldsymbol{y}_2 | \boldsymbol{y}_1) \mathrm{d}\boldsymbol{x}_2 \\
&= \pi(\boldsymbol{y}_1) \pi(\boldsymbol{y}_2 | \boldsymbol{y}_1) = \pi(\boldsymbol{y})
\end{aligned}$$

が成立する．したがって，多重ブロック MH アルゴリズムによって生成されるマルコフ連鎖は不変分布として $\pi(\boldsymbol{x})$ を持ち，既約性や非周期性などの条件が満たされれば目標分布に収束することになる．多重ブロック MH アルゴリズムを用いると，高次元のサンプリングを低次元のサンプリングに分解することができ非常に便利である．

ギブス・サンプリングとの関係を調べるために，多重ブロック MH アルゴリズムにおいて，提案分布が完全条件付き分布に一致している場合を考える．例えば，$q_1(\boldsymbol{y}_1 | \boldsymbol{x}_1, \boldsymbol{x}_2) = \pi(\boldsymbol{y}_1 | \boldsymbol{x}_2)$ であるとすると，対応する採択確率は

$$\alpha_1(\boldsymbol{x}_1, \boldsymbol{y}_1) = \min \left\{ 1, \frac{\pi(\boldsymbol{y}_1 | \boldsymbol{x}_2) \pi(\boldsymbol{x}_1 | \boldsymbol{x}_2)}{\pi(\boldsymbol{x}_1 | \boldsymbol{x}_2) \pi(\boldsymbol{y}_1 | \boldsymbol{x}_2)} \right\} = 1$$

となる．同様に，$q_2(\boldsymbol{y}_2 | \boldsymbol{y}_1, \boldsymbol{x}_2) = \pi(\boldsymbol{y}_2 | \boldsymbol{y}_1)$ とすれば $\alpha_2(\boldsymbol{x}_2, \boldsymbol{y}_2) = 1$ となる．つまり，ギブス・サンプリングは，すべての採択確率が 1 である多重ブロック MH アルゴリズムの特別な場合とみなすことができる．これより，ギブス・サ

ンプリングもある条件のもとでは目標分布 $\pi(\boldsymbol{x})$ に収束することになる．ギブス・サンプリングでは $\pi(\boldsymbol{x})$ を不変分布として持つが，詳細釣り合い条件は必ずしも満たされないことに注意する必要がある．ギブス・サンプリングの収束に関しては，Chan (1993) や Roberts and Smith (1994) を参照．

多重ブロック MH アルゴリズムに関する結果から，ギブス・サンプリングにおいて一部の完全条件付き分布からのサンプリングが行えないときには，それを適切な MH アルゴリズムで置き換えてもよいことも分かる．ギブス・サンプリングと MH アルゴリズムとを組み合わせた方法は，ギブス内メトロポリス・アルゴリズム (Metropolis within Gibbs algorithm) として知られている (Müller, 1991)．

3.3.3　データ拡大法

目標分布 $\pi(\boldsymbol{x})$ から直接サンプリングするよりも，別の確率変数 $\boldsymbol{z} \in \mathcal{Z}$ を導入し，$(\boldsymbol{x}, \boldsymbol{z})$ の同時確率分布 $\pi(\boldsymbol{x}, \boldsymbol{z})$ からサンプリングを行った方が容易であることがよくある．ここで，$\boldsymbol{z}$ を補助変数 (auxiliary variable) といい，同時確率分布 $\pi(\boldsymbol{x}, \boldsymbol{z})$ が

$$\int_{\mathcal{Z}} \pi(\boldsymbol{x}, \boldsymbol{z}) \mathrm{d}\boldsymbol{z} = \pi(\boldsymbol{x})$$

を満たしていれば，MCMC 法によってサンプリングされた $\boldsymbol{x}$ は，$\pi(\boldsymbol{x})$ からのサンプルとなる．このように，新たな変数を導入してサンプリングを行う方法のことを，データ拡大法 (data augmentation method) と呼ぶ (Tanner and Wong, 1987; Hobert, 2011)．データ拡大法は，プロビット・モデルや打ち切りのある回帰モデルを推定するときによく用いられる手法である (Chib, 1992; Albert and Chib, 1993)．また，不完全データを分析する場合にも有効な方法である．

データ拡大法において，$\pi(\boldsymbol{x}|\boldsymbol{z})$ と $\pi(\boldsymbol{z}|\boldsymbol{x})$ の完全条件付き分布から構成されるギブス・サンプリングを考えることにする．このとき，$\boldsymbol{x}$ は統計モデルのパラメータ，$\boldsymbol{z}$ は欠損データ (missing data) を表しているとすれば，$\pi(\boldsymbol{z}|\boldsymbol{x})$ からのサンプリングは，Rubin (1987a) の代入法 (imputation) に対応している．さらに，このときのギブス・サンプリングは，Dempster *et al.* (1977) によっ

て提案された **EM** アルゴリズム (expectation-maximization algorithm) と関連していることが知られており，$\pi(z|x)$ からのサンプリングが E ステップに，$\pi(x|z)$ からのサンプリングが M ステップに対応する (Liu, 2002 を参照)．

いま，x と z はスカラーであるとし，目標分布 $\pi(x)$ が確率分布 $p(x)$ と非負関数 $l(x)$ によって，$\pi(x) \propto p(x)l(x)$ と表すことができるとしよう．また，z は非負の確率変数であるとし，(x, z) の同時確率分布

$$\pi(x, z) \propto I[z < l(x)]p(x) \tag{3.6}$$

を考えることにする．このとき，x の周辺確率分布が目標分布に一致していることは容易に確認できる．そこで，この同時確率分布に対してギブス・サンプリングを行うのがスライス・サンプリング (slice sampling) と呼ばれる方法である．(3.6) 式より，$\pi(z|x)$ は一様分布 $U(0, l(x))$ であるので，z のサンプリングは簡単である．一方，$\pi(x|z)$ は $\{x : l(x) > z\}$ 上に制約された確率分布 $p(x)$ であるため，サンプリングが困難であるように思われる．しかし，Damien *et al.* (1999) では，スライス・サンプリングが適用できる確率分布の例が多く示されている．また，スライス・サンプリングの応用や拡張については，Besag and Green (1993)，Higdon (1998)，Damien and Walker (2001)，Neal (2003) などを，理論的な性質については Roberts and Rosenthal (1999) を参照してほしい．

3.4　実際の利用について

3.4.1　収束の判定

MCMC 法では，マルコフ連鎖が目標分布に収束するまである程度時間を要する．そのため，サンプル列の最初の部分は棄て，残りのサンプルを利用して期待値計算などを行う．収束するまでの時間は扱う問題によってさまざまであり，連鎖が収束しているかどうかをその都度判断しなければならない．

収束を判定するもっとも基本的な方法は，MCMC 法によって得られたサンプルの時系列プロットを調べることである．つまり，時系列プロットを作成して，サンプルの変動が安定的になる時点を分析者の目で判断する．例えば，図 3.2 には，収束が遅い連鎖 (左側) と収束が早い連鎖 (右側) が示されている．この時系列プロットから，左側では約 4000 回，右側は約 2000 回で収束している

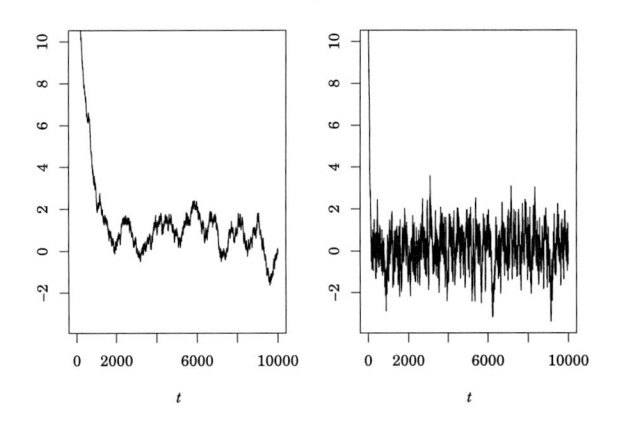

図 3.2 時系列プロットによる収束判定の例：収束が遅い連鎖 (左), 収束が早い連鎖 (右)

と判断される.

得られたサンプルから統計量を計算し，客観的に収束を判定する方法も数多く提案されている (Cowles and Carlin, 1996; Mengersen et al., 1999 を参照). その中でよく用いられているのは，Heidelberger and Welch (1983), Gelman and Rubin (1992), Geweke (1992), Raftery and Lewis (1992) らによる方法であろう (これらの詳細については，大森, 2001 を参照. また，統計解析ソフト R で作成された CODA というライブラリーに実装されている). しかし，これらの収束判定法も問題によってはうまく機能しないこともあるので，実際に収束を判定するときには，複数の方法を組み合わせて総合的に判定するのがよい.

ところで，MCMC 法が使われはじめた頃は，異なる初期値から複数のサンプル列を発生させる**多重連鎖** (multiple chain) と，1つの初期値から1つのサンプル列を発生させる**単一連鎖** (single chain) のどちらを使うべきかという議論があった. 多重連鎖では独立なサンプルを利用できるが，計算時間などの問題から比較的短いサンプル列を発生させることが多く，目標分布に収束していない恐れがある. それに対して，単一連鎖では独立なサンプルを得ることはできないが，十分長いサンプル列を発生させることができ，多くの場合で目標分布からのサンプルを得ることができる. 現在では，連鎖が収束していることを重視し，多重連鎖よりも単一連鎖の方がよく用いられている.

3.4.2 効率性

連鎖が収束していると判定されれば，MCMC 法によって得られたサンプル $(\boldsymbol{x}^{(1)}, \ldots, \boldsymbol{x}^{(t_0+T)})$ を用いて，目標分布に関する期待値 $\mathrm{E}_\pi[g(\boldsymbol{x})]$ を

$$\hat{I} = \frac{1}{T} \sum_{t=1}^{T} g(\boldsymbol{x}^{(t_0+t)}) \tag{3.7}$$

によって推定することができる．ここで，t_0 は収束するまでの期間を表しており，$T \to \infty$ のとき $\hat{I}$ は $\mathrm{E}_\pi[g(\boldsymbol{x})]$ に収束することが知られている (Tierney, 1994). また，$\hat{I}$ の分散は

$$\begin{aligned} \mathrm{Var}(\hat{I}) &= \frac{\sigma^2}{T} \left\{ 1 + 2 \sum_{j=1}^{T-1} \left(1 - \frac{j}{T}\right) \rho_j \right\} \\ &\approx \frac{\sigma^2}{T} \left(1 + 2 \sum_{j=1}^{\infty} \rho_j \right) \end{aligned} \tag{3.8}$$

であることも分かっている．ここで，$\sigma^2 = \mathrm{Var}[g(\boldsymbol{x})]$ であり，ρ_j は $g(\boldsymbol{x}^{(t)})$ と $g(\boldsymbol{x}^{(t+j)})$ の相関係数を表す．

実際の問題では $\rho_j > 0$ である場合がほとんどなので，MCMC 法による期待値計算は，独立なサンプルを使うときよりも分散が大きくなることが分かる．そこで，MCMC 法の効率性を測る 1 つの尺度として，標本自己相関係数 $\hat{\rho}_j$ がよく用いられる．(3.8) 式より，標本自己相関係数の値が高く，なかなか 0 に減

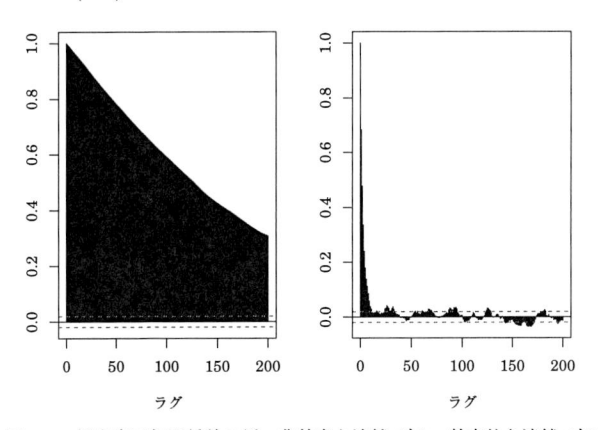

図 3.3 標本自己相関係数の例：非効率な連鎖 (左)，効率的な連鎖 (右)

少しないときには，(3.7) 式の精度が悪いことを意味する．例えば，図 3.3 の自己相関プロットを見てみよう．図の右側では，標本自己相関係数が速く 0 に減少しているので，MCMC 法から得られたサンプルを用いても，独立なサンプルを使った場合と同程度の精度で期待値を計算することができる．しかし左側の例では，ラグが 100 を超えても依然として標本自己相関係数が高いままである．このような場合，別のアルゴリズムを使ったり，以下で述べる方法などによって MCMC 法を改善した方がよい．

標本自己相関係数を直接見るかわりに，それを指標化した $1 + 2\sum_{j=1}^{\infty}\hat{\rho}_j$ を用いて効率性を評価することもある．これを非効率性因子 (inefficiency factor) と呼んでいる．サンプルが独立であるとき，$\hat{I}$ の分散は σ^2/T であるので，非効率因子は MCMC 法によるサンプルを用いたときと独立なサンプルを用いたときの分散比を表している．また，実際には無限級数を計算することはできないので，十分大きい L を選択して $1 + 2\sum_{j=1}^{L}\hat{\rho}_j$ を計算したり，適当な平滑化ウィンドウを用いて非効率性因子を計算する．

3.4.3 ラオ-ブラックウェル化

いま，$\boldsymbol{x}$ を 2 つのブロックに分割し，$\boldsymbol{x} = (\boldsymbol{x}_1, \boldsymbol{x}_2)$ $(\boldsymbol{x}_i \in \mathcal{X}_i)$ と表すことにする．このとき，

$$\mathrm{E}[g(\boldsymbol{x}_1)] = \int_{\mathcal{X}_2}\int_{\mathcal{X}_1} g(\boldsymbol{x}_1)\pi(\boldsymbol{x}_1, \boldsymbol{x}_2)\mathrm{d}\boldsymbol{x}_1\mathrm{d}\boldsymbol{x}_2 \qquad (3.9)$$

を求めることを考えよう．

$\pi(\boldsymbol{x}_1, \boldsymbol{x}_2)$ からサンプリングされた $(\boldsymbol{x}^{(1)}, \ldots, \boldsymbol{x}^{(t_0+T)})$ を用いれば，(3.9) 式の期待値は

$$\hat{I} = \frac{1}{T}\sum_{t=1}^{T} g(\boldsymbol{x}_1^{(t_0+t)})$$

によって推定することができる．ここで，$\boldsymbol{x}^{(t)} = (\boldsymbol{x}_1^{(t)}, \boldsymbol{x}_2^{(t)})$ である．さらに，

$$\mathrm{E}[g(\boldsymbol{x}_1)] = \int_{\mathcal{X}_2}\left[\int_{\mathcal{X}_1} g(\boldsymbol{x}_1)\pi(\boldsymbol{x}_1|\boldsymbol{x}_2)\mathrm{d}\boldsymbol{x}_1\right]\pi(\boldsymbol{x}_2)\mathrm{d}\boldsymbol{x}_2$$

と表すことができるので，もし

$$h(\boldsymbol{x}_2) = \mathrm{E}[g(\boldsymbol{x}_1)|\boldsymbol{x}_2] = \int_{\mathcal{X}_1} g(\boldsymbol{x}_1)\pi(\boldsymbol{x}_1|\boldsymbol{x}_2)\mathrm{d}\boldsymbol{x}_1$$

を解析的に求めることができるのであれば,

$$\hat{I}_{\mathrm{RB}} = \frac{1}{T}\sum_{t=1}^{T} h(\boldsymbol{x}_2^{(t_0+t)}) \tag{3.10}$$

によっても計算できる. (3.10) 式のように, 条件付き期待値を利用して期待値を計算することをラオ–ブラックウェル化 (Rao–Blackwellization) という. サンプルが独立であれば, ラオ–ブラックウェルの定理から

$$\mathrm{Var}(\hat{I}) \geq \mathrm{Var}(\hat{I}_{\mathrm{RB}})$$

が成立する. 一般に, MCMC 法から生成されたサンプルは独立ではないが, 多くの場合でラオ–ブラックウェル化によって推定の精度がよくなることが示されている (例えば, Liu *et al.*, 1994; Geyer, 1995; Casella and Robert, 1996 を参照).

3.4.4 プログラムの検査

MCMC 法を実行するためのプログラムは, 自分で作成しなければならないことが多い. 複雑な統計モデルでは, プログラムも複雑でしかも長くなるため, 誤りを見つけることが難しくなる. そのため, 自分が作成したプログラムに間違いがないか不安になってしまう. Geweke (2004) では, 作成したプログラムが正しいかどうかを確認するための方法を提案している.

Geweke (2004) の方法をベイズ統計学の枠組みの中で説明するため, 尤度関数 (統計モデル) を $f(\boldsymbol{y}|\boldsymbol{\theta})$, パラメータ $\boldsymbol{\theta}$ の事前分布を $\pi(\boldsymbol{\theta})$ と表すことにする. また, MCMC 法によって事後分布 $\pi(\boldsymbol{\theta}|\boldsymbol{y})$ からサンプリングするためのプログラムをすでに作成しており, これに間違いがないか検証したいとする.

いま, 統計モデルと事前分布からサンプリングできるとすれば,

1) $\hat{\boldsymbol{\theta}}^{(t)}$ を $\pi(\boldsymbol{\theta})$ から発生させる
2) $\hat{\boldsymbol{y}}^{(t)}$ を $f(\boldsymbol{y}|\hat{\boldsymbol{\theta}}^{(t)})$ から発生させる

を T_1 回繰り返すことによって, サンプル列 $(g(\hat{\boldsymbol{\theta}}^{(1)}, \hat{\boldsymbol{y}}^{(1)}), \ldots, g(\hat{\boldsymbol{\theta}}^{(T_1)}, \hat{\boldsymbol{y}}^{(T_1)}))$ が得られる. ここで, $g(\boldsymbol{\theta}, \boldsymbol{y})$ は $(\boldsymbol{\theta}, \boldsymbol{y})$ の関数を表す. また, $\boldsymbol{\theta}$ と $\boldsymbol{y}$ の同時確率分布は,

$$\pi(\boldsymbol{\theta}, \boldsymbol{y}) = f(\boldsymbol{y}|\boldsymbol{\theta})\pi(\boldsymbol{\theta}) \tag{3.11}$$

と表すことができるので，得られたサンプルについては，

$$(\boldsymbol{\theta}^{(t)}, \boldsymbol{y}^{(t)}) \sim \pi(\boldsymbol{\theta}, \boldsymbol{y})$$

であることは明らかであろう．

次に，$\pi(\boldsymbol{\theta}, \boldsymbol{y})$ に対してギブス・サンプリングを行うことを考える．(3.11) 式より，$\boldsymbol{y}$ の完全条件付き分布は $\pi(\boldsymbol{y}|\boldsymbol{\theta}) = f(\boldsymbol{y}|\boldsymbol{\theta})$ であるから，$\tilde{\boldsymbol{\theta}}^{(0)}$ を $\pi(\boldsymbol{\theta})$ から発生させ，$t = 1, \ldots, T_2$ に対して，

1) $\tilde{\boldsymbol{y}}^{(t)}$ を $f(\boldsymbol{y}|\tilde{\boldsymbol{\theta}}^{(t)})$ から発生させる
2) $\tilde{\boldsymbol{\theta}}^{(t)}$ を $\pi(\boldsymbol{\theta}|\tilde{\boldsymbol{y}}^{(t)})$ から発生させる

を行えば，$g(\boldsymbol{\theta}, \boldsymbol{y})$ に関する別のサンプル列 $(g(\tilde{\boldsymbol{\theta}}^{(1)}, \tilde{\boldsymbol{y}}^{(1)}), \ldots, g(\tilde{\boldsymbol{\theta}}^{(T_1)}, \tilde{\boldsymbol{y}}^{(T_2)}))$ が得られることになる．ここで，$\pi(\boldsymbol{\theta}|\boldsymbol{y}^{(t)})$ からのサンプリングについては，検証したいプログラムにおいて，$\boldsymbol{y}$ を $\boldsymbol{y}^{(t)}$ で置き換えることで容易に実行できることに注意する必要がある．また，繰り返し数を十分大きくすれば，ギブス・サンプリングの性質から

$$(\tilde{\boldsymbol{\theta}}^{(t)}, \tilde{\boldsymbol{y}}^{(t)}) \sim \pi(\boldsymbol{\theta}, \boldsymbol{y})$$

であるとみなすことができる．

もし作成したプログラムに誤りがなければ，2 つの方法によって生成した $g(\hat{\boldsymbol{\theta}}^{(t)}, \hat{\boldsymbol{y}}^{(t)})$ と $g(\tilde{\boldsymbol{\theta}}^{(t)}, \tilde{\boldsymbol{y}}^{(t)})$ は，同じ確率分布からのサンプルとなっているはずである．したがって，例えば $\hat{g} = \frac{1}{T_1} \sum_{t=1}^{T_1} g(\hat{\boldsymbol{\theta}}^{(t)}, \hat{\boldsymbol{y}}^{(t)})$ と $\tilde{g} = \frac{1}{T_2} \sum_{t=1}^{T_2} g(\tilde{\boldsymbol{\theta}}^{(t)}, \tilde{\boldsymbol{y}}^{(t)})$ を比較することによって，プログラムに誤りがないか検定することができることになる．関数 g としては，$\boldsymbol{\theta}$ の 1 次のモーメントや 2 次のモーメントなどがよく用いられており，詳しい検定手順については Geweke (2004) を参照してほしい．

3.4.5 混合の改善

サンプル間の自己相関が高く，効率性が悪くなる原因としては，マルコフ連鎖が状態空間をゆっくりとしか推移していないことが考えられる．このようなとき，連鎖の混合 (mixing) が悪いという．また，MH アルゴリズムで採択確率が低いような場合にも，同じ値が続くことになり自己相関が高くなる．マルコフ連鎖の混合が悪いときには，目標分布への収束も遅くなるので，より多くの

サンプルを発生させるか,あるいは提案分布を変えるなどしてサンプリングの方法を改善する必要がある.

連鎖の混合を改善するもっとも簡単な方法は,発生させたサンプルから m 個おきに抽出したサブサンプルを使うことである.この方法は,シンニング (thinning) と呼ばれている.シンニングを行えば自己相関は低下するが,もし T 個のサブサンプルを使うのであれば,mT 個のサンプルを発生させる必要があり,計算時間は長くなる.シンニングの効果と計算時間とのバランスを考えながら使わなければならない.

ギブス・サンプリングや多重 MH アルゴリズムを使っているのであれば,別々にサンプリングしている変数を 1 つのブロックにまとめることができないか検討するとよい.このとき,なるべく相関の高い変数を同じブロックにまとめると改善の効果が高くなる (Liu, 1994).また,例えば $\boldsymbol{x} = (\boldsymbol{x}_1, \boldsymbol{x}_2, \boldsymbol{x}_3)$ のブロックを考え,$\pi(\boldsymbol{x}_1, \boldsymbol{x}_2)$ を解析的に求めることができたとしよう.このような場合,$(\boldsymbol{x}_1, \boldsymbol{x}_2)$ はギブス・サンプリングによって $\pi(\boldsymbol{x}_1|\boldsymbol{x}_2)$ と $\pi(\boldsymbol{x}_2|\boldsymbol{x}_1)$ からサンプリングし,$\boldsymbol{x}_3$ は $\pi(\boldsymbol{x}_3|\boldsymbol{x}_1, \boldsymbol{x}_2)$ からサンプリングを行うと,ブロック間の相関が減少し連鎖の混合を改善することができる.

ブロック数を少なくするとアルゴリズムが複雑になったり,ブロック化を行ってもブロック間の相関が高いこともある.このようなとき,適当な変数変換を行うことによって,アルゴリズムを複雑にすることなくブロック間の相関を減少させ,連鎖の混合を改善できる場合がある.この方法は,変量効果モデルや階層モデルで有効であることが知られている (Gelfand *et al.*, 1995; Roberts and Sahu, 1997).

MCMC 法は非常にシンプルなアルゴリズムである.そのため,上述した以外にも混合を改善するための方法が数多く提案されている (Liu, 2001 や Liang *et al.*, 2010 を参照).例えば,EM アルゴリズムとギブス・サンプリングの類似性に注目して,Liu and Wu (1999),Meng and van Dyk (1999),van Dyk and Meng (2001) らは,EM アルゴリズムの加速方法を MCMC 法に適用している.Neal (1996) では,ランジェヴァン連鎖を特殊な場合として含む方法について議論している (3.5.3 項を参照).また,変数変換を通してサンプリング方法の改善を図るものとして,Liu and Sabatti (2000) の一般化ギブス・サ

ンプリングや Liu (2003) によって提案されたアルゴリズムなどがある. さらに, 複数の確率分布を利用する方法 (Geyer, 1991; Geyer and Thompson, 1995) や候補の値を多数発生させる方法 (Liu et al., 2000; Qin and Liu, 2001) なども提案されている. 本書でこれらの方法すべてを紹介することは不可能なので, 次節では3つの代表的なアルゴリズムを取り上げ説明することにする.

3.5 MHアルゴリズムの拡張

3.5.1 MTMアルゴリズム

MH アルゴリズムでは, 提案分布 $q(\boldsymbol{y}|\boldsymbol{x})$ から次の状態の候補となる値を1つだけ発生させていた. Liu et al. (2000) は, 候補を複数発生させることによって MH アルゴリズムの拡張を行い, **MTM アルゴリズム** (multiple-try Metropolis algorithm) と呼ばれる方法を提案している.

MTM アルゴリズムを説明するため, 非負で対称な関数 $\lambda(\boldsymbol{x}, \boldsymbol{y})$ を導入することにする. すなわち, $\lambda(\boldsymbol{x}, \boldsymbol{y})$ は

$$\lambda(\boldsymbol{x}, \boldsymbol{y}) \geq 0, \quad \lambda(\boldsymbol{x}, \boldsymbol{y}) = \lambda(\boldsymbol{y}, \boldsymbol{x})$$

を満たす関数である. また, $q(\boldsymbol{y}|\boldsymbol{x}) > 0$ であれば $\lambda(\boldsymbol{y}, \boldsymbol{y}) > 0$ であることも仮定する. 次に,

$$w(\boldsymbol{x}, \boldsymbol{y}) = \pi(\boldsymbol{x}) q(\boldsymbol{y}|\boldsymbol{x}) \lambda(\boldsymbol{x}, \boldsymbol{y})$$

とおく. このとき, 現在の状態を $\boldsymbol{x}$ とすれば, MTM アルゴリズムは以下によって与えられる.

アルゴリズム 3.4 MTM アルゴリズム

1: m 個の候補 $\boldsymbol{y}_1^*, \ldots, \boldsymbol{y}_m^*$ を $q(\boldsymbol{y}|\boldsymbol{x})$ から独立に発生させる.
2: 確率

$$P(\boldsymbol{y} = \boldsymbol{y}_i^*) = \frac{w(\boldsymbol{y}_i^*, \boldsymbol{x})}{\sum_{j=1}^{m} w(\boldsymbol{y}_j^*, \boldsymbol{x})} \quad (i = 1, \ldots, m)$$

にしたがって, $\{\boldsymbol{y}_1^*, \ldots, \boldsymbol{y}_m^*\}$ の中から $\boldsymbol{y}$ を選ぶ.
3: $\boldsymbol{x}_1^*, \ldots, \boldsymbol{x}_{m-1}^*$ を $q(\boldsymbol{x}|\boldsymbol{y})$ から発生させ, $\boldsymbol{x}_m^* = \boldsymbol{x}$ とおく.
4: 確率

$$\alpha(\boldsymbol{x},\boldsymbol{y}) = \min\left\{1, \frac{\sum_{i=1}^{m} w(\boldsymbol{y}_i^*, \boldsymbol{x})}{\sum_{i=1}^{m} w(\boldsymbol{x}_i^*, \boldsymbol{y})}\right\}$$

で $\boldsymbol{y}$ を採択し，確率 $1 - \alpha(\boldsymbol{x}, \boldsymbol{y})$ で棄却し $\boldsymbol{x}$ にとどまる．

$m = 1$ の場合には，MTMアルゴリズムが通常のMHアルゴリズムとなることは明らかであろう．また，m 個の候補を同じ提案分布から独立に発生させていること，$\lambda(\boldsymbol{x}, \boldsymbol{y})$ が対称な関数であることに注意すれば，MTMアルゴリズムが詳細釣り合い条件を満たすことは容易に確認できる (Liu et al., 2000).

MTMアルゴリズムを実行するには $\lambda(\boldsymbol{x}, \boldsymbol{y})$ を選ぶ必要があるが，もっとも簡単なのは $\lambda(\boldsymbol{x}, \boldsymbol{y}) = 1$ とすることである．Liu et al. (2000) は，これ以外に

$$\lambda(\boldsymbol{x}, \boldsymbol{y}) = \left\{\frac{q(\boldsymbol{y}|\boldsymbol{x}) + q(\boldsymbol{x}|\boldsymbol{y})}{2}\right\}^{-1} \tag{3.12}$$

や

$$\lambda(\boldsymbol{x}, \boldsymbol{y}) = \{q(\boldsymbol{y}|\boldsymbol{x})q(\boldsymbol{x}|\boldsymbol{y})\}^{-a}$$

を用いることを提案している．ここで，a は分析者が指定する定数である．前者において，酔歩連鎖のときのように提案分布について $q(\boldsymbol{y}|\boldsymbol{x}) = q(\boldsymbol{x}|\boldsymbol{y})$ が成立していれば，採択確率は

$$\alpha(\boldsymbol{x}, \boldsymbol{y}) = \min\left\{1, \frac{\sum_{i=1}^{m} \pi(\boldsymbol{y}_i^*)}{\sum_{i=1}^{m} \pi(\boldsymbol{x}_i^*)}\right\}$$

と簡略化される．この式から，MHアルゴリズムでは $\boldsymbol{x}$ と $\boldsymbol{y}$ を比較していたのに対し，MTMアルゴリズムでは $(\boldsymbol{x}_1^*, \ldots, \boldsymbol{x}_m^*)$ と $(\boldsymbol{y}_1^*, \ldots, \boldsymbol{y}_m^*)$ を比較していることがよく分かる．また，後者において $a = 1$ とすれば，

$$\alpha(\boldsymbol{x}, \boldsymbol{y}) = \min\left\{1, \frac{\sum_{i=1}^{m} \pi(\boldsymbol{y}_i^*)/q(\boldsymbol{y}_i^*|\boldsymbol{x})}{\sum_{i=1}^{m} \pi(\boldsymbol{x}_i^*)/q(\boldsymbol{x}_i^*|\boldsymbol{y})}\right\}$$

となり，独立連鎖に対応した採択確率となる．

例 3.7 状態 $\boldsymbol{x} = (x_1, x_2)'$ の目標分布を

$$\pi(\boldsymbol{x}) = \frac{1}{3}N_2(-5\boldsymbol{i}, \boldsymbol{I}) + \frac{2}{3}N_2(5\boldsymbol{i}, \boldsymbol{I})$$

とする．ここで，$\boldsymbol{i}$ はすべての要素が1であるベクトルを表す．MTMアルゴリズムを実行するため，(3.12)式の $\lambda(\boldsymbol{x}, \boldsymbol{y})$ を考え，提案分布として $\boldsymbol{y} \sim N_2(\boldsymbol{x}, \sigma^2 \boldsymbol{I})$

を用いることにする．また，ステップ・サイズについては，目標分布のモード間の距離の半分，すなわち $\sigma = 5\sqrt{2}$ とした．図 3.4 には，$m = 1, 5, 10$ に対する x_1 の時系列プロット (左) とヒストグラム (右) が示されている ($m = 1$ は酔歩連鎖であることに注意)．この図より，酔歩連鎖よりも MTM アルゴリズム ($m = 5, 10$) の方がモード間を頻繁に移動していることが分かる．また，採択確率についても，5.5% ($m = 1$), 17.6% ($m = 5$), 28.4% ($m = 10$) であり，MTM アルゴリズムによって採択確率が改善されることが分かる．

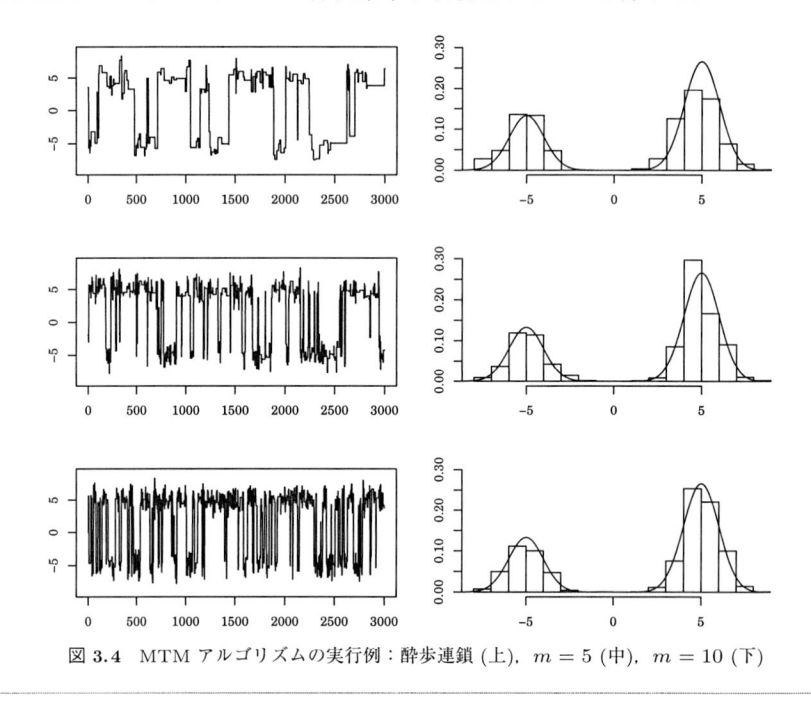

図 3.4 MTM アルゴリズムの実行例：酔歩連鎖 (上)，$m = 5$ (中)，$m = 10$ (下)

MTM アルゴリズムでは複数の候補を発生させているので，提案分布によって定まる領域 (例えば，提案分布が酔歩連鎖であれば現在の状態の周辺，独立連鎖であれば目標分布のモード付近) を早く推移できるようになる．その結果，例 3.7 から確認できるように，MH アルゴリズムよりも混合がよくなったり，あるいは採択確率が改善したりする．その一方で，MTM アルゴリズムでは目標分布を多く評価しなければならないので，計算時間は長くなってしまう．

Liu et al. (2000) による MTM アルゴリズムでは，同じ提案分布から候補と

なる値を発生させていた．それに対して Casarin et al. (2013) では，各候補を異なる提案分布から発生させる MTM アルゴリズムを考えている．さらに Qin and Liu (2001) は，すでに発生させた候補にも依存する提案分布

$$q_i(\boldsymbol{y}_i^*|\boldsymbol{y}_1^*,\ldots,\boldsymbol{y}_{i-1}^*,\boldsymbol{x}) \quad (i=1,\ldots,m)$$

を考え，これから逐次的に候補を発生させる **MPM** アルゴリズム (multi-point Metropolis algorithm) を提案している．MTM アルゴリズムと比較した場合，MPM アルゴリズムでは提案分布をかなり自由に設定することができるため，例えば，現在の状態から遠く離れた領域にも候補を発生させることが可能となる．また，Pandolfi et al. (2010) と Kobayashi and Kozumi (2015) はそれぞれ，MTM アルゴリズムと MPM アルゴリズムの一般化を行っている．

3.5.2　パラレル・テンパリング

MTM アルゴリズムでは複数の候補を発生させていたが，複数の確率分布を考えることで MH アルゴリズムの改善を目指す方法も提案されている．こうした方法として，Marinari and Parisi (1992) と Geyer and Thompson (1995) によって提案されたシミュレーテッド・テンパリング (simulated tempering)，Geyer (1991) と Hukushima and Nemoto (1996) のパラレル・テンパリング (parallel tempering)，Kou et al. (2006) の等エネルギー・サンプラー (equi-energy sampler) などがある．パラレル・テンパリングは，レプリカ交換モンテカルロ法 (replica exchange Monte Carlo method) と呼ばれることもあり，ここではこのアルゴリズムについて説明する．

同じ領域で定義された m 個の確率分布を考え，これを $\pi_i(\boldsymbol{x})$ $(i=1,\ldots,m)$ と表す．MH アルゴリズムによって各 $\pi_i(\boldsymbol{x})$ からサンプリングすれば，m 個の連鎖 $\boldsymbol{x}_1,\ldots,\boldsymbol{x}_m$ が生成される．もしこれらの中に，状態の推移が早く混合のよい連鎖があれば，連鎖間で状態を交換することにより，混合の悪い連鎖の効率性を改善することができると期待される．この考えを取り入れたのがパラレル・テンパリングで，具体的には次に示す 2 つのステップから構成される．

アルゴリズム 3.5　パラレル・テンパリング

1: $\pi_i(\boldsymbol{x})$ を不変分布とする MH アルゴリズムによって $\boldsymbol{x}_i$ を更新する ($i=$

$1, \ldots, m$).

2: $\{\boldsymbol{x}_1, \ldots, \boldsymbol{x}_m\}$ からランダムに $\boldsymbol{x}_r$ と $\boldsymbol{x}_s$ を選び ($r < s$),確率

$$\alpha_{\mathrm{PT}} = \min\left\{1, \frac{\pi_r(\boldsymbol{x}_s)\pi_s(\boldsymbol{x}_r)}{\pi_r(\boldsymbol{x}_r)\pi_s(\boldsymbol{x}_s)}\right\} \tag{3.13}$$

で $\boldsymbol{x}_r$ と $\boldsymbol{x}_s$ を入れ替える.

パラレル・テンパリングが詳細釣り合い条件を満たしていることは,次のようにして示すことができる.いま,$\boldsymbol{x}_{\mathrm{PT}} = \{\boldsymbol{x}_1, \ldots, \boldsymbol{x}_m\}$ と表し,$\pi_{\mathrm{PT}}(\boldsymbol{x}_{\mathrm{PT}}) \propto \prod_{i=1}^{m} \pi_i(\boldsymbol{x}_i)$ が目標分布であると考える.ステップ 1 では,通常の MH アルゴリズムによって各 $\boldsymbol{x}_i$ を更新しているので,$\pi_{\mathrm{PT}}(\boldsymbol{x})$ を不変分布とする詳細釣り合い条件が満たされていることは明らかであろう.ステップ 2 については,$\boldsymbol{x}_{\mathrm{PT}} = \{\boldsymbol{x}_1, \ldots, \boldsymbol{x}_r, \ldots, \boldsymbol{x}_s, \ldots, \boldsymbol{x}_m\}$ から $\boldsymbol{y}_{\mathrm{PT}} = \{\boldsymbol{x}_1, \ldots, \boldsymbol{x}_s, \ldots, \boldsymbol{x}_r, \ldots, \boldsymbol{x}_m\}$ への推移であり,このときの提案分布は $q(\boldsymbol{y}_{\mathrm{PT}}|\boldsymbol{x}_{\mathrm{PT}}) \propto 1$ である.したがって,MH アルゴリズムの採択確率は,

$$\begin{aligned}
&\min\left\{1, \frac{\pi_{\mathrm{PT}}(\boldsymbol{y}_{\mathrm{PT}})q(\boldsymbol{x}_{\mathrm{PT}}|\boldsymbol{y}_{\mathrm{PT}})}{\pi_{\mathrm{PT}}(\boldsymbol{x}_{\mathrm{PT}})q(\boldsymbol{y}_{\mathrm{PT}}|\boldsymbol{x}_{\mathrm{PT}})}\right\} \\
&= \min\left\{1, \frac{\pi_1(\boldsymbol{x}_1)\cdots\pi_r(\boldsymbol{x}_s)\cdots\pi_s(\boldsymbol{x}_r)\cdots\pi_m(\boldsymbol{x}_m)}{\pi_1(\boldsymbol{x}_1)\cdots\pi_r(\boldsymbol{x}_r)\cdots\pi_s(\boldsymbol{x}_s)\cdots\pi_m(\boldsymbol{x}_m)}\right\} \\
&= \min\left\{1, \frac{\pi_r(\boldsymbol{x}_s)\pi_s(\boldsymbol{x}_r)}{\pi_r(\boldsymbol{x}_r)\pi_s(\boldsymbol{x}_s)}\right\}
\end{aligned}$$

となり,ここでも詳細釣り合い条件が満たされることが分かる.よって,循環型推移核の議論から,アルゴリズム全体としても詳細釣り合い条件が満たされることになる.以上から,マルコフ連鎖が収束した後では,$\boldsymbol{x}_{\mathrm{PT}}$ は $\pi_{\mathrm{PT}}(\boldsymbol{x}_{\mathrm{PT}})$ からのサンプルであり,さらに $\pi_{\mathrm{PT}}(\boldsymbol{x}_{\mathrm{PT}})$ の定義から,$\boldsymbol{x}_i$ は $\pi_i(\boldsymbol{x})$ からのサンプルとなっている.

実際にパラレル・テンパリングを利用するときには,ステップ 2 において隣り合う連鎖を選択することが多い ($|r-s|=1$).また,目標分布を $\pi(\boldsymbol{x})$ とし,$H(\boldsymbol{x}) = -\log \pi(\boldsymbol{x})$ とおけば,

$$\pi_i(\boldsymbol{x}) \propto \exp\left\{-\frac{H(\boldsymbol{x})}{T_i}\right\} \quad (i = 1, \ldots, m) \tag{3.14}$$

によって定義される $\pi_i(\boldsymbol{x})$ がよく用いられる.ここで,T_i は温度 (temperature)

3.5 MH アルゴリズムの拡張

図 3.5 $\pi_i(x) \propto \exp\{-H(\boldsymbol{x})/T_i\}$ の例

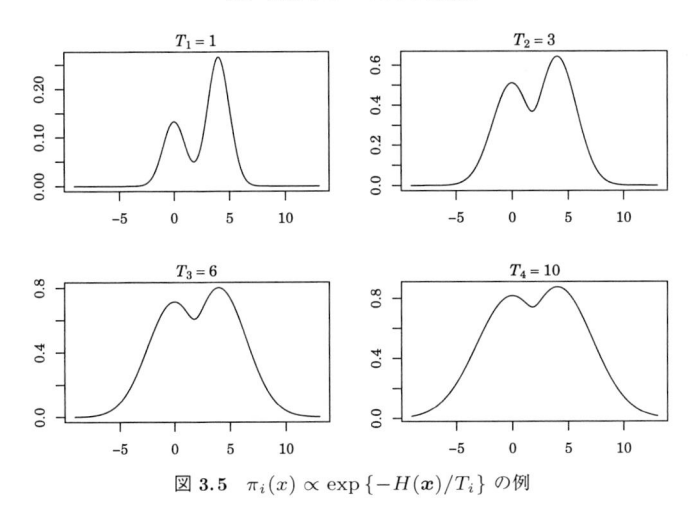

と呼ばれるパラメータで，$1 = T_1 < T_2 < \cdots < T_m$ である ($\pi_1(\boldsymbol{x}) = \pi(\boldsymbol{x})$ であることに注意)．また，ベイズ統計学の枠組みでは，

$$\pi_i(\boldsymbol{\theta}|\boldsymbol{y}) \propto f(\boldsymbol{y}|\boldsymbol{\theta})^{(1/T_i)}\pi(\boldsymbol{\theta})$$

とすることも多い．ここで，$f(\boldsymbol{y}|\boldsymbol{\theta})$ は尤度関数，$\pi(\boldsymbol{\theta})$ は事前分布を表す．

(3.14) 式における温度パラメータの役割を理解するため，例 3.5 の $\pi(x)$ に対して，$T_1 = 1$, $T_2 = 3$, $T_3 = 6$, $T_4 = 10$ としたときの $\pi_i(x)$ が図 3.5 に示されている．この図から，温度が高くなるにつれて，2 つのモードの間における確率密度の高低差が小さくなっていくことが分かる．このことは，温度が高い $\pi_i(\boldsymbol{x})$ に対して MH アルゴリズムを適用した場合，状態がモード間を移動しやすくなり，状態空間全体を早く推移できることを意味する．そこで，パラレル・テンパリングによって異なる温度に対する状態を交換することで，温度が低い $\pi_i(\boldsymbol{x})$ であっても状態の推移を早めることができることになる．このことを，次の例で確認してみよう．

例 3.8 例 3.7 と同じ目標分布に対して，(3.14) 式の $\pi_i(\boldsymbol{x})$ を考えることにする．各 $\boldsymbol{x}_i$ は $N_2(\boldsymbol{x}_i, i\boldsymbol{I})$ を提案分布とする酔歩連鎖によって更新し，温度を $\{1.0, 1.2, 1.4, 1.6, 2, 3, 4, 6, 8, 10\}$ ($m = 10$) として，パラレル・テンパリングを走らせた (ステップ 2 では，隣り合う連鎖の状態を交換している)．このときの結果が，図 3.6 の下段に示されている．比較のため，図の上段と中段に

はそれぞれ，通常の MH アルゴリズムによって $\pi_1(\boldsymbol{x})$ と $\pi_{10}(\boldsymbol{x})$ からサンプリングした結果が示されている．図より，温度が低いときには状態が別のモードに移動しないが，温度が高い場合には状態空間全体を推移していることが分かる．先に述べたように，パラレル・テンパリングを適用することで，温度が低い目標分布においても状態空間全体を推移できるようになっている．また，ステップ 2 の採択確率については，いずれにおいても 70% 以上であり，状態の交換が頻繁に行われていることが確認される．

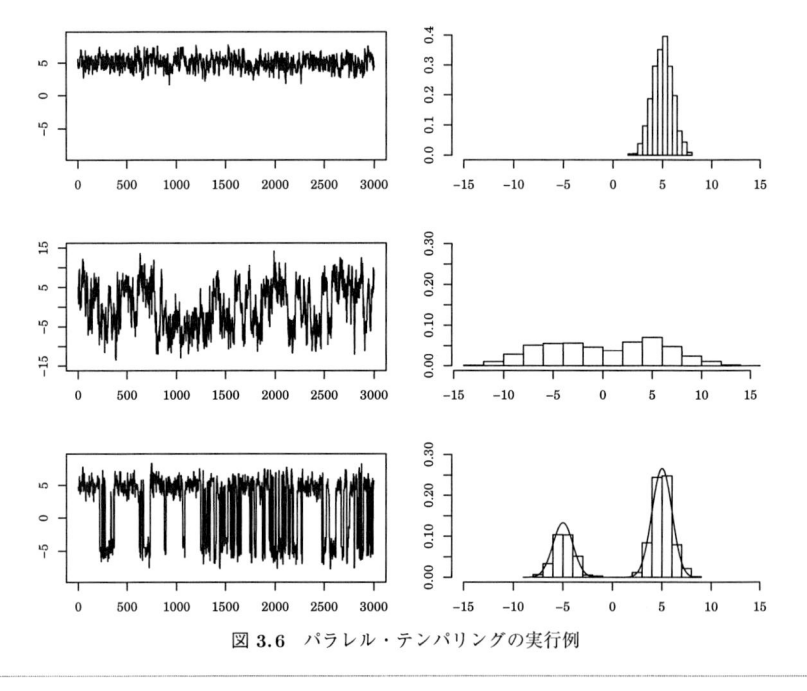

図 3.6 パラレル・テンパリングの実行例

(3.14) 式の $\pi_i(\boldsymbol{x})$ を考えたとき，温度パラメータ T_i の設定が問題となる．隣り合う温度の差が小さいときには，$\pi_i(\boldsymbol{x})$ と $\pi_{i+1}(\boldsymbol{x})$ が類似しているため，ステップ 2 において状態の交換が採択されやすくなる．しかし，m の値を大きくしなければ十分高い温度に達することができず，アルゴリズムは非効率となってしまう．逆に温度の差が大きすぎると，採択確率が小さくなってしまい，状態の交換が起こりにくくなってしまう．いま，(3.13) 式の中を対数をとり書き直すと，

$$\log \frac{\pi_i(\boldsymbol{x}_{i+1})\pi_{i+1}(\boldsymbol{x}_i)}{\pi_i(\boldsymbol{x}_i)\pi_{i+1}(\boldsymbol{x}_{i+1})} = -\left(\frac{1}{T_i} - \frac{1}{T_{i+1}}\right)\{H(\boldsymbol{x}_{i+1}) - H(\boldsymbol{x}_i)\}$$

となる．そこで，1つの指針として，

$$\log a_{\mathrm{PT}} \approx -\left(\frac{1}{T_i} - \frac{1}{T_{i+1}}\right)\left|\mathrm{E}_{\pi_{i+1}}[H(\boldsymbol{x})] - \mathrm{E}_{\pi_i}[H(\boldsymbol{x})]\right|$$

から逐次的に T_i を決めることが提案されている (Liu, 2001)．ここで，a_{PT} は分析者が望む採択確率の水準を表す．温度を選ぶほかの方法については，Goswami and Liu (2007), Atchadé et al. (2011), Behrens et al. (2012) らが議論している．

一般的な $\pi_i(\boldsymbol{x})$ についても同様に考えることができる．すなわち，隣り合う連鎖の状態を入れ替える場合であれば，$\pi_i(\boldsymbol{x})$ と $\pi_{i+1}(\boldsymbol{x})$ とが大きく異ならないように $\pi_i(\boldsymbol{x})$ を選び，状態が交換される確率が高くなるようにすることが望ましい．しかしながら，これといった指針はないので，扱う問題に応じてある程度試行錯誤しながら $\pi_i(\boldsymbol{x})$ を決めなければならない．

パラレル・テンパリングの拡張として，Liang and Wong (2001) による**進化的モンテカルロ法** (evolutionary Monte Carlo method) がある．この方法は，最適化アルゴリズムの1つである**遺伝的アルゴリズム** (genetic algorithm) (Holland, 1992) の考えを取り入れたものであり，パラレル・テンパリングの2つのステップの間に，2つの状態間で要素を交換するステップを導入している (アルゴリズム 3.6 を参照)．

アルゴリズム 3.6 進化的モンテカルロ法

1: $\{\boldsymbol{x}_1, \ldots, \boldsymbol{x}_m\}$ からランダムに $\boldsymbol{x}_i$ を選び，$\pi_i(\boldsymbol{x})$ を不変分布とする MH アルゴリズムによって更新する．
2: $\{\boldsymbol{x}_1, \ldots, \boldsymbol{x}_m\}$ から $\boldsymbol{x}_i$ と $\boldsymbol{x}_j$ を選び ($i < j$)，要素を交換して $\boldsymbol{y}_i$ と $\boldsymbol{y}_j$ を作成する．さらに，$\boldsymbol{x}_{\mathrm{CO}} = \{\boldsymbol{x}_1, \ldots, \boldsymbol{x}_i, \ldots, \boldsymbol{x}_j, \ldots, \boldsymbol{x}_m\}$ から $\boldsymbol{y}_{\mathrm{CO}} = \{\boldsymbol{x}_1, \ldots, \boldsymbol{y}_i, \ldots, \boldsymbol{y}_j, \ldots, \boldsymbol{x}_m\}$ への推移を，確率

$$\alpha_{\mathrm{CO}} = \min\left\{1, \frac{\pi_i(\boldsymbol{y}_i)\pi_j(\boldsymbol{y}_j)q(\boldsymbol{x}_{\mathrm{CO}}|\boldsymbol{y}_{\mathrm{CO}})}{\pi_i(\boldsymbol{x}_i)\pi_j(\boldsymbol{x}_j)q(\boldsymbol{y}_{\mathrm{CO}}|\boldsymbol{x}_{\mathrm{CO}})}\right\}$$

で採択する．ここで，$q(\boldsymbol{y}_{\mathrm{CO}}|\boldsymbol{x}_{\mathrm{CO}})$ は $\boldsymbol{y}_{\mathrm{CO}}$ の提案分布を表す．

3: $\{\boldsymbol{x}_1,\ldots,\boldsymbol{x}_m\}$ からランダムに $\boldsymbol{x}_r$ と $\boldsymbol{x}_s$ を選び $(r<s)$, 確率

$$\alpha_{\text{EX}} = \min\left\{1, \frac{\pi_r(\boldsymbol{x}_s)\pi_s(\boldsymbol{x}_r)}{\pi_r(\boldsymbol{x}_r)\pi_s(\boldsymbol{x}_s)}\right\}$$

で $\boldsymbol{x}_r$ と $\boldsymbol{x}_s$ を入れ替える.

(各ステップで更新された状態はすべて $\{\boldsymbol{x}_1,\ldots,\boldsymbol{x}_m\}$ と表している.)

遺伝的アルゴリズムにならい,ステップ1から3はそれぞれ,突然変異 (mutation), 交叉 (crossover), 交換 (exchange) と呼ばれている.交叉を行うステップでは,$\boldsymbol{x}_i$ と $\boldsymbol{x}_j$ はランダムに選んでもよいし,目標分布に応じて選んでも構わない (Liang and Wong, 2000). また,交叉にはいくつか種類があり,例えば一様交叉 (uniform crossover) と呼ばれる方法では,選ばれた $\boldsymbol{x}_i = (x_{i1},\ldots,x_{ik})'$ と $\boldsymbol{x}_j = (x_{j1},\ldots,x_{jk})'$ の各要素をそれぞれ確率 1/2 で交換する.したがって,提案分布 $q(\boldsymbol{y}_{\text{CO}}|\boldsymbol{x}_{\text{CO}})$ は,$\boldsymbol{x}_i$ と $\boldsymbol{x}_j$ の選び方や交叉の方法に依存して決まってくることになる.

3.5.3 ハミルトニアン・モンテカルロ法

最後に,ハミルトニアン・モンテカルロ法 (Hamiltonian Monte Carlo method) について説明しよう.この方法は,もともとは物理学における格子QCD(quantum chromodynamics) 計算のための手法として Duane et al. (1987) によって考案されたものであるが, Neal (1996) がニューラル・ネットワーク・モデルに応用したことで統計学の分野でも広く用いられている (Ishwaran, 1999; Schmidt, 2009; 高石, 2007).

いま,確率分布 $\pi(\boldsymbol{x})$ からのサンプリングを考え,$U(\boldsymbol{x}) = -\log\pi(\boldsymbol{x})$ とおくことにする.さらに,$\boldsymbol{x} = (x_1,\ldots,x_k)'$ と同じ次元を持つ補助変数 $\boldsymbol{p} = (p_1,\ldots,p_k)'$ を導入し,

$$H(\boldsymbol{x},\boldsymbol{p}) = U(\boldsymbol{x}) + \frac{1}{2}\boldsymbol{p}'\boldsymbol{p}$$

とする.ハミルトニアン・モンテカルロ法では,目標分布を

$$\pi(\boldsymbol{x},\boldsymbol{p}) \propto \exp\{-H(\boldsymbol{x},\boldsymbol{p})\} = \exp\{-U(\boldsymbol{x})\}\exp\left(-\frac{\boldsymbol{p}'\boldsymbol{p}}{2}\right)$$

として,$(\boldsymbol{x},\boldsymbol{p})$ について MH アルゴリズムを実行する (最後の項は,正規分布

$N(\mathbf{0}, \mathbf{I})$ の密度関数の核であることに注意).

ハミルトニアン・モンテカルロ法の特徴として，候補の発生方法を挙げることができる．ハミルトニアン・モンテカルロ法では，$(\boldsymbol{x}, \boldsymbol{p})$ を時間 t の関数であるとして，運動方程式

$$\frac{\mathrm{d}x_i}{\mathrm{d}t} = \frac{\partial H}{\partial p_i} = p_i$$
$$\frac{\mathrm{d}p_i}{\mathrm{d}t} = -\frac{\partial H}{\partial x_i} = -\frac{\partial U}{\partial x_i}$$

を考える．一般に，この方程式を解析的に解くことはできないので，ハミルトニアン・モンテカルロ法では，時間積分法の1つであるリープフロッグ法 (leapflog method) を用いて近似解を求める．すなわち，$i = 1, \ldots, k$ に対して

$$p_i\left(t + \frac{\epsilon}{2}\right) = p_i(t) - \frac{\epsilon}{2}\frac{\partial U}{\partial x_i}(\boldsymbol{x}(t))$$
$$x_i(t + \epsilon) = x_i(t) + \epsilon p_i\left(t + \frac{\epsilon}{2}\right)$$
$$p_i(t + \epsilon) = p_i\left(t + \frac{\epsilon}{2}\right) - \frac{\epsilon}{2}\frac{\partial U}{\partial x_i}(\boldsymbol{x}(t + \epsilon))$$

を繰り返し行うことで，先の運動方程式を解く．ここで，ϵ は分析者が定める定数である．リープフロッグ法を L 回繰り返したときに得られる $(\boldsymbol{x}, \boldsymbol{p})$ の値を $(\boldsymbol{x}^*, \boldsymbol{p}^*)$ と表せば，ハミルトニアン・モンテカルロ法ではこの $(\boldsymbol{x}^*, \boldsymbol{p}^*)$ を次の状態の候補として用いる．このように候補を発生させることによって，通常の MH アルゴリズムよりも大きなステップで状態空間を移動することができるようになる (例 3.9 を参照)．

ハミルトニアン・モンテカルロ法における提案分布を $q((\boldsymbol{x}^*, \boldsymbol{p}^*)|(\boldsymbol{x}, \boldsymbol{p}))$ と表すことにする．リープフロッグ法が時間反転性 (time reversibility) と体積保存 (volume preservation) を満たすことから，$q((\boldsymbol{x}^*, \boldsymbol{p}^*)|(\boldsymbol{x}, \boldsymbol{p})) = q((\boldsymbol{x}, \boldsymbol{p})|(\boldsymbol{x}^*, \boldsymbol{p}^*))$ が成立することを示すことができる (Neal, 2011)．したがって，MH アルゴリズムの採択確率は

$$\alpha_{\text{HMC}} = \min\left\{1, \frac{\exp(-H(\boldsymbol{x}^*, \boldsymbol{p}^*))}{\exp(-H(\boldsymbol{x}, \boldsymbol{p}))}\right\}$$

で与えられることになる．以上をまとめると，次のアルゴリズムが得られる．

アルゴリズム 3.7　ハミルトニアン・モンテカルロ法

1: p を $N(0, I)$ から発生させる.
2: $\tilde{x} = x, \tilde{p} = p$ とおき，次のリープフロッグ・ステップを L 回繰り返す.

$$p^{**} = \tilde{p} - \frac{\epsilon}{2}\frac{\partial U}{\partial x}(\tilde{x})$$
$$x^* = \tilde{x} + \epsilon p^{**}$$
$$p^* = p^{**} - \frac{\epsilon}{2}\frac{\partial U}{\partial x}(x^*)$$
$$(\tilde{x}, \tilde{p}) = (x^*, p^*) \text{ とおく}$$

3: 確率

$$\alpha_{\text{HMC}} = \min\left\{1, \frac{\exp(-H(x^*, p^*))}{\exp(-H(x, p))}\right\}$$

で x^* を採択し，確率 $1 - \alpha_{\text{HMC}}$ で棄却し x にとどまる.

例 3.9　目標分布として $\pi(x) = N_2(0, \Sigma)$ を考えることにする. ただし,

$$\Sigma = \begin{pmatrix} 1 & 0.99 \\ 0.99 & 1 \end{pmatrix}$$

である. このとき, ハミルトニアン・モンテカルロ法と酔歩連鎖を実行した結果が図 3.7 に示されている. ハミルトニアン・モンテカルロ法については $\epsilon = 0.15$, $L = 20$ とし, 酔歩連鎖では $N_2(x, 0.15^2 I)$ を提案分布として用いている. ま

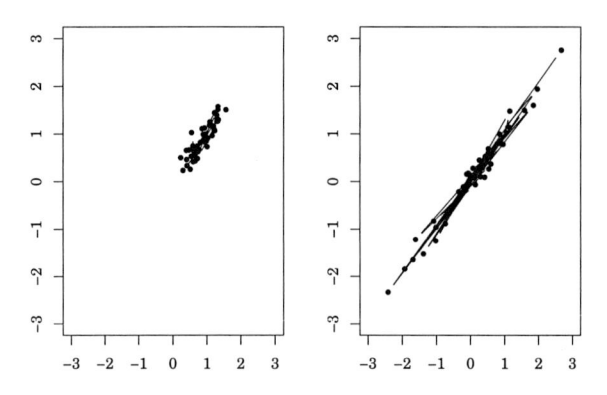

図 3.7　ハミルトニアン・モンテカルロ法の例：酔歩連鎖 (左), ハミルトニアン・モンテカルロ法 (右)

た，適切に結果の比較ができるように，酔歩連鎖についてはシンニングを行い，20個おきに抽出したサンプルを使っている．図より，明らかにハミルトニアン・モンテカルロ法の方が早く状態空間を推移していることが分かる．

ハミルトニアン・モンテカルロ法では，ϵとLの選択が重要となる．ϵの値を小さくすれば，採択確率は高くなるが，状態の推移を早くするためにはLの値を大きくする必要があり，計算量が増えてしまう．逆にϵの値を大きくすれば，採択確率が下がってしまう．Takaishi (2000, 2002) によれば，採択確率が60〜70%くらいになるようにϵとLの値を設定するとよい．また最近では，自動的にϵとLの値を決める **NUTS** (No-U-Turn sampler) も Hoffman and Gelman (2014) によって提案されている．この方法は，Stan (http://mc-stan.org) と呼ばれる統計解析プログラムに実装されているので，興味ある方は試されるとよいであろう．

これまでに，いくつかのMHアルゴリズムの拡張について説明した．残念ながら，紹介した方法の中で最良の方法というものは存在しない．マルコフ連鎖の混合の改善は，扱う問題の構造に大きく依存しており，どの方法を用いるかはその都度検討しなければならない．

Chapter 4

ベイズモデルへの応用 I

　線形回帰モデルは，統計学において重要なモデルの 1 つである．後で見るように，線形回帰モデルはギブス・サンプリングによって容易に推定することができる．そのため，新たな MCMC 法の開発においても重要な役割を果たしている．そこで本章では，線形回帰モデルのベイズ推定について説明を行うことにする．また，ベイズ統計学におけるモデル選択や変数選択の方法についても説明する．

4.1 線形回帰モデル

4.1.1 モデル

線形回帰モデル (linear regression model)

$$y_i = \boldsymbol{x}_i'\boldsymbol{\beta} + u_i, \quad u_i \sim N(0, \sigma^2) \quad (i=1,\ldots,n) \tag{4.1}$$

を考えることにする．ここで，y_i は被説明変数，$\boldsymbol{x}_i$ は説明変数ベクトル $(k \times 1)$ である．また，$\boldsymbol{\beta}$ は回帰係数ベクトル $(k \times 1)$，u_i は互いに独立な誤差項を表す．このとき，尤度関数は，

$$\begin{aligned} f(\boldsymbol{y}|\boldsymbol{\beta}, \sigma^2) &= \prod_{i=1}^{n} \frac{1}{(2\pi\sigma^2)^{1/2}} \exp\left\{-\frac{(y_i - \boldsymbol{x}_i'\boldsymbol{\beta})^2}{2\sigma^2}\right\} \\ &\propto \left(\frac{1}{\sigma^2}\right)^{n/2} \exp\left\{-\frac{\sum_{i=1}^{n}(y_i - \boldsymbol{x}_i'\boldsymbol{\beta})^2}{2\sigma^2}\right\} \end{aligned} \tag{4.2}$$

となる．ただし，$\boldsymbol{y} = (y_1, \ldots, y_n)'$ である．

　パラメータの事前分布については，$\boldsymbol{\beta}$ と σ^2 は互いに独立であるとし，

$$\boldsymbol{\beta} \sim N(\boldsymbol{\beta}_0, \boldsymbol{B}_0), \quad \sigma^2 \sim IG\left(\frac{n_0}{2}, \frac{s_0}{2}\right) \tag{4.3}$$

を仮定することにする．ここで，$\boldsymbol{\beta}_0, \boldsymbol{B}_0, n_0, s_0$ は事前分布のハイパーパラメータを表す (共役事前分布や無情報事前分布については，章末の補論を参照)．したがって，(4.2) 式と (4.3) 式から事後分布は，

$$\pi(\boldsymbol{\beta}, \sigma^2 | \boldsymbol{y}) \propto \left(\frac{1}{\sigma^2}\right)^{n/2} \exp\left\{-\frac{\sum_{i=1}^{n}(y_i - \boldsymbol{x}_i'\boldsymbol{\beta})^2}{2\sigma^2}\right\}$$
$$\times \exp\left\{-\frac{1}{2}(\boldsymbol{\beta} - \boldsymbol{\beta}_0)' \boldsymbol{B}_0^{-1} (\boldsymbol{\beta} - \boldsymbol{\beta}_0)\right\}$$
$$\times \left(\frac{1}{\sigma^2}\right)^{n_0/2+1} \exp\left(-\frac{s_0}{2\sigma^2}\right) \quad (4.4)$$

と表すことができる．

4.1.2 推 定

$\boldsymbol{\beta}$ や σ^2 の事後分布を解析的に求めることができないので，ギブス・サンプリングを行うのに必要な完全条件付き分布を導出する．(4.4) 式から $\boldsymbol{\beta}$ に依存する部分のみを取り出せば，$\boldsymbol{\beta}$ の完全条件付き分布は，

$$\pi(\boldsymbol{\beta} | \sigma^2, \boldsymbol{y}) \propto \exp\left\{-\frac{\sum_{i=1}^{n}(y_i - \boldsymbol{x}_i'\boldsymbol{\beta})^2}{2\sigma^2}\right\}$$
$$\times \exp\left\{-\frac{1}{2}(\boldsymbol{\beta} - \boldsymbol{\beta}_0)' \boldsymbol{B}_0^{-1} (\boldsymbol{\beta} - \boldsymbol{\beta}_0)\right\} \quad (4.5)$$

と書くことができる．指数の中を $\boldsymbol{\beta}$ について整理すれば，

$$\frac{\sum_{i=1}^{n}(y_i - \boldsymbol{x}_i'\boldsymbol{\beta})^2}{\sigma^2} + (\boldsymbol{\beta} - \boldsymbol{\beta}_0)' \boldsymbol{B}_0^{-1} (\boldsymbol{\beta} - \boldsymbol{\beta}_0)$$
$$= \sum_{i=1}^{n} \frac{y_i^2}{\sigma^2} - 2\left(\sum_{i=1}^{n} \frac{\boldsymbol{x}_i y_i}{\sigma^2}\right)' \boldsymbol{\beta} + \boldsymbol{\beta}' \left(\sum_{i=1}^{n} \frac{\boldsymbol{x}_i \boldsymbol{x}_i'}{\sigma^2}\right) \boldsymbol{\beta}$$
$$+ \boldsymbol{\beta}_0' \boldsymbol{B}_0^{-1} \boldsymbol{\beta}_0 - 2(\boldsymbol{B}_0^{-1}\boldsymbol{\beta}_0)' \boldsymbol{\beta} + \boldsymbol{\beta}' \boldsymbol{B}_0^{-1} \boldsymbol{\beta}$$
$$= \boldsymbol{\beta}' \left(\sum_{i=1}^{n} \frac{\boldsymbol{x}_i \boldsymbol{x}_i'}{\sigma^2} + \boldsymbol{B}_0^{-1}\right) \boldsymbol{\beta} - 2\left(\sum_{i=1}^{n} \frac{\boldsymbol{x}_i y_i}{\sigma^2} + \boldsymbol{B}_0^{-1} \boldsymbol{\beta}_0\right)' \boldsymbol{\beta} + c$$

となる．ここで，c は $\boldsymbol{\beta}$ に依存しない定数を表す．さらに，

$$\hat{\boldsymbol{B}}^{-1} = \sum_{i=1}^{n} \frac{\boldsymbol{x}_i \boldsymbol{x}_i'}{\sigma^2} + \boldsymbol{B}_0^{-1}, \quad \hat{\boldsymbol{\beta}} = \hat{\boldsymbol{B}} \left(\sum_{i=1}^{n} \frac{\boldsymbol{x}_i y_i}{\sigma^2} + \boldsymbol{B}_0^{-1} \boldsymbol{\beta}_0\right)$$

とおき，$\boldsymbol{\beta}$ に依存しない項をまとめて c' と表せば，

$$\frac{\sum_{i=1}^n (y_i - \boldsymbol{x}_i'\boldsymbol{\beta})^2}{\sigma^2} + (\boldsymbol{\beta} - \boldsymbol{\beta}_0)'\boldsymbol{B}_0^{-1}(\boldsymbol{\beta} - \boldsymbol{\beta}_0)$$
$$= (\boldsymbol{\beta} - \hat{\boldsymbol{\beta}})'\hat{\boldsymbol{B}}^{-1}(\boldsymbol{\beta} - \hat{\boldsymbol{\beta}}) + c'$$

が得られる (ここでの導出は，例 1.1 と基本的に同じである). したがって，

$$\pi(\boldsymbol{\beta}|\sigma^2, \boldsymbol{y}) \propto \exp\left\{-\frac{1}{2}(\boldsymbol{\beta} - \hat{\boldsymbol{\beta}})'\hat{\boldsymbol{B}}^{-1}(\boldsymbol{\beta} - \hat{\boldsymbol{\beta}})\right\}$$

と表すことができ，右辺は正規分布の核となっていることから，$\boldsymbol{\beta}$ の完全条件付き分布として

$$\pi(\boldsymbol{\beta}|\sigma^2, \boldsymbol{y}) = N(\hat{\boldsymbol{\beta}}, \hat{\boldsymbol{B}}) \tag{4.6}$$

が導出される.

次に，σ^2 については，

$$\pi(\sigma^2|\boldsymbol{\beta}, \boldsymbol{y}) \propto \left(\frac{1}{\sigma^2}\right)^{n/2} \exp\left\{-\frac{\sum_{i=1}^n (y_i - \boldsymbol{x}_i'\boldsymbol{\beta})^2}{2\sigma^2}\right\}$$
$$\times \left(\frac{1}{\sigma^2}\right)^{n_0/2+1} \exp\left(-\frac{s_0}{2\sigma^2}\right)$$
$$\propto \left(\frac{1}{\sigma^2}\right)^{(n+n_0)/2+1} \exp\left\{-\frac{\sum_{i=1}^n (y_i - \boldsymbol{x}_i'\boldsymbol{\beta})^2 + s_0}{2\sigma^2}\right\}$$

であるから，

$$\pi(\sigma^2|\boldsymbol{\beta}, \boldsymbol{y}) = IG\left(\frac{n+n_0}{2}, \frac{\sum_{i=1}^n (y_i - \boldsymbol{x}_i'\boldsymbol{\beta})^2 + s_0}{2}\right) \tag{4.7}$$

を得る. 以上から，正規分布と逆ガンマ分布からのサンプリングからなるギブス・サンプリングを実行することによって，線形回帰モデルをベイズ推定することができる.

例 4.1 Harrison and Rubinfeld (1978) によって分析されたボストンの住宅データを考えることにする (以下の分析では，Gilley and Pace, 1996 により修正されたデータを用いている). Harrison and Rubinfeld (1978) では，きれいな空気に対する需要を調べるため，住宅価格 (MEDV) を被説明変数として

$$\log(\text{MEDV}) = \beta_0 + \beta_1 \text{CRIM} + \beta_2 \text{ZN} + \beta_3 \text{INDUS} + \beta_4 \text{CHAS}$$
$$+ \beta_5 \text{NOX}^2 + \beta_6 \text{RM}^2 + \beta_7 \text{AGE} + \beta_8 \log(\text{DIS})$$
$$+ \beta_9 \log(\text{RAD}) + \beta_{10} \text{TAX} + \beta_{11} \text{PTRATIO} + \beta_{12} \text{B}$$
$$+ \beta_{13} \log(\text{LSTAT}) + u \qquad (4.8)$$

で与えられる回帰式の推定を行っている (変数の詳細については, Harrison and Rubinfeld, 1978 を参照). 同じ回帰式をベイズ推定するために, 事前分布のハイパーパラメータを

$$\boldsymbol{\beta}_0 = \mathbf{0}, \quad \boldsymbol{B}_0 = 100\boldsymbol{I}, \quad n_0 = 5, \quad s_0 = 0.01$$

とし, ギブス・サンプリングについては 20000 回の繰り返しを行った. 最初の 5000 個のサンプルは稼働検査期間として棄て, 残りの 15000 個を事後平均などの計算に用いた.

表 4.1 には, パラメータの事後平均, 事後標準偏差, 95%信用区間 (CI), 非効率性因子 (IF) が示されている. 比較のために, 最小自乗推定値 (OLS) も示されている. 表より, 事後平均と最小自乗推定値はほぼ同じ値となっていることが見てとれる. さらに, ZN, INDUS, AGE の 3 つの説明変数については, その 95%信用区間が 0 を含んでおり, 住宅価格を説明するのに重要な変数ではないことが分かる. 非効率性因子の値を見てみると, いずれも 1 に近い値となっ

表 4.1 ボストン住宅データ:パラメータの推定結果

	事後平均	事後標準偏差	95%CI	IF	OLS
定数項	4.562	0.152	[4.257, 4.860]	0.698	4.562
CRIM	−0.012	0.001	[−0.014, −0.009]	1.071	−0.012
ZN	0.000	0.000	[−0.001, 0.001]	0.866	0.000
INDUS	0.000	0.002	[−0.004, 0.005]	1.030	0.000
CHAS	0.092	0.033	[0.028, 0.156]	1.598	0.092
NOX^2	−0.638	0.111	[−0.859, −0.420]	1.125	−0.637
RM^2	0.006	0.001	[0.004, 0.009]	1.346	0.006
AGE	0.000	0.001	[−0.001, 0.001]	1.019	0.000
log(DIS)	−0.198	0.033	[−0.260, −0.133]	1.538	−0.198
log(RAD)	0.090	0.019	[0.052, 0.127]	0.913	0.090
TAX	−0.000	0.000	[−0.001, −0.000]	0.579	−0.000
PTRATIO	−0.030	0.005	[−0.039, −0.020]	1.219	−0.030
B	0.000	0.000	[0.000, 0.001]	0.664	0.000
log(LSTAT)	−0.375	0.025	[−0.424, −0.328]	0.547	−0.375
σ^2	0.032	0.002	[0.028, 0.037]	1.017	0.032

ており，ギブス・サンプリングによって効率的に推定できていることが分かる．
このことは，非効率性因子の値が大きい CHAS, RM^2, log(DIS) に対する回帰
係数の時系列プロットと自己相関プロットが示された図 4.1 からも確認するこ
とができる．

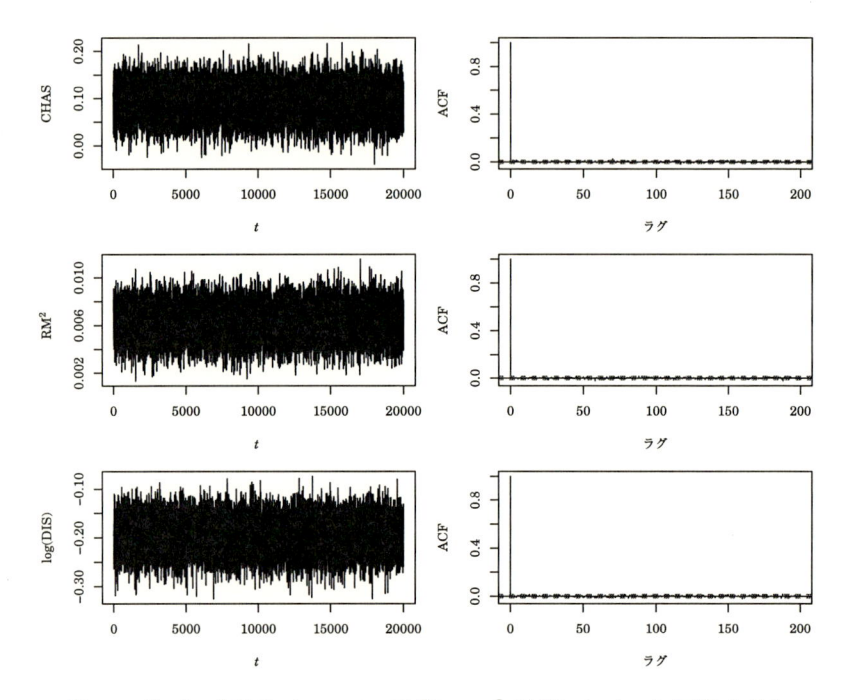

図 4.1 ボストン住宅データ：CHAS (上段), RM^2 (中段), log(DIS) (下段) に対する回帰係数の時系列プロット (左) と自己相関プロット (右)

4.2 モデルの診断・選択

4.2.1 モデルの診断

回帰分析において，分析に用いたモデルの当てはまりを確認することは重要な手続きの1つである．ベイズ統計学では，さまざまな方法によってモデルの当てはまりのよさを調べることができる (Gelman *et al.*, 2013)．ここでは，クロスバリデーション予測分布 (cross-validation predictive distribution) (Geisser and Eddy, 1979; Pettit, 1990; Geisser, 1993) に基づく方法を紹介しよう.

いま，データ $\boldsymbol{y}$ から y_i を除いたものを $\boldsymbol{y}_{-i} = (y_1, \ldots, y_{i-1}, y_{i+1}, \ldots, y_n)'$ と表すことにする．また，表記を簡略化するため，パラメータをまとめて $\boldsymbol{\theta} = (\boldsymbol{\beta}, \sigma^2) \in \Theta$ とおく．このとき，y_i はまだ観測されていないと考えれば (実際の観測値と区別するため，これを y_i^* と表記する)，$\boldsymbol{y}_{-i}$ を所与とした y_i^* のクロスバリデーション予測分布は，

$$f(y_i^*|\boldsymbol{y}_{-i}) = \int_\Theta f(y_i^*|\boldsymbol{\theta})\pi(\boldsymbol{\theta}|\boldsymbol{y}_{-i})\mathrm{d}\boldsymbol{\theta} \quad (i=1,\ldots,n)$$

によって定義される．ここで，$f(y_i^*|\boldsymbol{\theta})$ は y_i^* の確率密度関数，$\pi(\boldsymbol{\theta}|\boldsymbol{y}_{-i})$ は $\boldsymbol{y}_{-i}$ に基づく事後分布を表す．このクロスバリデーション予測分布を観測値 y_i で評価したものを

$$\mathrm{CPO}_i = f(y_i|\boldsymbol{y}_{-i}) = \int_\Theta f(y_i|\boldsymbol{\theta})\pi(\boldsymbol{\theta}|\boldsymbol{y}_{-i})\mathrm{d}\boldsymbol{\theta} \tag{4.9}$$

と表記し，これを観測値 y_i の **CPO** (conditional predictive ordinate) と呼ぶ (Gelfand *et al.*, 1992). (4.9) 式から分かるように，CPO_i は y_i を除くデータを使ってモデルを当てはめたとき，y_i が観測される事後確率 (密度) を表している．したがって，CPO_i の値が大きければ，y_i に対するモデルの当てはまりがよいことを意味する．逆に CPO_i の値が小さければ，モデルからは期待されない値が観測されたことを意味するので，y_i に対してモデルの当てはまりが悪く，y_i が外れ値であるかもしれないことを示唆する．さらに，CPO_i を要約した

$$\mathrm{PML} = \prod_{i=1}^n \mathrm{CPO}_i$$

は，疑似周辺尤度 (pseudo marginal likelihood) と呼ばれており，後で説明を行うモデル選択にも用いられている．

(4.9) 式は，

$$\begin{aligned}
\mathrm{CPO}_i &= \frac{m(\boldsymbol{y})}{m(\boldsymbol{y}_{-i})} = \frac{m(\boldsymbol{y})}{\int_\Theta f(\boldsymbol{y}_{-i}|\boldsymbol{\theta})\pi(\boldsymbol{\theta})\mathrm{d}\boldsymbol{\theta}} \\
&= \frac{1}{\int_\Theta \frac{f(\boldsymbol{y}_{-i}|\boldsymbol{\theta})}{f(\boldsymbol{y}|\boldsymbol{\theta})}\frac{f(\boldsymbol{y}|\boldsymbol{\theta})\pi(\boldsymbol{\theta})}{m(\boldsymbol{y})}\mathrm{d}\boldsymbol{\theta}} \\
&= \frac{1}{\int_\Theta \frac{1}{f(y_i|\boldsymbol{\theta})}\pi(\boldsymbol{\theta}|\boldsymbol{y})\mathrm{d}\boldsymbol{\theta}}
\end{aligned}$$

と書き直すことができる．ここで，$f(\boldsymbol{y}_{-i}|\boldsymbol{\theta})$ は $\boldsymbol{y}_{-i}$ の確率密度関数を表し，

$$m(\boldsymbol{y}) = \int_\Theta f(\boldsymbol{y}|\boldsymbol{\theta})\pi(\boldsymbol{\theta})\mathrm{d}\boldsymbol{\theta}, \quad m(\boldsymbol{y}_{-i}) = \int_\Theta f(\boldsymbol{y}_{-i}|\boldsymbol{\theta})\pi(\boldsymbol{\theta})\mathrm{d}\boldsymbol{\theta} \qquad (4.10)$$

である (つまり，$m(\boldsymbol{y})$ と $m(\boldsymbol{y}_{-i})$ はそれぞれ $\boldsymbol{y}$ と $\boldsymbol{y}_{-i}$ の周辺尤度である)．したがって，事後分布からサンプリングした稼働検査期間後の $\boldsymbol{\theta}^{(t)}$ ($t=1,\ldots,T$) を用いれば，

$$\widehat{\mathrm{CPO}}_i = \frac{1}{\frac{1}{T}\sum_{t=1}^T \frac{1}{f(y_i|\boldsymbol{\theta}^{(t)})}}$$

によって CPO_i を推定することができる．

クロスバリデーション予測分布に基づく残差は，実際の観測値と予測分布から期待される値の差，すなわち，

$$e_i = y_i - \mathrm{E}(y_i^*|\boldsymbol{y}_{-i}) \quad (i=1,\ldots,n)$$

として定義することができる．ここで，

$$\mathrm{E}(y_i^*|\boldsymbol{y}_{-i}) = \int_\mathbb{R} y_i^* f(y_i^*|\boldsymbol{y}_{-i})\mathrm{d}y_i^*$$

である．また，クロスバリデーション予測分布における y_i^* の分散を $\mathrm{Var}(y_i^*|\boldsymbol{y}_{-i})$ と表せば，基準化された残差は

$$e_i^* = \frac{y_i - \mathrm{E}(y_i^*|\boldsymbol{y}_{-i})}{\sqrt{\mathrm{Var}(y_i^*|\boldsymbol{y}_{-i})}} \quad (i=1,\ldots,n)$$

によって与えられる．これらの残差を計算し，例えば散布図などを作成すれば，どの観測値においてモデルの当てはまりが悪いかを調べることができる．

残差を計算するとき，$\pi(\boldsymbol{\theta}|\boldsymbol{y}_{-i})$ からのサンプルが得られれば，混合法によってクロスバリデーション予測分布から y_i^* をサンプリングすることができるので，$\mathrm{E}(y_i^*|\boldsymbol{y}_{-i})$ や $\mathrm{Var}(y_i^*|\boldsymbol{y}_{-i})$ を容易に求めることができる．ギブス・サンプリングによって直接 $\pi(\boldsymbol{\theta}|\boldsymbol{y}_{-i})$ からサンプリングしてもよいが，$\pi(\boldsymbol{\theta}|\boldsymbol{y})$ からのサンプル $\boldsymbol{\theta}^{(t)}$ を使い，

$$w_t \propto \frac{\pi(\boldsymbol{\theta}^{(t)}|\boldsymbol{y}_{-i})}{\pi(\boldsymbol{\theta}^{(t)}|\boldsymbol{y})} = \frac{1}{f(y_i|\boldsymbol{\theta}^{(t)})}$$

を重みとする SIR を行えば，近似的に $\pi(\boldsymbol{\theta}|\boldsymbol{y}_{-i})$ からのサンプルを得ることも

できる.

Peng and Dey (1995), Cho *et al.* (2009), Cancho *et al.* (2011) では, $\pi(\boldsymbol{\theta}|\boldsymbol{y})$ の $\pi(\boldsymbol{\theta}|\boldsymbol{y}_{-i})$ に対するカルバック–ライブラー情報量

$$\mathrm{KL}_i = \int_\Theta \log \frac{\pi(\boldsymbol{\theta}|\boldsymbol{y})}{\pi(\boldsymbol{\theta}|\boldsymbol{y}_{-i})} \cdot \pi(\boldsymbol{\theta}|\boldsymbol{y}) \mathrm{d}\boldsymbol{\theta}$$

に基づいて観測値 y_i の影響を調べている. さらに, Peng and Dey (1995) と Cho *et al.* (2009) は,

$$p_i = 0.5\{1 + \sqrt{1 - \exp(-2\mathrm{KL}_i)}\} \quad (i = 1, \ldots, n)$$

を定義し, $p_i \gg 0.5$ であれば y_i は推測に影響を与えていると判断してよいとしている. この KL_i は,

$$\begin{aligned}
\mathrm{KL}_i &= \int_\Theta \log \frac{f(\boldsymbol{y}|\boldsymbol{\theta})\pi(\boldsymbol{\theta})/m(\boldsymbol{y})}{f(\boldsymbol{y}_{-i}|\boldsymbol{\theta})\pi(\boldsymbol{\theta})/m(\boldsymbol{y}_{-i})} \cdot \pi(\boldsymbol{\theta}|\boldsymbol{y}) \mathrm{d}\boldsymbol{\theta} \\
&= \int_\Theta \log \frac{m(\boldsymbol{y}_{-i})}{m(\boldsymbol{y})} \cdot \pi(\boldsymbol{\theta}|\boldsymbol{y}) \mathrm{d}\boldsymbol{\theta} + \int_\Theta \log \frac{f(\boldsymbol{y}|\boldsymbol{\theta})}{f(\boldsymbol{y}_{-i}|\boldsymbol{\theta})} \cdot \pi(\boldsymbol{\theta}|\boldsymbol{y}) \mathrm{d}\boldsymbol{\theta} \\
&= \log \frac{m(\boldsymbol{y}_{-i})}{m(\boldsymbol{y})} + \int_\Theta \log f(y_i|\boldsymbol{\theta}) \cdot \pi(\boldsymbol{\theta}|\boldsymbol{y}) \mathrm{d}\boldsymbol{\theta}
\end{aligned}$$

と表すことができる. さらに, 右辺第 1 項は

$$\log \frac{m(\boldsymbol{y}_{-i})}{m(\boldsymbol{y})} = \log \int_\Theta \frac{f(\boldsymbol{y}_{-i}|\boldsymbol{\theta})}{f(\boldsymbol{y}|\boldsymbol{\theta})} \frac{f(\boldsymbol{y}|\boldsymbol{\theta})\pi(\boldsymbol{\theta})}{m(\boldsymbol{y})} \mathrm{d}\boldsymbol{\theta}$$

であるから,

$$\begin{aligned}
\mathrm{KL}_i &= \log \int_\Theta \frac{1}{f(y_i|\boldsymbol{\theta})} \cdot \pi(\boldsymbol{\theta}|\boldsymbol{y}) \mathrm{d}\boldsymbol{\theta} + \int_\Theta \log f(y_i|\boldsymbol{\theta}) \cdot \pi(\boldsymbol{\theta}|\boldsymbol{y}) \mathrm{d}\boldsymbol{\theta} \\
&= -\log \mathrm{CPO}_i + \int_\Theta \log f(y_i|\boldsymbol{\theta}) \cdot \pi(\boldsymbol{\theta}|\boldsymbol{y}) \mathrm{d}\boldsymbol{\theta}
\end{aligned}$$

を得る. したがって, $\widehat{\mathrm{CPO}}_i$ と事後分布からのサンプルを用いれば,

$$\widehat{\mathrm{KL}}_i = -\log \widehat{\mathrm{CPO}}_i + \frac{1}{T} \sum_{t=1}^T \log f(y_i|\boldsymbol{\theta}^{(t)})$$

によって KL_i を求めることができる.

例 4.2 例 4.1 の続き　図 4.2 には, CPO_i と KL_i を計算した結果が示されている. 図において, 左側は各値のプロット (CPO については対数値), 右側は箱ひげ図である. 比較のため, 最小自乗推定値から計算された残差プロットもあわせて示されている. この図より, いくつかの観測値についてはモデルの当てはまりがよくないことが分かる. 特に $i = 372$ 番目のデータについては, もっとも当てはまりがよくない結果となっている.

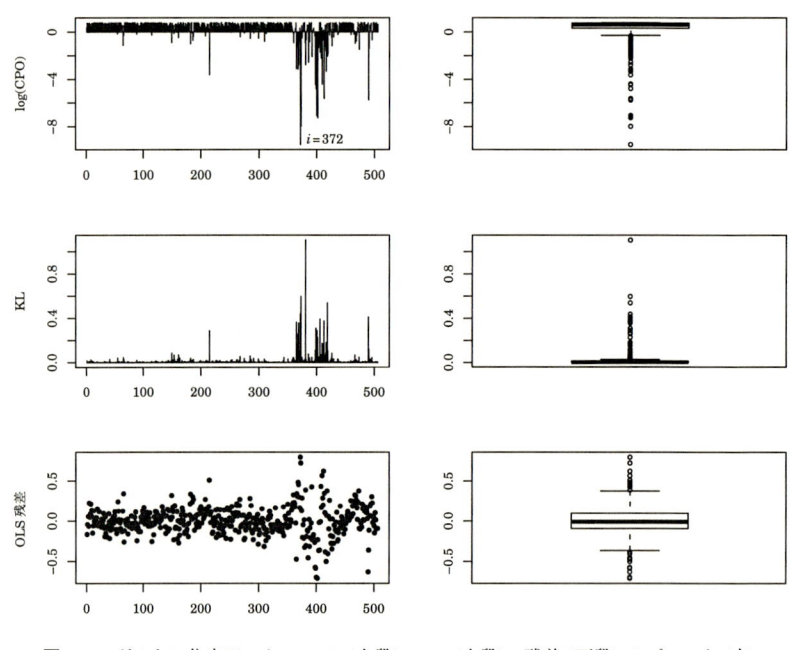

図 4.2　ボストン住宅データ：CPO (上段), KL (中段), 残差 (下段) のプロット (左) と箱ひげ図 (右)

4.2.2　モデルの選択

第 1 章で説明したように, ベイズ分析におけるモデル選択は周辺尤度に基づいて行われる. しかしながら, (4.3) 式の事前分布のもとでは周辺尤度を解析的に求めることができないため, 数値的に計算しなければならない.

(4.10) 式から, 周辺尤度は事前分布に関する期待値となっていることが分か

4.2 モデルの診断・選択

る．そこで，モンテカルロ積分によって周辺尤度を計算することが考えられる．すなわち，事前分布 $\pi(\boldsymbol{\theta})$ から $\boldsymbol{\theta}^{(t)}$ $(t=1,\ldots,T)$ をサンプリングし，

$$\hat{m}_{\mathrm{MC}}(\boldsymbol{y}) = \frac{1}{T}\sum_{t=1}^{T} f(\boldsymbol{y}|\boldsymbol{\theta}^{(t)})$$

によって周辺尤度を推定する．この方法は，簡単に実行することができるが，事前分布と尤度関数とが大きく異なるときには非効率であり，また精度もよくない．

Gelfand and Dey (1994) が示したように，任意の正則な確率分布 $q(\boldsymbol{\theta})$ に対して，

$$\begin{aligned}\frac{1}{m(\boldsymbol{y})} &= \frac{1}{m(\boldsymbol{y})}\int_{\Theta} q(\boldsymbol{\theta})\mathrm{d}\boldsymbol{\theta} \\ &= \int_{\Theta} \frac{q(\boldsymbol{\theta})}{f(\boldsymbol{y}|\boldsymbol{\theta})\pi(\boldsymbol{\theta})}\frac{f(\boldsymbol{y}|\boldsymbol{\theta})\pi(\boldsymbol{\theta})}{m(\boldsymbol{y})}\mathrm{d}\boldsymbol{\theta} \\ &= \int_{\Theta} \frac{q(\boldsymbol{\theta})}{f(\boldsymbol{y}|\boldsymbol{\theta})\pi(\boldsymbol{\theta})}\pi(\boldsymbol{\theta}|\boldsymbol{y})\mathrm{d}\boldsymbol{\theta}\end{aligned}$$

が成立する．そこで，$\boldsymbol{\theta}^{(t)}$ を事後分布からのサンプルとすれば，

$$\hat{m}(\boldsymbol{y}) = \left[\frac{1}{T}\sum_{t=1}^{T}\frac{q(\boldsymbol{\theta}^{(t)})}{f(\boldsymbol{y}|\boldsymbol{\theta}^{(t)})\pi(\boldsymbol{\theta}^{(t)})}\right]^{-1}$$

によって周辺尤度を推定することができる．$q(\boldsymbol{\theta})$ として事前分布を選べば，

$$\hat{m}_{\mathrm{HM}}(\boldsymbol{y}) = \left[\frac{1}{T}\sum_{t=1}^{T}\frac{1}{f(\boldsymbol{y}|\boldsymbol{\theta}^{(t)})}\right]^{-1}$$

が得られる．この $\hat{m}_{\mathrm{HM}}(\boldsymbol{y})$ は，周辺尤度の調和平均推定量 (harmonic mean estimator) と呼ばれている (Newton and Raftery 1994; Raftery *et al.*, 2007)．調和平均推定量は周辺尤度の一致推定量であるが，尤度関数の逆数を含んでいることから，その分散が無限大になってしまう場合がある．

調和平均推定量のこうした問題点を解決するため，Geweke (1999) は，事後分布からのサンプル $\boldsymbol{\theta}^{(t)}$ を使って，

$$\hat{\boldsymbol{\theta}} = \frac{1}{T}\sum_{t=1}^{T}\boldsymbol{\theta}^{(t)}, \quad \hat{\Sigma} = \frac{1}{T}\sum_{t=1}^{T}(\boldsymbol{\theta}^{(t)}-\hat{\boldsymbol{\theta}})(\boldsymbol{\theta}^{(t)}-\hat{\boldsymbol{\theta}})'$$

を計算し，事前分布のかわりに切断正規分布
$$q(\boldsymbol{\theta}) = N(\hat{\boldsymbol{\theta}}, \hat{\boldsymbol{\Sigma}})I(\boldsymbol{\theta} \in \Theta^*)$$
を用いることを提案している．ここで，Θ^* は
$$\Theta^* = \{\boldsymbol{\theta}|(\boldsymbol{\theta}-\hat{\boldsymbol{\theta}})'\hat{\boldsymbol{\Sigma}}^{-1}(\boldsymbol{\theta}-\hat{\boldsymbol{\theta}}) \leq \chi_p^2(\alpha)\}$$
によって定義される領域である．また，p は $\boldsymbol{\theta}$ の次元 (線形回帰モデルでは $p = k+1$) であり，$\chi_{df}^2(\alpha)$ は自由度 df の χ^2 分布の $100\alpha\%$ 点を表す (α としては，0.5, 0.75, 0.9 がよく用いられる)．実際に周辺尤度を計算するときには，切断正規分布の正規化定数が必要となる．これについては，正規分布 $N(\hat{\boldsymbol{\theta}}, \hat{\boldsymbol{\Sigma}})$ から多数のサンプルを発生させ，それらが Θ^* に入る割合を計算することによって求めることができる．

周辺尤度については，
$$m(\boldsymbol{y}) = \frac{f(\boldsymbol{y}|\boldsymbol{\theta})\pi(\boldsymbol{\theta})}{\pi(\boldsymbol{\theta}|\boldsymbol{y})} \tag{4.11}$$
で与えられる恒等式が成立する．この式は任意の $\boldsymbol{\theta}$ に対して成り立つので，$\boldsymbol{\theta}$ のある値 $\boldsymbol{\theta}^* = (\boldsymbol{\beta}^*, \sigma^{*2})$ で評価し，両辺の対数をとれば，
$$\log m(\boldsymbol{y}) = \log f(\boldsymbol{y}|\boldsymbol{\theta}^*) + \log \pi(\boldsymbol{\theta}^*) - \log \pi(\boldsymbol{\theta}^*|\boldsymbol{y}) \tag{4.12}$$
を得る ($\boldsymbol{\theta}^*$ の選択については後述)．Chib (1995) は，(4.12) 式に基づいて周辺尤度を推定する方法を提案しており，以下，彼の方法について説明する．

線形回帰モデルでは，尤度関数と事前分布は簡単に計算することができるので，$\pi(\boldsymbol{\theta}^*|\boldsymbol{y})$ を求めることができれば周辺尤度が推定できることになる．そこで，$\pi(\boldsymbol{\theta}^*|\boldsymbol{y})$ を
$$\pi(\boldsymbol{\theta}^*|\boldsymbol{y}) = \pi(\boldsymbol{\beta}^*|\boldsymbol{y})\pi(\sigma^{*2}|\boldsymbol{\beta}^*, \boldsymbol{y}) \tag{4.13}$$
と分解して表すことにする．(4.7) 式より，$\pi(\sigma^{*2}|\boldsymbol{\beta}^*, \boldsymbol{y})$ は逆ガンマ分布の密度関数であるから，これを評価することは簡単である．また，$\pi(\boldsymbol{\beta}^*|\boldsymbol{y})$ については，
$$\pi(\boldsymbol{\beta}^*|\boldsymbol{y}) = \int_0^\infty \pi(\boldsymbol{\beta}^*|\sigma^2, \boldsymbol{y})\pi(\sigma^2|\boldsymbol{y}) d\sigma^2$$
と表すことができ，$\pi(\boldsymbol{\beta}^*|\sigma^2, \boldsymbol{y})$ は正規分布の密度関数であるから，ギブス・サンプリングによってサンプリングした $\sigma^{2(t)}$ $(t = 1, \ldots, T)$ を用いれば，

$$\hat{\pi}(\boldsymbol{\beta}^*|\boldsymbol{y}) = \frac{1}{T}\sum_{t=1}^{T}\pi(\boldsymbol{\beta}^*|\sigma^{2(t)},\boldsymbol{y})$$

によって推定することができる．したがって，周辺尤度の推定量として

$$\log \hat{m}(\boldsymbol{y}) = \log f(\boldsymbol{y}|\boldsymbol{\theta}^*) + \log \pi(\boldsymbol{\theta}^*) - \log \hat{\pi}(\boldsymbol{\theta}^*|\boldsymbol{y})$$

が得られることになる．ここで，

$$\log \hat{\pi}(\boldsymbol{\theta}^*|\boldsymbol{y}) = \log \hat{\pi}(\boldsymbol{\beta}^*|\boldsymbol{y}) + \log \pi(\sigma^{*2}|\boldsymbol{\beta}^*,\boldsymbol{y})$$

である．(4.11) 式は任意の $\boldsymbol{\theta}$ について成立するので，実際の計算ではどのような $\boldsymbol{\theta}^*$ 値を選択しても構わない．しかし，推定の効率性や安定性などを考慮して，事後平均や事後モードなどがよく用いられている．線形回帰モデルでは，パラメータが2つのブロックに分割されていたが，ブロック数が3つ以上の場合についても Chib の方法を用いることができる (章末の補論を参照)．また，$\log \hat{m}(\boldsymbol{y})$ の標準誤差の求め方については，Chib (1995) を参照してほしい．

線形回帰モデルにおける周辺尤度の推定について説明してきたが，これらの方法は，尤度関数を評価することができ，事前分布が正則であれば，線形回帰モデル以外に対しても適用することができる．

例 4.3 例 4.1 の続き (4.8) 式で与えられる回帰モデルを M_1 と表すことにする．また，M_1 の説明変数から ZN, INDUS, AGE を除いた回帰モデルを M_2 とする．このとき，両モデルの周辺尤度を Chib (1995) と Geweke (1999) の方法によって計算した結果が表 4.2 に示されている．この表から，モデル M_1 よりもモデル M_2 の方が対数周辺尤度の値が大きくなっており，説明変数を除いた方がよいと判断できる．また，周辺尤度の値は2つの方法でほぼ同じとなっていることが確認できる．

表 4.2 ボストン住宅データ：対数周辺尤度の計算結果

方法	M_1	M_2
Chib	35.705	63.847
Geweke ($\alpha = 0.5$)	35.707	63.845
Geweke ($\alpha = 0.75$)	35.692	63.847
Geweke ($\alpha = 0.9$)	35.690	63.844

線形回帰モデルのベイズ分析では，しばしば無情報事前分布が用いられる．第 1 章で述べたように，無情報事前分布を用いたときには周辺尤度に基づいてモデル選択を行うことができない．このようなとき，Akaike (1973, 1974) によって提案された**赤池情報量規準** (Akaike's information criterion：以下 AIC)

$$\mathrm{AIC} = -2\log f(\bm{y}|\hat{\bm{\theta}}_{\mathrm{ML}}) + 2p$$

あるいは，Schwarz (1978) による**ベイズ情報量規準** (Bayesian information criterion：以下 BIC)

$$\mathrm{BIC} = -2\log f(\bm{y}|\hat{\bm{\theta}}_{\mathrm{ML}}) + p\log n$$

などの情報量規準が周辺尤度のかわりに用いられることがある (情報量規準については小西・北川, 2004 に詳しい)．ここで，$\hat{\bm{\theta}}_{\mathrm{ML}}$ は $\bm{\theta}$ の最尤推定量，p は $\bm{\theta}$ の次元を表す．

BIC については，周辺尤度との関係が知られている．このことを説明するために，

$$h(\bm{\theta}) = -\frac{1}{n}\log f(\bm{y}|\bm{\theta}) - \frac{1}{n}\log \pi(\bm{\theta})$$

とおき，周辺尤度を

$$m(\bm{y}) = \int_\Theta f(\bm{y}|\bm{\theta})\pi(\bm{\theta})\mathrm{d}\bm{\theta} = \int_\Theta e^{-nh(\bm{\theta})}\mathrm{d}\bm{\theta}$$

と書き直すことにする．この式にラプラス法を適用すれば，

$$m(\bm{y}) \approx \left(\frac{2\pi}{n}\right)^{p/2} |\bm{\Sigma}_h(\bm{\theta}^*)|^{1/2} e^{-nh(\bm{\theta}^*)}$$

なる近似が得られる ((1.10) 式を参照)．ここで，$\bm{\theta}^*$ は事後モードを表し，$\bm{\Sigma}_h^{-1}(\bm{\theta}^*) = \partial^2 h(\bm{\theta})/\partial\bm{\theta}\partial\bm{\theta}'\big|_{\bm{\theta}=\bm{\theta}^*}$ である．事前分布が $\pi(\bm{\theta}) = 1$ であるとすれば，事後モードと最尤推定量は同じものとなるので，$\bm{\theta}^*$ を $\hat{\bm{\theta}}_{\mathrm{ML}}$ に置き換えることにする．さらに，n が十分大きいときに定数となる項を無視すれば，

$$\log m(\bm{y}) \approx -\frac{p}{2}\log n + \log f(\bm{y}|\hat{\bm{\theta}}_{\mathrm{ML}}) = -\frac{1}{2}\mathrm{BIC}$$

が得られる．この式より，BIC は対数周辺尤度の近似であると理解することができる．

4.2 モデルの診断・選択

最近では,Speigelhalter *et al.* (2002) によって提案された**偏差情報量規準** (deviation information criterion:以下 DIC) によるモデル選択もよく目にするようになった.DIC も,AIC や BIC 同様に,モデルの当てはまりのよさとモデルの複雑さを考慮した規準となっており,

$$D(\boldsymbol{\theta}) = -2\log f(\boldsymbol{y}|\boldsymbol{\theta})$$

と定義すれば,DIC ではモデルの当てはまりのよさを

$$\bar{D}(\boldsymbol{\theta}) = \int_\Theta D(\boldsymbol{\theta})\pi(\boldsymbol{\theta}|\boldsymbol{y})\mathrm{d}\boldsymbol{\theta} = \int_\Theta -2\log f(\boldsymbol{y}|\boldsymbol{\theta}) \cdot \pi(\boldsymbol{\theta}|\boldsymbol{y})\mathrm{d}\boldsymbol{\theta}$$

によって評価する.一方,モデルの複雑さについては,**有効パラメータ数** (effective number of parameters) と呼ばれる

$$p_D = \bar{D}(\boldsymbol{\theta}) - D(\hat{\boldsymbol{\theta}})$$

によって評価する.ここで,$\hat{\boldsymbol{\theta}}$ は $\boldsymbol{\theta}$ の事後平均を表す.これら 2 つを組み合わせれば,DIC は

$$\mathrm{DIC} = \bar{D}(\boldsymbol{\theta}) + p_D = D(\hat{\boldsymbol{\theta}}) + 2p_D$$

によって定義され,DIC の値が小さいほどよいモデルということになる.多くの場合,$\bar{D}(\boldsymbol{\theta})$ を解析的に求めることができないが,事後分布からのサンプル $\boldsymbol{\theta}^{(t)}$ から

$$\hat{D}(\boldsymbol{\theta}) = \frac{1}{T}\sum_{t=1}^{T} D(\boldsymbol{\theta}^{(t)})$$

によって推定することができる.

ここで説明した以外にも,さまざまな情報量規準が提案されている (Ando, 2010).中でも,Watanabe (2010, 2013) によって提案された WAIC (widely applicable information criterion) と WBIC (widely applicable Bayesian information criterion) は,新しい情報量規準として注目を浴びている.

例 4.4 スプライン非線形回帰モデル

$$y_i = \sum_{j=1}^{k} \beta_j B_j(x_i) + u_i, \quad u_i \sim N(0, \sigma^2) \quad (i = 1, \ldots, n) \tag{4.14}$$

を考えることにする.ここで,x_i は 1 次元の説明変数,β_j $(j = 1, \ldots, k)$ は未知

パラメータである. また, $B_j(x)$ は節点 (knot) $\kappa_1, \ldots, \kappa_m$ に対して定義される d 次の **B-スプライン基底関数** (B-spline basis function) を表し, $k = m+d+1$ である (B-スプラインの性質や計算方法については, de Boor, 2001 に詳しい).
パラメータの事前分布については, σ^2 に対して
$$\sigma^2 \sim IG\left(\frac{n_0}{2}, \frac{s_0}{2}\right)$$
を仮定する. また, $\boldsymbol{\beta} = (\beta_1, \ldots, \beta_k)'$ については, 過剰適合の問題を避けるため, Lang and Brezger (2004) にならい,
$$\beta_j - \beta_{j-1} \sim N(0, \phi^2) \quad (j = 2, \ldots, k) \tag{4.15}$$
であるとし, β_1 については無情報事前分布 $\pi(\beta_1) \propto 1$ を仮定する (したがって, $\boldsymbol{\beta}$ の事前分布は非正則である). さらに, ϕ^2 に対しては逆ガンマ事前分布
$$\phi^2 \sim IG\left(\frac{m_0}{2}, \frac{r_0}{2}\right)$$
を採用し, 階層的な事前分布を考えることにする.

(4.14) 式は, 説明変数ベクトルが $\boldsymbol{x}_i = (B_1(x_i), \ldots, B_k(x_i))'$ である線形回帰モデルとなっていることから, $\sigma^2, \boldsymbol{\beta}, \phi^2$ の完全条件付き分布は以下のように導出される.

- σ^2 の条件付き分布:
$$\pi(\sigma^2|\boldsymbol{\beta}, \phi^2, \boldsymbol{y}) = IG\left(\frac{n+n_0}{2}, \frac{\sum_{i=1}^n (y_i - \boldsymbol{x}_i'\boldsymbol{\beta})^2 + s_0}{2}\right)$$

- $\boldsymbol{\beta}$ の条件付き分布:
$$\pi(\boldsymbol{\beta}|\phi^2, \sigma^2, \boldsymbol{y}) = N(\hat{\boldsymbol{\beta}}, \hat{\boldsymbol{B}})$$

ここで,
$$\hat{\boldsymbol{B}}^{-1} = \sum_{i=1}^n \frac{\boldsymbol{x}_i \boldsymbol{x}_i'}{\sigma^2} + \frac{1}{\phi^2}\boldsymbol{K}_0, \quad \hat{\boldsymbol{\beta}} = \hat{\boldsymbol{B}}\left(\sum_{i=1}^n \frac{\boldsymbol{x}_i y_i}{\sigma^2}\right)$$

である. また, $\boldsymbol{K}_0$ は (4.15) 式より導出される $k \times k$ 行列で,
$$\boldsymbol{K}_0 = \begin{pmatrix} 1 & -1 & & & & \\ -1 & 2 & -1 & & & \\ & & \ddots & & & \\ & & & -1 & 2 & -1 \\ & & & & -1 & 1 \end{pmatrix}$$

によって定義される (空白の要素は 0 である).

- ϕ^2 の条件付き分布:

$$\pi(\phi^2|\boldsymbol{\beta},\sigma^2,\boldsymbol{\beta},\boldsymbol{y}) = IG\left(\frac{k-1+m_0}{2}, \frac{\boldsymbol{\beta}'\boldsymbol{K}_0\boldsymbol{\beta}+r_0}{2}\right)$$

$k-1$ は行列 $\boldsymbol{K}_0$ のランクに対応している.

ここでは,オートバイ衝突実験データ (Silverman, 1985; Härdle, 1990; Eilers and Marx, 1996) を使い,先に説明した AIC, BIC, DIC を用いて節点の数 m を選択することにする. そのために,B-スプライン基底関数の次数は $d=3$ とし,節点については Ruppert *et al.* (2003) を参考にして,

$$\kappa_l = \text{重複を除いた説明変数の } \frac{l+1}{m+2} \text{ の分位点}$$

表 4.3　オートバイ衝突実験データ:情報量規準の計算結果

m	AIC	BIC	DIC
5	1246.66	1275.56	1250.67
6	1223.20	1255.00	1221.70
7	1219.90	**1254.59**	1217.23
8	**1219.75**	1257.32	**1216.84**
9	1222.70	1263.16	1218.99
10	1224.46	1267.82	1219.44
11	1225.41	1271.66	1218.57
12	1224.41	1273.54	1217.37
13	1227.35	1279.38	1219.30
14	1228.23	1283.14	1218.86
15	1229.22	1287.03	1218.70

(太字は最小値)

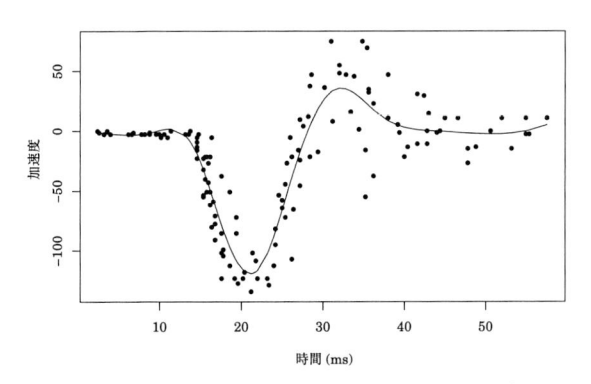

図 4.3　オートバイ衝突実験データ:$m=8$ のスプライン曲線 (実線) とデータ (点)

とした．また，事前分布のハイパーパラメータについては，$m_0 = n_0 = 5$, $r_0 = s_0 = 0.01$ を用いた．このような設定のもと，20000 回のギブス・サンプリングを走らせることによって計算を行い，その結果が表 4.3 に示されている．なお推定にあたっては，最初の 5000 個のサンプルは収束までの期間として棄て，残りの 15000 個のサンプルを用いている．表より，AIC と DIC は $m = 8$, BIC では $m = 7$ において最小となっていることが分かる．また，図 4.3 には，$m = 8$ としたときのスプライン曲線の推定値が示されている．

4.3 変数選択

回帰分析では，どの変数を回帰モデルに含めるかという**変数選択** (variable selection) も重要な問題の 1 つである．もし，説明変数の候補が k 変数あれば，2^k とおりの可能な組み合わせ (モデル) があり，説明変数の数が少なければ，前節で説明した周辺尤度や情報量規準を計算することによって，必要な変数を選ぶことができるであろう．しかし，説明変数の候補が多いときには，周辺尤度や情報量規準による方法はかなりの計算量を必要とし，実行が難しくなる (例えば $k = 15$ であれば，周辺尤度や情報量規準を $2^{15} = 32768$ 回計算しなければならない)．ベイズ的推測では，回帰係数の事前分布を工夫することによって，計算量をさほど増やすことなく変数選択を行うことができる (O'Hara and Sillanpää, 2009)．

4.3.1 確率的探索変数選択

説明変数の候補をすべて含む線形回帰モデルを

$$y_i = \boldsymbol{x}_i' \boldsymbol{\beta} + u_i, \quad u_i \sim N(0, \sigma^2) \quad (i = 1, \ldots, n) \tag{4.16}$$

と表すことにする．ただし，$\boldsymbol{x}_i = (x_{i1}, \ldots, x_{ik})'$, $\boldsymbol{\beta} = (\beta_1, \ldots, \beta_k)'$ である．ここでは説明を簡略化するため，すべての変数を変数選択の対象とする (定数項など必ずモデルに含めたい変数がある場合でも，若干の修正を行うことで以下で説明する方法を適用することができる)．

George and McCulloch (1993) によって提案された**確率的探索変数選択**

(stochastic search variable selection：以下 SSVS) では，説明変数を選択することは不要な説明変数の回帰係数を 0 にすることと同じであると考え，回帰係数の各要素 β_j $(j = 1, \ldots, k)$ に対して，

$$\pi(\beta_j|\gamma_j) = (1 - \gamma_j)N(0, \tau_{0j}^2) + \gamma_j N(0, \tau_{1j}^2) \tag{4.17}$$
$$\pi(\gamma_j) = p_0^{\gamma_j}(1 - p_0)^{1-\gamma_j} \tag{4.18}$$

で与えられる混合分布型の事前分布を仮定する．ここで，γ_j は潜在変数を表し，$\gamma_j \in \{0, 1\}$ である．また，$\tau_{0j}, \tau_{1j}, p_0$ は事前分布のハイパーパラメータであり，τ_{0j} には小さな値を，τ_{1j} は τ_{0j} よりも大きな値を設定する (τ_{0j} と τ_{1j} の選択については，George and McCulloch, 1993, 1997 を参照)．これにより，$\gamma_i = 0$ のときには $\beta_j \sim N(0, \tau_{0j}^2)$ であり，また τ_{0j} は小さい値に設定されているので，(4.17) 式の事前分布は $\beta_j \approx 0$ であることを表していることになる．一方，$\gamma_j = 1$ のときには $\beta_j \sim N(0, \tau_{1j}^2)$ となり，これは通常の事前分布に対応する．したがって，潜在変数 γ_j は，説明変数を含めない ($\gamma_j = 0$)・含める ($\gamma_j = 1$) ことを表す変数となっている．

次に，MCMC 法によるモデルの推定について説明しよう．サンプリングが必要となるのは，$\boldsymbol{\beta}, \sigma^2, \boldsymbol{\gamma} = (\gamma_1, \ldots, \gamma_k)'$ である．いま，σ^2 については，

$$\sigma^2 \sim IG\left(\frac{n_0}{2}, \frac{s_0}{2}\right)$$

の事前分布を仮定し，(4.17) 式をまとめて，

$$\pi(\boldsymbol{\beta}|\boldsymbol{\gamma}) = N(\boldsymbol{0}, \boldsymbol{B}_\gamma)$$

と表すことにする．ここで，$\boldsymbol{B}_\gamma$ は $(1 - \gamma_j)\tau_{0j}^2 + \gamma_j\tau_{1j}^2$ $(j = 1, \ldots, k)$ を対角成分とする $k \times k$ 対角行列である．このとき，線形回帰モデルの結果から，$\boldsymbol{\beta}$ と σ^2 の完全条件付き分布として，

$$\pi(\boldsymbol{\beta}|\sigma^2, \boldsymbol{\gamma}, \boldsymbol{y}) = N(\hat{\boldsymbol{\beta}}, \hat{\boldsymbol{B}}_\gamma)$$
$$\pi(\sigma^2|\boldsymbol{\beta}, \boldsymbol{\gamma}, \boldsymbol{y}) = IG\left(\frac{n + n_0}{2}, \frac{\sum_{i=1}^n(y_i - \boldsymbol{x}_i'\boldsymbol{\beta})^2 + s_0}{2}\right)$$

が得られることになる．ただし，

$$\hat{\boldsymbol{B}}_\gamma^{-1} = \sum_{i=1}^n \frac{\boldsymbol{x}_i\boldsymbol{x}_i'}{\sigma^2} + \boldsymbol{B}_\gamma^{-1}, \quad \hat{\boldsymbol{\beta}} = \hat{\boldsymbol{B}}_\gamma\left(\sum_{i=1}^n \frac{\boldsymbol{x}_iy_i}{\sigma^2}\right)$$

である.また,潜在変数 γ_j は 2 値変数であることから,

$$\pi(\gamma_j = 1|\boldsymbol{\beta}, \sigma^2, \boldsymbol{y}) = \frac{p_0 \pi(\beta_j|\gamma_j = 1)}{p_0 \pi(\beta_j|\gamma_j = 1) + (1-p_0)\pi(\beta_j|\gamma_j = 0)}$$

が導出される.したがって,4.1 節のギブス・サンプリングに $\boldsymbol{\gamma}$ のサンプリングを追加するだけで,SSVS を実行することができる.

例 4.5 例 4.1 の続き (4.8) 式の回帰モデルに対して,(4.17), (4.18) 式の事前分布を仮定してベイズ推定を行った.推定に際しては,定数項を除くため,被説明変数と説明変数については偏差を用いている.また,ハイパーパラメータの値を,$\tau_{0j}^2 = 0.001, \tau_{1j} = 100, p_0 = 0.5, n_0 = 5, s_0 = 0.01$ とした.表 4.4 には,20000 回のギブス・サンプリングによるパラメータの推定値と $\gamma_j = 1$ の事後確率が示されている (最初の 5000 回は稼働検査時間としている).表より,$\mathrm{NOX}^2, \log(\mathrm{DIS}), \log(\mathrm{LSTAT})$ に対する γ_j の事後確率が高いことが分かる.

表 4.4 ボストン住宅データ:変数選択とパラメータの推定結果

	事後平均	事後標準偏差	$P(\gamma_j = 1\|\boldsymbol{y})$
CRIM	-0.011	0.001	0.004
ZN	-0.001	0.001	0.004
INDUS	-0.002	0.002	0.003
CHAS	0.054	0.027	0.066
NOX^2	-0.545	0.121	0.995
RM^2	0.007	0.001	0.003
AGE	0.000	0.001	0.003
$\log(\mathrm{DIS})$	-0.181	0.041	0.943
$\log(\mathrm{RAD})$	-0.198	0.225	0.423
TAX	0.000	0.001	0.003
PTRATIO	-0.030	0.005	0.005
B	0.000	0.000	0.004
$\log(\mathrm{LSTAT})$	-0.379	0.026	1.000

(4.17) 式の事前分布は,ある値に集中している分布 (スパイク) とパラメータのとりうる値全体に広がっている分布 (スラブ) から構成されている.このような事前分布は,**スパイク・スラブ事前分布** (spike and slab prior distribution) と呼ばれ,変数選択の問題においてよく用いられている.例えば,Mitchell and Beauchamp (1988) では,

$$\pi(\beta_j|\gamma_j) = (1-\gamma_j)I(\beta_j=0) + \gamma_j U(-d_{0j}, d_{0j})$$

によって与えられるスパイク・スラブ事前分布を考えている (d_{0j} は事前分布のハイパーパラメータである). また, Yuan and Lin (2005) は, 一様分布をラプラス分布で置き換えた

$$\pi(\beta_j|\gamma_j) = (1-\gamma_j)I(\beta_j=0) + \gamma_j LA(\lambda_0)$$

で与えられる事前分布を用いて分析を行っている. (4.17) 式では, β_j の分散 (τ_{0j}^2 と τ_{1j}^2) を既知としていたが, Ishwaran and Rao (2003, 2005) は,

$$\pi(\beta_j|\gamma_j, \tau_j^2) = (1-\gamma_j)N(0, v_0\tau_j^2) + \gamma_j N(0, \tau_j^2)$$
$$\pi(\tau_j^2) = IG(a_0, b_0)$$

と表される階層的事前分布を考えている (ただし, $v_0 < 1$). さらに, Malsiner-Walli and Wagner (2011) では, いくつかのスパイク・スラブ事前分布を比較しているので, そちらも参考にされるとよいであろう.

4.3.2 Lasso

古典的統計学における変数選択法の1つに, Tibshirani (1996) によって提案された **Lasso** (least absolute shrinkage and selection operator) がある. この方法では, ある実数 $r > 0$ に対して,

$$\min_{\boldsymbol{\beta}} \sum_{i=1}^n (y_i - \boldsymbol{x}_i'\boldsymbol{\beta})^2 \text{ subject to } \sum_{j=1}^k |\beta_j| \leq r \qquad (4.19)$$

によって定義される制約付き最小化問題を通じて $\boldsymbol{\beta}$ の推定を行う. ただし, 被説明変数は中心化され, 説明変数は基準化されているとする. すなわち,

$$\sum_{i=1}^n y_i = 0, \quad \sum_{i=1}^n x_{ij} = 0, \quad \frac{1}{n}\sum_{i=1}^n x_{ij}^2 = 1 \quad (j=1,\ldots,k)$$

であるとする.

Lasso の特徴として, 不等式制約 $\sum_{j=1}^k |\beta_j| \leq r$ により, 回帰係数のいくつかの要素は正確に 0 と推定される点を挙げることができる (Tibshirani, 1996). また, Osborne *et al.* (2000) が示しているように, (4.19) 式の最小化問題は,

$$\min_{\boldsymbol{\beta}} \left\{ \sum_{i=1}^{n}(y_i - \boldsymbol{x}_i'\boldsymbol{\beta})^2 + \lambda \sum_{j=1}^{k} |\beta_j| \right\} \tag{4.20}$$

と書き直すことができる.ここで,$\lambda \geq 0$ は調整パラメータ (tuning parameter),あるいは Lasso パラメータと呼ばれ,罰則 $\sum_{j=1}^{k}|\beta_j|$ の強さを調整する.これより,Lasso は罰則付き最小自乗法 (penalized least square method) とみなすことができる.

Tibshirani (1996) は,回帰係数の事前分布として,

$$\pi(\boldsymbol{\beta}|\sigma^2) = \prod_{j=1}^{k} \frac{\lambda}{2\sigma} \exp\left(-\frac{\lambda|\beta_j|}{\sigma}\right) \tag{4.21}$$

と表されるラプラス分布を仮定すれば,(4.20) 式の最小化問題は,$\boldsymbol{\beta}$ の事後モードを求めることと同じであると指摘している.ここで,σ^2 を所与とする条件付き事前分布を考えるのは,事後モードの一意性を保証するためである.これを受け,Park and Casella (2008) では,MCMC 法を利用したベイズ推定について議論している.具体的には,非負の確率変数 τ_j^2 $(j=1,\ldots,k)$ を導入し,(4.21) 式を階層的に

$$\pi(\boldsymbol{\beta}|\boldsymbol{\tau}, \sigma^2) = N(\boldsymbol{0}, \sigma^2 \boldsymbol{B}_\tau)$$
$$\pi(\tau_j^2|\sigma^2) = Exp\left(\frac{\lambda^2}{2}\right) \quad (j=1,\ldots,k)$$

と書き直すことによって (Andrews and Mallows, 1974),ギブス・サンプリングによる推定を行っている.ここで,$\boldsymbol{\tau} = (\tau_1,\ldots,\tau_k)'$, $\boldsymbol{B}_\tau = \mathrm{diag}(\tau_1^2,\ldots,\tau_k^2)$ である.

線形回帰モデルと事前分布をまとめると,

$$y_i = \boldsymbol{x}_i'\boldsymbol{\beta} + u_i, \quad u_i \sim N(0, \sigma^2)$$
$$\boldsymbol{\beta} \sim N(\boldsymbol{0}, \sigma^2 \boldsymbol{B}_\tau)$$
$$\tau_j^2 \sim Exp\left(\frac{\lambda^2}{2}\right) \quad (j=1,\ldots,k)$$

と表すことができる.ベイズ分析における Lasso では,MCMC 法によって $\boldsymbol{\beta}$, σ^2, $\boldsymbol{\tau}$ をサンプリングしなければならない.$\boldsymbol{\beta}$ については,線形回帰モデルの結果から直ちに,

$$\pi(\boldsymbol{\beta}|\sigma^2,\boldsymbol{\tau},\boldsymbol{y}) = N(\hat{\boldsymbol{\beta}}, \sigma^2 \hat{\boldsymbol{B}}_\tau)$$

を得る.ただし,

$$\hat{\boldsymbol{B}}_\tau^{-1} = \sum_{i=1}^n \boldsymbol{x}_i \boldsymbol{x}_i' + \boldsymbol{B}_\tau^{-1}, \quad \hat{\boldsymbol{\beta}} = \hat{\boldsymbol{B}}_\tau \left(\sum_{i=1}^n \boldsymbol{x}_i y_i \right)$$

である.Park and Casella (2008) では,σ^2 に対して $\pi(\sigma^2) \propto 1/\sigma^2$ の無情報事前分布を考えたが,ここでは

$$\sigma^2 \sim IG\left(\frac{n_0}{2}, \frac{s_0}{2}\right)$$

を仮定することにする.このとき,σ^2 の完全条件付き分布として

$$\pi(\sigma^2|\boldsymbol{\beta},\boldsymbol{\tau},\boldsymbol{y}) = IG\left(\frac{n+k+n_0}{2}, \frac{\sum_{i=1}^n (y_i - \boldsymbol{x}_i'\boldsymbol{\beta})^2 + \boldsymbol{\beta}'\boldsymbol{B}_\tau^{-1}\boldsymbol{\beta} + s_0}{2}\right)$$

を容易に導出することができる.最後に,τ_j^2 の完全条件付き分布は,

$$\pi(\tau_j^2|\boldsymbol{\beta},\sigma^2,\boldsymbol{y}) \propto \left(\frac{1}{\tau_j^2}\right)^{1/2} \exp\left(-\frac{\beta_j^2}{2\sigma^2 \tau_j^2}\right) \exp\left(-\frac{\lambda^2 \tau_j^2}{2}\right)$$

と書くことができる.これを τ_j^2 について整理すれば,

$$\pi(\tau_j^2|\boldsymbol{\beta},\sigma^2,\boldsymbol{y}) \propto \left(\frac{1}{\tau_j^2}\right)^{1/2} \exp\left\{-\frac{\lambda^2 \left(\tau_j^{-2} - \sqrt{\lambda^2 \sigma^2/\beta_j^2}\right)^2}{2(\lambda^2 \sigma^2/\beta_j^2)\tau_j^{-2}}\right\}$$

となる.これは,$1/\tau_j^2$ が逆ガウス分布 (inverse Gaussian distribution) であることを示している (τ_j^2 ではないことに注意).すなわち,

$$\pi(\tau_j^{-2}|\boldsymbol{\beta},\sigma^2,\boldsymbol{y}) = IGa\left(\sqrt{\frac{\lambda^2 \sigma^2}{\beta_j^2}}, \lambda^2\right)$$

である.ここで,逆ガウス分布 $IGa(a,b)$ の確率密度関数は,

$$f(x) = \frac{b}{2\pi} x^{-3/2} \exp\left\{-\frac{b(x-a)^2}{2a^2 x}\right\}$$

によって与えられる (Seshadri, 1993).

例 4.6 例 4.1 の続き 調整パラメータ λ を変化させ,Lasso によるベイズ推定を行った結果が図 4.4 に示されている.ここで図の横軸は,各 λ の値に対する $\sum_{j=1}^k |\beta_j|$ とその最大値 $\max_\lambda \sum_{j=1}^k |\beta_j|$ との比を表し,図の縦軸は回帰係数の事後中央値となっている.図 4.4 より,ほかの変数と比較して log(LSTAT) が重要な変数であることが分かる.

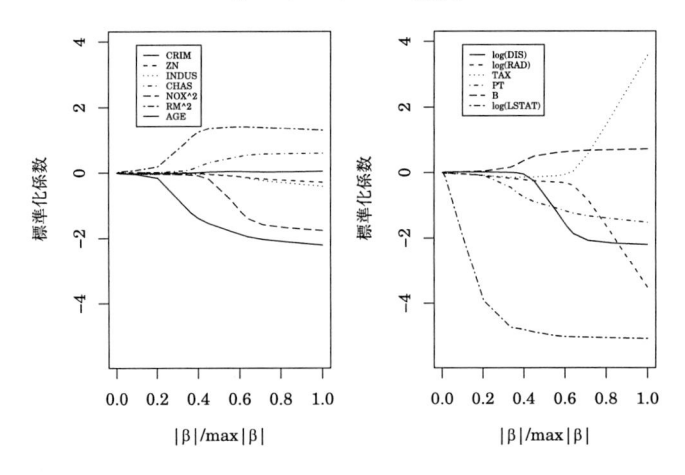

図 4.4 ボストン住宅データ：CRIM, ZN, INDUS, CHAS, NOX^2, RM^2, AGE(左側), log(DIS), log(RAD), TAX, PT, B, log(LSTAT) (右側) に対する推定結果

Park and Casella (2008) では，λ も推定すべきパラメータとみなすことで拡張を行い，事前分布

$$\lambda^2 \sim Ga\left(\frac{m_0}{2}, \frac{r_0}{2}\right)$$

のもとでは，λ^2 の完全条件付き分布が

$$\pi(\lambda^2|\boldsymbol{\beta}, \sigma^2, \boldsymbol{\tau}, \boldsymbol{y}) = Ga\left(\frac{k+m_0}{2}, \frac{\sum_{j=1}^{k}\tau_j^2 + r_0}{2}\right)$$

となることを示している．また Hans (2009) は，ここで説明したギブス・サンプリングとは異なるサンプリング法を提案している．Lasso はさまざまな拡張が行われており，例えば，Tibshirani et al. (2005) によって提案された fused Lasso では，

$$\min\left\{\sum_{i=1}^{n}(y_i - \boldsymbol{x}_i'\boldsymbol{\beta})^2 + \lambda_1\sum_{j=1}^{k}|\beta_j| + \lambda_2\sum_{j=2}^{k}|\beta_j - \beta_{j-1}|\right\}$$

による推定を考えている．そのほかにも，Yuan and Lin (2006) による group Lasso，Zou and Hastie (2005) による elastic net，Zou (2006) の適応的 Lasso などがある．これらに対応するベイズ的推測については，Kyung et al. (2010) にまとめられているので，そちらを参考にしてほしい．

4.A 補論

4.A.1 共役事前分布・無情報事前分布による分析

線形回帰モデルに対しては，共役事前分布が存在することが知られており，パラメータの事前分布 $\pi(\boldsymbol{\beta}, \sigma^2)$ は，

$$\pi(\boldsymbol{\beta}, \sigma^2) = \pi(\boldsymbol{\beta}|\sigma^2)\pi(\sigma^2)$$

と階層的に表される．ここで，各事前分布はそれぞれ，

$$\begin{aligned}\pi(\boldsymbol{\beta}|\sigma^2) &= N(\boldsymbol{\beta}_0, \sigma^2 \boldsymbol{B}_0) \\ \pi(\sigma^2) &= IG\left(\frac{n_0}{2}, \frac{s_0}{2}\right)\end{aligned} \quad (4.22)$$

によって与えられる ($\boldsymbol{\beta}$ の事前分布が σ^2 を所与とした条件付き分布であることに注意)．(4.22)式によって定義される事前分布は，正規・逆ガンマ事前分布 (normal-inverse-gamma prior distribution) と呼ばれることもある．

パラメータの事後分布や周辺尤度を明示的に導出するために，まず正規・逆ガンマ分布の性質について確認しておく．

定理 4.1 2つの確率変数 $\boldsymbol{z}$ と w は，

$$\boldsymbol{z} \sim N(\boldsymbol{\mu}, w\boldsymbol{V}), \quad w \sim IG\left(\frac{a}{2}, \frac{b}{2}\right)$$

であるとする．ここで，$\boldsymbol{z}$ と $\boldsymbol{\mu}$ は $p \times 1$ ベクトル，$\boldsymbol{V}$ は $p \times p$ 行列である．このとき，

$$\boldsymbol{z} \sim T_a\left(\boldsymbol{\mu}, \frac{b}{a}\boldsymbol{V}\right)$$

が成立する．

証明 $(\boldsymbol{z}, w)$ の同時確率密度関数は，

$$\begin{aligned}\pi(\boldsymbol{z}, w) &\propto \left(\frac{1}{w}\right)^{p/2} \exp\left\{-\frac{(\boldsymbol{z}-\boldsymbol{\mu})'\boldsymbol{V}^{-1}(\boldsymbol{z}-\boldsymbol{\mu})}{2w}\right\} \\ &\quad \times \left(\frac{1}{w}\right)^{a/2+1} \exp\left(-\frac{b}{2w}\right)\end{aligned}$$

$$\propto \left(\frac{1}{w}\right)^{(a+p)/2+1} \exp\left\{-\frac{b + (\boldsymbol{z}-\boldsymbol{\mu})'\boldsymbol{V}^{-1}(\boldsymbol{z}-\boldsymbol{\mu})}{2w}\right\} \quad (4.23)$$

と書くことができる．w の周辺確率分布が $IG(a/2, b/2)$ であることは明らかであろう．一方，$\boldsymbol{z}$ の周辺確率分布については，(4.23) 式を w について積分すれば，

$$\begin{aligned}
\pi(\boldsymbol{z}) &= \int_0^\infty \pi(\boldsymbol{z}, w) \mathrm{d}w \\
&\propto \int_0^\infty \left(\frac{1}{w}\right)^{(a+p)/2+1} \exp\left\{-\frac{b + (\boldsymbol{z}-\boldsymbol{\mu})'\boldsymbol{V}^{-1}(\boldsymbol{z}-\boldsymbol{\mu})}{2w}\right\} \mathrm{d}w \\
&= \Gamma\left(\frac{a+p}{2}\right) \left\{\frac{b + (\boldsymbol{z}-\boldsymbol{\mu})'\boldsymbol{V}^{-1}(\boldsymbol{z}-\boldsymbol{\mu})}{2}\right\}^{-(a+p)/2} \\
&\propto \left\{1 + \frac{(\boldsymbol{z}-\boldsymbol{\mu})'\left(\frac{b}{a}\boldsymbol{V}\right)^{-1}(\boldsymbol{z}-\boldsymbol{\mu})}{a}\right\}^{-(a+p)/2}
\end{aligned}$$

を得る．これは，$\boldsymbol{z}$ の周辺確率分布が多変量 t 分布 $T_a\left(\boldsymbol{\mu}, \frac{b}{a}\boldsymbol{V}\right)$ であることを示している． □

この定理の結果を利用して，正規・逆ガンマ事前分布のもとでの事後分布や周辺尤度を求めよう．まず，パラメータの事後分布は，

$$\begin{aligned}
&\pi(\boldsymbol{\beta}, \sigma^2 | \boldsymbol{y}) \\
&\propto \left(\frac{1}{\sigma^2}\right)^{n/2} \exp\left\{-\frac{\sum_{i=1}^n (y_i - \boldsymbol{x}_i'\boldsymbol{\beta})^2}{2\sigma^2}\right\} \\
&\quad \times \left(\frac{1}{\sigma^2}\right)^{(n_0+k)/2+1} \exp\left\{-\frac{s_0 + (\boldsymbol{\beta}-\boldsymbol{\beta}_0)'\boldsymbol{B}_0^{-1}(\boldsymbol{\beta}-\boldsymbol{\beta}_0)}{2\sigma^2}\right\} \\
&\propto \left(\frac{1}{\sigma^2}\right)^{(n_0+n+k)/2+1} \exp\left\{-\frac{s_0 + S(\boldsymbol{\beta}) + (\boldsymbol{\beta}-\boldsymbol{\beta}_0)'\boldsymbol{B}_0^{-1}(\boldsymbol{\beta}-\boldsymbol{\beta}_0)}{2\sigma^2}\right\}
\end{aligned}$$

と表すことができる．ここで，$S(\boldsymbol{\beta}) = \sum_{i=1}^n (y_i - \boldsymbol{x}_i'\boldsymbol{\beta})^2$ である．いま，

$$\hat{\boldsymbol{B}}^{-1} = \sum_{i=1}^n \boldsymbol{x}_i \boldsymbol{x}_i' + \boldsymbol{B}_0^{-1}, \quad \hat{\boldsymbol{\beta}} = \hat{\boldsymbol{B}}\left(\sum_{i=1}^n \boldsymbol{x}_i y_i + \boldsymbol{B}_0^{-1}\boldsymbol{\beta}_0\right)$$

とおき，指数の中を $\boldsymbol{\beta}$ について整理すれば，

$$s_0 + S(\boldsymbol{\beta}) + (\boldsymbol{\beta}-\boldsymbol{\beta}_0)'\boldsymbol{B}_0^{-1}(\boldsymbol{\beta}-\boldsymbol{\beta}_0)$$
$$= s_0 + \sum_{i=1}^n y_i^2 + \boldsymbol{\beta}'\left(\sum_{i=1}^n \boldsymbol{x}_i \boldsymbol{x}_i'\right)\boldsymbol{\beta} - 2\left(\sum_{i=1}^n \boldsymbol{x}_i y_i\right)'\boldsymbol{\beta}$$
$$+ \boldsymbol{\beta}'\boldsymbol{B}_0^{-1}\boldsymbol{\beta} + \boldsymbol{\beta}_0'\boldsymbol{B}_0^{-1}\boldsymbol{\beta}_0 - 2\boldsymbol{\beta}_0'\boldsymbol{B}_0^{-1}\boldsymbol{\beta}$$
$$= s_0 + \boldsymbol{\beta}_0'\boldsymbol{B}_0^{-1}\boldsymbol{\beta}_0 + \sum_{i=1}^n y_i^2 + (\boldsymbol{\beta}-\hat{\boldsymbol{\beta}})'\hat{\boldsymbol{B}}^{-1}(\boldsymbol{\beta}-\hat{\boldsymbol{\beta}}) - \hat{\boldsymbol{\beta}}'\hat{\boldsymbol{B}}^{-1}\hat{\boldsymbol{\beta}}$$

となる．よって，
$$\hat{s} = s_0 + \boldsymbol{\beta}_0'\boldsymbol{B}_0^{-1}\boldsymbol{\beta}_0 + \sum_{i=1}^n y_i^2 - \hat{\boldsymbol{\beta}}'\hat{\boldsymbol{B}}^{-1}\hat{\boldsymbol{\beta}}$$

とおけば，事後分布は
$$\pi(\boldsymbol{\beta}, \sigma^2 | \boldsymbol{y}) \propto \left(\frac{1}{\sigma^2}\right)^{k/2} \exp\left\{-\frac{(\boldsymbol{\beta}-\hat{\boldsymbol{\beta}})'\hat{\boldsymbol{B}}^{-1}(\boldsymbol{\beta}-\hat{\boldsymbol{\beta}})}{2\sigma^2}\right\}$$
$$\times \left(\frac{1}{\sigma^2}\right)^{(n_0+n)/2+1} \exp\left(-\frac{\hat{s}}{2\sigma^2}\right)$$

と表すことができる．これは，
$$\pi(\boldsymbol{\beta}|\sigma^2, \boldsymbol{y}) = N\left(\hat{\boldsymbol{\beta}}, \sigma^2 \hat{\boldsymbol{B}}\right), \quad \pi(\sigma^2|\boldsymbol{y}) = IG\left(\frac{n+n_0}{2}, \frac{\hat{s}}{2}\right)$$

であることを意味するので，事後分布も正規・逆ガンマ分布となっており，(4.22)式の事前分布が共役であることを確認することができる．さらに定理 4.1 より，$\boldsymbol{\beta}$ の周辺事後分布は多変量 t 分布
$$\pi(\boldsymbol{\beta}|\boldsymbol{y}) = T_{n_0+n}\left(\hat{\boldsymbol{\beta}}, \frac{\hat{s}}{n+n_0}\hat{\boldsymbol{B}}\right)$$

であることが導かれる．

次に周辺尤度を導出する．(4.1) 式の線形回帰モデルを行列表示すれば，
$$\boldsymbol{y} = \boldsymbol{X}\boldsymbol{\beta} + \boldsymbol{u}, \quad \boldsymbol{u} \sim N(\boldsymbol{0}, \sigma^2 \boldsymbol{I})$$

と書くことができる．ここで，$\boldsymbol{X} = (\boldsymbol{x}_1, \ldots, \boldsymbol{x}_n)'$, $\boldsymbol{u} = (u_1, \ldots, u_n)'$ である．また，$\boldsymbol{\beta}$ の事前分布は
$$\boldsymbol{\beta} = \boldsymbol{\beta}_0 + \boldsymbol{\epsilon}, \quad \boldsymbol{\epsilon} \sim N(\boldsymbol{0}, \sigma^2 \boldsymbol{B}_0)$$

と表すことができるので，代入することによって
$$y = X\beta_0 + X\epsilon + u, \quad u \sim N(0, \sigma^2 I)$$
を得る．したがって，σ^2 の事前分布とあわせれば，
$$y \sim N\left(X\beta_0, \sigma^2(I + XB_0X')\right), \quad \sigma^2 \sim IG\left(\frac{n_0}{2}, \frac{s_0}{2}\right)$$
となる．再び正規・逆ガンマ分布の性質を用いれば，y の周辺尤度は
$$m(y) = T_{n_0}\left(X\beta_0, \frac{s_0}{n_0}(I + XB_0X')\right)$$
となることが分かる．

線形回帰モデルに対する無情報事前分布としては，
$$\pi(\beta, \sigma^2) \propto \frac{1}{\sigma^2}$$
がよく用いられる．この事前分布は，(4.22) 式の共役事前分布において，
$$B_0^{-1} \to 0, \quad n_0 \to -k, \quad s_0 \to 0$$
とすることによって得られる．このことから，(β, σ^2) の事後分布として次の正規・逆ガンマ分布が得られる：
$$\pi(\beta, \sigma^2 | y) = N\left(b, \sigma^2\left(\sum_{i=1}^n x_i x_i'\right)^{-1}\right) IG\left(\frac{n-k}{2}, \frac{(n-k)s^2}{2}\right)$$
ここで，
$$b = \left(\sum_{i=1}^n x_i x_i'\right)^{-1} \left(\sum_{i=1}^n x_i y_i\right), \quad s^2 = \frac{1}{n-k}\sum_{i=1}^n (y_i - x_i'b)^2$$
である．また，β の周辺事後分布として
$$\pi(\beta | y) = T_{n-k}\left(b, s^2\left(\sum_{i=1}^n x_i x_i'\right)^{-1}\right)$$
が導かれる．

4.A.2 ブロックが3つ以上の場合の周辺尤度の推定

(4.12) 式において，パラメータ $\boldsymbol{\theta}$ を3つのブロック $\boldsymbol{\theta} = (\boldsymbol{\theta}_1, \boldsymbol{\theta}_2, \boldsymbol{\theta}_3)$ に分割する．このとき，$\pi(\boldsymbol{\theta}^*|\boldsymbol{y})$ は，

$$\pi(\boldsymbol{\theta}^*|\boldsymbol{y}) = \pi(\boldsymbol{\theta}_1^*|\boldsymbol{y})\pi(\boldsymbol{\theta}_2^*|\boldsymbol{\theta}_1^*, \boldsymbol{y})\pi(\boldsymbol{\theta}_3^*|\boldsymbol{\theta}_1^*, \boldsymbol{\theta}_2^*, \boldsymbol{y})$$

と表すことができる．右辺第1項は，

$$\pi(\boldsymbol{\theta}_1^*|\boldsymbol{y}) = \iint \pi(\boldsymbol{\theta}_1^*|\boldsymbol{\theta}_2, \boldsymbol{\theta}_3, \boldsymbol{y})\pi(\boldsymbol{\theta}_2, \boldsymbol{\theta}_3|\boldsymbol{y})\mathrm{d}\boldsymbol{\theta}_2\mathrm{d}\boldsymbol{\theta}_3$$

であるから，ギブス・サンプリングからのサンプル $(\boldsymbol{\theta}_2^{(t)}, \boldsymbol{\theta}_3^{(t)})$ $(t = 1, \ldots, T)$ を用いれば，

$$\hat{\pi}(\boldsymbol{\theta}_1^*|\boldsymbol{y}) = \frac{1}{T}\sum_{t=1}^{T}\pi(\boldsymbol{\theta}_1^*|\boldsymbol{\theta}_2^{(t)}, \boldsymbol{\theta}_3^{(t)}, \boldsymbol{y})$$

によって推定することができる．また，最後の項も $\boldsymbol{\theta}_3$ の完全条件付き分布であるから，これについても容易に求めることができる．

問題は $\pi(\boldsymbol{\theta}_2^*|\boldsymbol{\theta}_1^*, \boldsymbol{y})$ の推定である．これについては，

$$\pi(\boldsymbol{\theta}_2^*|\boldsymbol{\theta}_1^*, \boldsymbol{y}) = \int \pi(\boldsymbol{\theta}_2^*|\boldsymbol{\theta}_1^*, \boldsymbol{\theta}_3, \boldsymbol{y})\pi(\boldsymbol{\theta}_3|\boldsymbol{\theta}_1^*, \boldsymbol{y})\mathrm{d}\boldsymbol{\theta}_3$$

と表すことができ，モンテカルロ積分を行うためには，$\pi(\boldsymbol{\theta}_3|\boldsymbol{\theta}_1^*, \boldsymbol{y})$ からのサンプルが必要となる．しかし，ギブス・サンプリングから得られるのは $\pi(\boldsymbol{\theta}_3|\boldsymbol{y})$ からのサンプルであるため，$\pi(\boldsymbol{\theta}_2^*|\boldsymbol{\theta}_1^*, \boldsymbol{y})$ の推定に用いることができない．そこで Chib (1995) は，

$$\boldsymbol{\theta}_2 \sim \pi(\boldsymbol{\theta}_2|\boldsymbol{\theta}_1^*, \boldsymbol{\theta}_3, \boldsymbol{y}), \quad \boldsymbol{\theta}_3 \sim \pi(\boldsymbol{\theta}_3|\boldsymbol{\theta}_1^*, \boldsymbol{\theta}_2, \boldsymbol{y}) \tag{4.24}$$

から構成される別のギブス・サンプリングを実行すれば，$\pi(\boldsymbol{\theta}_3|\boldsymbol{\theta}_1^*, \boldsymbol{y})$ からのサンプルが得られることを利用し，

$$\hat{\pi}(\boldsymbol{\theta}_2^*|\boldsymbol{\theta}_1^*, \boldsymbol{y}) = \frac{1}{T}\sum_{t=1}^{T}\pi(\boldsymbol{\theta}_2^*|\boldsymbol{\theta}_1^*, \boldsymbol{\theta}_3^{(t)}, \boldsymbol{y})$$

によって推定している．ここで $\boldsymbol{\theta}_3^{(t)}$ は，(4.24) 式のギブス・サンプリングからのサンプルである．

一般的な場合についても，同様にして周辺尤度を推定できる．パラメータ $\boldsymbol{\theta}$

を $\boldsymbol{\theta} = (\boldsymbol{\theta}_1, \ldots, \boldsymbol{\theta}_G)$ に分割し，$\boldsymbol{\theta}^* = (\boldsymbol{\theta}_1^*, \ldots, \boldsymbol{\theta}_G^*)$ とすれば，事後分布は，

$$\pi(\boldsymbol{\theta}^*|\boldsymbol{y}) = \pi(\boldsymbol{\theta}_1^*|\boldsymbol{y})\pi(\boldsymbol{\theta}_2^*|\boldsymbol{\theta}_1^*, \boldsymbol{y}) \cdots \pi(\boldsymbol{\theta}_G^*|\boldsymbol{\theta}_1^*, \ldots, \boldsymbol{\theta}_{G-1}^*, \boldsymbol{y})$$

と表すことができる．第1項はギブス・サンプリングからのサンプルを用いて推定し，最後の項についても容易に評価することができる．それ以外の項については，

$$\pi(\boldsymbol{\theta}_r^*|\boldsymbol{\theta}_1^*, \ldots, \boldsymbol{\theta}_{r-1}^*, \boldsymbol{y}) = \int \pi(\boldsymbol{\theta}_r^*|\boldsymbol{\theta}_1^*, \ldots, \boldsymbol{\theta}_{r-1}^*, \Theta_{r+1}, \boldsymbol{y}) \\ \times \pi(\Theta_{r+1}|\boldsymbol{\theta}_1^*, \ldots, \boldsymbol{\theta}_{r-1}^*, \boldsymbol{y}) \mathrm{d}\Theta_{r+1}$$

と表すことができるので，

$$\hat{\pi}(\boldsymbol{\theta}_r^*|\boldsymbol{\theta}_1^*, \ldots, \boldsymbol{\theta}_{r-1}^*, \boldsymbol{y}) = \frac{1}{T}\sum_{t=1}^{T} \pi(\boldsymbol{\theta}_r^*|\boldsymbol{\theta}_1^*, \ldots, \boldsymbol{\theta}_{r-1}^*, \Theta_{r+1}^{(t)}, \boldsymbol{y})$$

によって推定する．ここで，$1 < r < G$，$\Theta_{r+1} = (\boldsymbol{\theta}_{r+1}, \ldots, \boldsymbol{\theta}_G)$ である．また，$\Theta_{r+1}^{(t)}$ $(t = 1, \ldots, T)$ は，

$$\pi(\boldsymbol{\theta}_r, \Theta_{r+1}|\boldsymbol{\theta}_1^*, \ldots, \boldsymbol{\theta}_{r-1}^*, \boldsymbol{y})$$

を目標分布とするギブス・サンプリングから得られるサンプルを表す．

Chapter 5

ベイズ・モデルへの応用 II

本章では，第 4 章で説明した線形回帰モデルの拡張として，プロビット・モデル，トービット・モデル，分位点回帰モデル，一般化線形混合モデル，隠れマルコフ・モデルを取り上げ，MCMC 法によるベイズ推定について説明する．また，MCMC 法の混合の改善方法についても適宜説明を行う．さらに，ディリクレ過程事前分布に基づくセミパラメトリックなベイズ法について説明する．

5.1 プロビット・モデルとトービット・モデル

5.1.1 プロビット・モデル

被説明変数を y_i と表し，0 あるいは 1 の値しかとらないとする．また，y_i に対応して説明変数 $\boldsymbol{x}_i$ ($k \times 1$) が観測されるものとする．プロビット・モデル (probit model) では，

$$P(y_i = 1) = \Phi(\boldsymbol{x}_i' \boldsymbol{\beta}) \tag{5.1}$$

によって被説明変数と説明変数の関係が定式化される．ここで，$\boldsymbol{\beta}$ は回帰係数ベクトル ($k \times 1$)，$\Phi(z)$ は標準正規分布の分布関数を表す．データ $(y_1, \boldsymbol{x}_1), \ldots, (y_n, \boldsymbol{x}_n)$ が与えられたとき，プロビット・モデルの尤度関数は，

$$f(\boldsymbol{y}|\boldsymbol{\beta}) = \prod_{i=1}^{n} \Phi(\boldsymbol{x}_i' \boldsymbol{\beta})^{y_i} \left\{1 - \Phi(\boldsymbol{x}_i' \boldsymbol{\beta})\right\}^{1-y_i}$$

と表すことができる．ここで，$\boldsymbol{y} = (y_1, \ldots, y_n)'$ である．

プロビット・モデルのパラメータは $\boldsymbol{\beta}$ のみであり，ここでは事前分布として，

$$\boldsymbol{\beta} \sim N(\boldsymbol{\beta}_0, \boldsymbol{B}_0)$$

を仮定することにする．このとき，事後分布は

$$\pi(\boldsymbol{\beta}|\boldsymbol{y}) \propto \prod_{i=1}^{n} \Phi(\boldsymbol{x}_i'\boldsymbol{\beta})^{y_i} \left\{1 - \Phi(\boldsymbol{x}_i'\boldsymbol{\beta})\right\}^{1-y_i}$$
$$\times \exp\left\{-\frac{1}{2}(\boldsymbol{\beta} - \boldsymbol{\beta}_0)' \boldsymbol{B}_0^{-1} (\boldsymbol{\beta} - \boldsymbol{\beta}_0)\right\} \quad (5.2)$$

となる．(5.2) 式の事後分布は標準的な確率分布ではないため，MH アルゴリズムによって推定する必要がある．Albert and Chib (1993) は，第 3 章で説明したデータ拡大法を利用することによって，ギブス・サンプリングによりプロビット・モデルが推定できることを示した．

Albert and Chib (1993) の方法を説明するために，線形回帰モデル

$$z_i = \boldsymbol{x}_i'\boldsymbol{\beta} + u_i \quad (i = 1, \ldots, n) \quad (5.3)$$

を考えることにする．ここで，z_i は観測されない潜在変数である．また，誤差項については $u_i \sim N(0,1)$ を仮定し，y_i と z_i の間には，

$$y_i = \begin{cases} 1 & \text{if } z_i > 0 \\ 0 & \text{if } z_i \leq 0 \end{cases} \quad (5.4)$$

で与えられる関係が成立しているとする．このとき，

$$P(y_i = 1) = P(z_i > 0) = P(u_i > -\boldsymbol{x}_i'\boldsymbol{\beta}) = \Phi(\boldsymbol{x}_i'\boldsymbol{\beta})$$

であることから，z_i を用いた定式化がプロビット・モデルの書き換えとなっていることが確認される．

(5.3), (5.4) 式から，$\boldsymbol{y}$ と $\boldsymbol{z} = (z_1, \ldots, z_n)'$ の同時確率分布は，

$$f(\boldsymbol{y}, \boldsymbol{z}|\boldsymbol{\beta}) = \prod_{i=1}^{n} \left\{I(z_i > 0)I(y_i = 1) + I(z_i \leq 0)I(y_i = 0)\right\} \pi(z_i|\boldsymbol{\beta})$$

と表すことができる．ここで，$\pi(z_i|\boldsymbol{\beta})$ は (5.3) 式から導かれる z_i の確率密度関数である．したがって，$\boldsymbol{\beta}$ の事前分布 $\pi(\boldsymbol{\beta})$ と組み合わせれば，$\boldsymbol{z}$ と $\boldsymbol{\beta}$ の事後分布として，

$$\pi(\boldsymbol{\beta}, \boldsymbol{z}|\boldsymbol{y}) \propto \prod_{i=1}^{n} \left\{I(z_i > 0)I(y_i = 1) + I(z_i \leq 0)I(y_i = 0)\right\} \pi(z_i|\boldsymbol{\beta})$$
$$\times \pi(\boldsymbol{\beta}) \quad (5.5)$$

が得られることになる．

次に，ギブス・サンプリングを行うために必要な $\boldsymbol{\beta}$ と $\boldsymbol{z}$ の完全条件付き分布を導出する．(5.5) 式から，

$$\begin{aligned}\pi(\boldsymbol{\beta}|\boldsymbol{z},\boldsymbol{y}) &\propto \prod_{i=1}^{n}\pi(z_i|\boldsymbol{\beta})\times\pi(\boldsymbol{\beta})\\ &\propto \prod_{i=1}^{n}\exp\left\{-\frac{1}{2}(z_i-\boldsymbol{x}_i'\boldsymbol{\beta})^2\right\}\\ &\quad\times\exp\left\{-\frac{1}{2}(\boldsymbol{\beta}-\boldsymbol{\beta}_0)'\boldsymbol{B}_0^{-1}(\boldsymbol{\beta}-\boldsymbol{\beta}_0)\right\}\end{aligned}$$

を得る．前章の線形回帰モデルに関する結果を使えば，$\boldsymbol{\beta}$ の完全条件付き分布として，

$$\pi(\boldsymbol{\beta}|\boldsymbol{z},\boldsymbol{y})=N(\hat{\boldsymbol{\beta}},\hat{\boldsymbol{B}})$$

が導出されることになる．ここで，

$$\hat{\boldsymbol{B}}^{-1}=\sum_{i=1}^{n}\boldsymbol{x}_i\boldsymbol{x}_i'+\boldsymbol{B}_0^{-1},\quad \hat{\boldsymbol{\beta}}=\hat{\boldsymbol{B}}\left(\sum_{i=1}^{n}\boldsymbol{x}_iz_i+\boldsymbol{B}_0^{-1}\boldsymbol{\beta}_0\right)$$

である．一方，$\boldsymbol{z}$ については，

$$\pi(\boldsymbol{z}|\boldsymbol{\beta},\boldsymbol{y})\propto\prod_{i=1}^{n}\{I(z_i>0)I(y_i=1)+I(z_i\leq 0)I(y_i=0)\}\pi(z_i|\boldsymbol{\beta})$$

となる．(5.3) 式から，$\pi(z_i|\boldsymbol{\beta})$ は正規分布 $N(\boldsymbol{x}_i'\boldsymbol{\beta},1)$ の確率密度関数であるので，各 z_i に対して，

$$\pi(z_i|\boldsymbol{\beta},\boldsymbol{y})=\begin{cases}N(\boldsymbol{x}_i'\boldsymbol{\beta},1)I(z_i>0) & \text{if } y_i=1\\ N(\boldsymbol{x}_i'\boldsymbol{\beta},1)I(z_i\leq 0) & \text{if } y_i=0\end{cases}$$

を得る．

例 5.1　Mroz (1987) で用いられた女性の労働供給データを使って，プロビット・モデルのベイズ推定を行う．分析では，被説明変数としては INLF (女性が働いていれば 1，働いていなければ 0) を用い，説明変数としては教育年数や年齢など 8 つの変数を用いた．また，事前分布のハイパーパラメータを

$$\boldsymbol{\beta}_0=\boldsymbol{0},\quad \boldsymbol{B}_0=100\boldsymbol{I}$$

とし，ギブス・サンプリングについては 20000 回の繰り返しを行った (最初の

5000個のサンプルは稼働検査期間として棄て，残りの15000個のサンプルを推定に用いている)．

表5.1には，パラメータの事後平均，事後標準偏差，95%信用区間 (CI)，非効率性因子 (IF)，最尤推定値 (MLE) が示されている．表より，事後平均と最尤推定値はほぼ同じ結果となっていることが分かる．また，家計における6歳

表 5.1　女性の労働供給データ：パラメータの推定結果

	事後平均	事後標準偏差	95%CI	IF	MLE
定数項	0.273	0.506	[−0.706, 1.263]	2.046	0.269
NWIFEINC	−0.012	0.005	[−0.022, −0.003]	2.132	−0.012
EDUC	0.132	0.025	[0.083, 0.183]	2.436	0.131
EXPER	0.124	0.019	[0.087, 0.162]	1.917	0.123
EXPER2	−0.002	0.001	[−0.003, −0.001]	1.748	−0.002
AGE	−0.053	0.009	[−0.070, −0.036]	2.933	−0.053
KIDLT6	−0.876	0.118	[−1.108, −0.644]	3.347	−0.868
KIDGE6	0.035	0.043	[−0.048, 0.119]	2.193	0.036

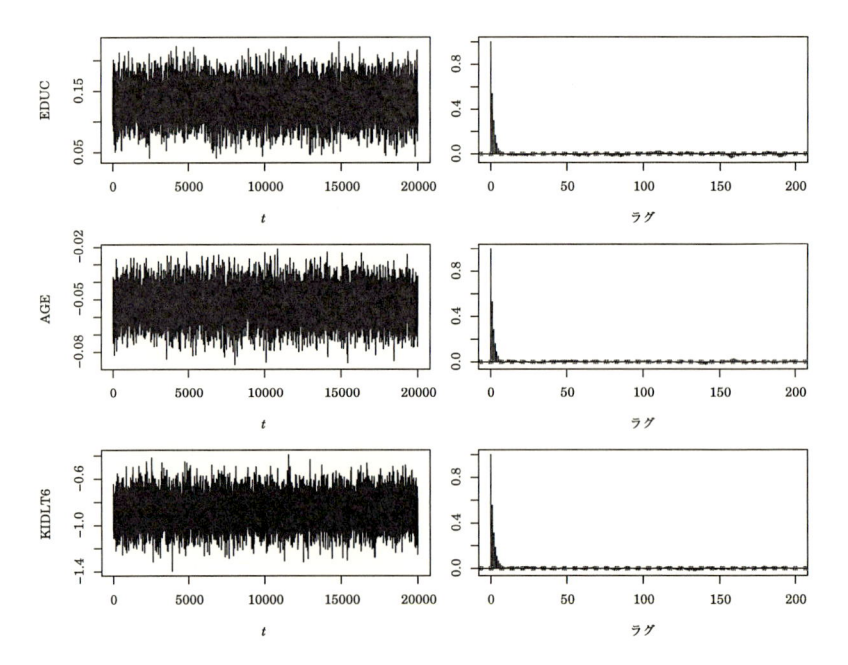

図 5.1　女性の労働供給データ：EDUC (上段)，AGE (中段)，KIDLT6 (下段) に対する回帰係数の時系列プロット (左) と自己相関プロット (右)

から 18 歳の子供の数を表す KIDGE6 だけが,その 95%信用区間が 0 を含んでいる.非効率性因子の値を見てみると,いずれも 2 に近い値となっており,例 4.1 の結果と比べるとギブス・サンプリングの効率性が悪くなっている.図 5.1 には,非効率性因子の値が大きい EDUC, AGE, KIDLT6 に対する回帰係数の時系列プロットと自己相関プロットが示されている.

5.1.2 一般化ギブス・サンプリング

ギブス・サンプリングによってプロビット・モデルをベイズ推定するとき,$\boldsymbol{\beta}$ の値によっては,ギブス・サンプリングの効率性が悪くなることがある.このことを確認するため,$\boldsymbol{x}_i = (1, x_i)'$, $x_i \sim N(0,1)$, $\boldsymbol{\beta} = (0, \beta)'$ とし,$\beta \in \{1, 2, 4, 8\}$ の各値に対して $n = 100$ 個のデータを発生させ,ギブス・サンプリングによってプロビット・モデルを推定した結果が図 5.2 に示されている (事前分布のハイパーパラメータは例 5.1 と同じ値を用いている).この図より,β の値が大きくなるにつれて,標本自己相関係数がなかなか 0 に減少しないことが分かる.特に $\beta = 8$ のときには,ラグが 200 を超えても標本自己相関係数の値は 0.8 よ

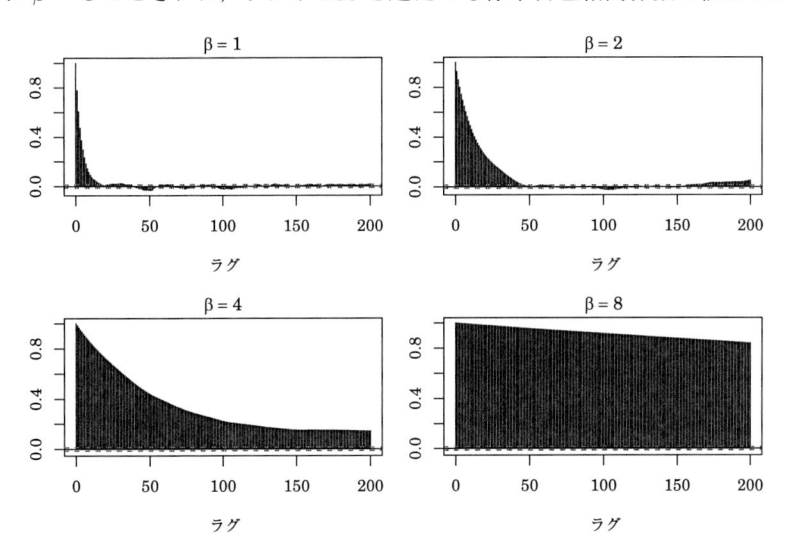

図 5.2 プロビットモデル:ギブス・サンプリングによって推定した回帰係数の自己相関プロット

りも大きくなっている.

ギブス・サンプリングのこうした問題点を解決する方法の1つとして，Liu and Sabatti (2000) によって提案された**一般化ギブス・サンプリング** (generalized Gibbs sampling) がある．プロビット・モデルに対する一般化ギブス・サンプリングでは，先に説明したギブス・サンプリングに次の2つのステップを追加する．まず，$\boldsymbol{\beta}$ と $\boldsymbol{z}$ をサンプリングした後に，

$$\pi(\gamma|\boldsymbol{\beta},\boldsymbol{z},\boldsymbol{y}) \propto \pi(\gamma\boldsymbol{\beta},\gamma\boldsymbol{z}|\boldsymbol{y})|J_\gamma|L(\mathrm{d}\gamma)$$

から $\gamma\,(>0)$ のサンプリングを行う．ここで，J_γ は $g(\boldsymbol{\beta},\boldsymbol{z}) = (\gamma\boldsymbol{\beta},\gamma\boldsymbol{z})$ なる変換のヤコビアンであり，$L(\mathrm{d}\gamma)$ は左ハール測度 (left-Haar measure) を表す．次に，サンプリングされた γ^* を用いて，$\boldsymbol{\beta}$ と $\boldsymbol{z}$ をそれぞれ $\gamma^*\boldsymbol{\beta}$ と $\gamma^*\boldsymbol{z}$ に置き換える．Liu and Sabatti (2000) の定理1から，このような2つのステップを加えたとしても，マルコフ連鎖の不変分布は変わらないことが保証される．

プロビット・モデルにおいては，

$$J_\gamma = \gamma^{k+n}, \quad L(\mathrm{d}\gamma) = \gamma^{-1}\mathrm{d}\gamma$$

であるから，(5.5) 式から

$$\pi(\gamma|\boldsymbol{\beta},\boldsymbol{z},\boldsymbol{y}) \propto \pi(\gamma\boldsymbol{\beta},\gamma\boldsymbol{z}|\boldsymbol{y})|J_\gamma|L(\mathrm{d}\gamma)$$
$$\propto \gamma^{k+n-1}\exp\left\{-\frac{\gamma^2\sum_{i=1}^n(z_i - \boldsymbol{x}_i'\boldsymbol{\beta})^2}{2}\right\}$$
$$\times \exp\left\{-\frac{(\gamma\boldsymbol{\beta}-\boldsymbol{\beta}_0)'\boldsymbol{B}_0^{-1}(\gamma\boldsymbol{\beta}-\boldsymbol{\beta}_0)}{2}\right\}$$

を得る．したがって，$\boldsymbol{\beta}_0 = \boldsymbol{0}$ であれば

$$\pi(\gamma|\boldsymbol{\beta},\boldsymbol{z},\boldsymbol{y}) \propto \gamma^{k+n-1}\exp\left\{-\gamma^2\frac{\sum_{i=1}^n(z_i - \boldsymbol{x}_i'\boldsymbol{\beta})^2 + \boldsymbol{\beta}'\boldsymbol{B}_0^{-1}\boldsymbol{\beta}}{2}\right\}$$

となるので，γ^2 (γ ではないことに注意) の完全条件付き分布はガンマ分布

$$Ga\left(\frac{k+n}{2}, \frac{\sum_{i=1}^n(z_i - \boldsymbol{x}_i'\boldsymbol{\beta})^2 + \boldsymbol{\beta}'\boldsymbol{B}_0^{-1}\boldsymbol{\beta}}{2}\right)$$

となり容易にサンプリングすることができる．$\boldsymbol{\beta}_0 = \boldsymbol{0}$ でないときには，γ の完全条件付き分布は標準的な確率分布とはならないため，MH アルゴリズムによってサンプリングする必要がある (詳しくは，Omori, 2007; Omori and Miyawaki, 2010 を参照).

例 5.2 先のシミュレーション・データに,一般化ギブス・サンプリングを適用したときの β の自己相関プロットが図 5.3 に示されている.一般化ギブス・サンプリングによって,効率性がかなり改善されていることが見てとれる.

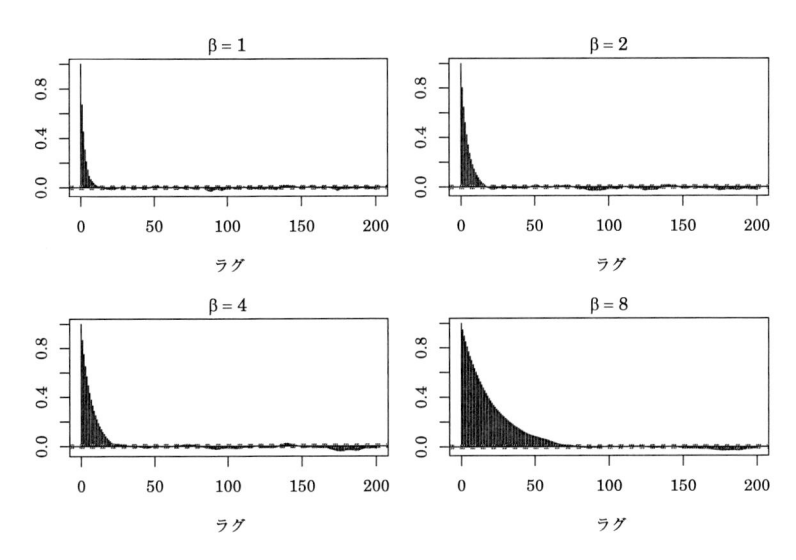

図 5.3 プロビットモデル:一般化ギブス・サンプリングによって推定した回帰係数の自己相関プロット

5.1.3 トービット・モデル

Tobin (1958) は,検閲されたデータ (censored data) を分析するために,次式で与えられるトービット・モデル (Tobit model) を提案した.

$$z_i = \boldsymbol{x}_i'\boldsymbol{\beta} + u_i, \quad u_i \sim N(0, \sigma^2)$$
$$y_i = \begin{cases} z_i & \text{if } z_i > 0 \\ 0 & \text{if } z_i \leq 0 \end{cases} \tag{5.6}$$

ここで,z_i はプロビット・モデルと同様に観測されない変数を表す.(5.6) 式より,$\boldsymbol{y} = (y_1, \ldots, y_n)'$ と $\boldsymbol{z} = (z_1, \ldots, z_n)'$ の同時確率分布は,

$$f(\boldsymbol{y}, \boldsymbol{z}|\boldsymbol{\beta}, \sigma^2) = \prod_{i=1}^{n} \{I(z_i = y_i)I(y_i > 0) + I(z_i \leq 0)I(y_i = 0)\} \pi(z_i|\boldsymbol{\beta}, \sigma^2)$$

と表すことができる．ここで，$\pi(z_i|\boldsymbol{\beta},\sigma^2) = N(\boldsymbol{x}_i'\boldsymbol{\beta},\sigma^2)$ である．さらに，z_i については線形回帰モデルとして表されているので，$\boldsymbol{\beta}$ と σ^2 に対して，

$$\boldsymbol{\beta} \sim N(\boldsymbol{\beta}_0, \boldsymbol{B}_0), \quad \sigma^2 \sim IG\left(\frac{n_0}{2}, \frac{s_0}{2}\right)$$

の事前分布を仮定する．

線形回帰モデルの結果から直ちに，$\boldsymbol{\beta}$ と σ^2 の完全条件付き分布は，

$$\pi(\boldsymbol{\beta}|\sigma^2, \boldsymbol{z}, \boldsymbol{y}) = N(\hat{\boldsymbol{\beta}}, \hat{\boldsymbol{B}}),$$

$$\pi(\sigma^2|\boldsymbol{\beta}, \boldsymbol{z}, \boldsymbol{y}) = IG\left(\frac{n+n_0}{2}, \frac{\sum_{i=1}^{n}(z_i - \boldsymbol{x}_i'\boldsymbol{\beta})^2 + s_0}{2}\right)$$

となることが分かる．ここで，

$$\hat{\boldsymbol{B}}^{-1} = \sum_{i=1}^{n} \frac{\boldsymbol{x}_i \boldsymbol{x}_i'}{\sigma^2} + \boldsymbol{B}_0^{-1}, \quad \hat{\boldsymbol{\beta}} = \hat{\boldsymbol{B}}\left(\sum_{i=1}^{n} \frac{\boldsymbol{x}_i z_i}{\sigma^2} + \boldsymbol{B}_0^{-1}\boldsymbol{\beta}_0\right)$$

である．また，各 z_i の完全条件付き分布として，

$$\pi(z_i|\boldsymbol{\beta}, \boldsymbol{y}) = \begin{cases} I(z_i = y_i) & \text{if } y_i > 0 \\ N(\boldsymbol{x}_i'\boldsymbol{\beta}, \sigma^2)I(z_i \leq 0) & \text{if } y_i = 0 \end{cases}$$

が導出される．これらの完全条件付き分布はサンプリングが容易であり，トービット・モデルもギブス・サンプリングによって推定することができる．また，若干の修正を行えば，一般化ギブス・サンプリングを適用することも可能である (Omori, 2007)．

5.2 分位点回帰モデル

データ拡大法を使った別の例として，Koenker and Bassett (1978) によって提案された分位点回帰モデル (quantile regression model) を取り上げることにする．この分位点回帰モデルは，データ分布の分位点の構造を分析するためのモデルであり，さまざまな分位点について調べることによって，データの確率分布全体についての情報を得ることができ，より詳細な変数間の関係を調べることができる (分位点回帰モデルについては，Yu et al., 2003; Koenker, 2005 などに詳しい)．

5.2.1 モデル

分位点回帰モデルを説明するため，被説明変数を y_i，説明変数ベクトルを $\boldsymbol{x}_i$ ($k \times 1$) と表し，

$$y_i = \boldsymbol{x}_i' \boldsymbol{\beta} + \epsilon_i \quad (i = 1, \ldots, n) \tag{5.7}$$

で与えられる線形回帰モデルを考える．ここで，$\boldsymbol{\beta}$ は回帰係数ベクトル ($k \times 1$)，ϵ_i は誤差項を表す．通常の線形回帰モデルでは，誤差項に関して

$$\mathrm{E}(\epsilon_i) = 0$$

が仮定され，被説明変数と説明変数の関係は，

$$\mathrm{E}(y_i) = \boldsymbol{x}_i' \boldsymbol{\beta}$$

によって定式化される．一方，分位点回帰モデルでは，(5.7) 式の誤差項に対して，

$$P(\epsilon_i \leq 0) = p \quad (0 < p < 1) \tag{5.8}$$

であること，すなわち，誤差項の p 分位点が 0 であることが仮定される．いま，y_i の分布関数を $F(y^*) = P(y_i \leq y^*)$，また，y_i の p 分位点関数を

$$Q_p(y_i) = \inf \{y^* | F(y^*) \geq p\}$$

と表せば，(5.8) 式より

$$Q_p(y_i) = \boldsymbol{x}_i' \boldsymbol{\beta}$$

が得られる．したがって，(5.7) 式と (5.8) 式によって定義される分位点回帰モデルは，被説明変数と説明変数の関係を分位点関数を通じて定式化し，被説明変数の分位点を説明変数によって説明しようとするモデルとなっていることが分かる．

通常の線形回帰モデルの推定では，誤差自乗和

$$S(\boldsymbol{\beta}) = \sum_{i=1}^{n} (y_i - \boldsymbol{x}_i' \boldsymbol{\beta})^2$$

を最小にする $\boldsymbol{\beta}$ の値を推定値とする最小自乗法がよく用いられる．それに対して Koenker and Bassett (1978) は，分位点回帰モデルのパラメータを推定するために，

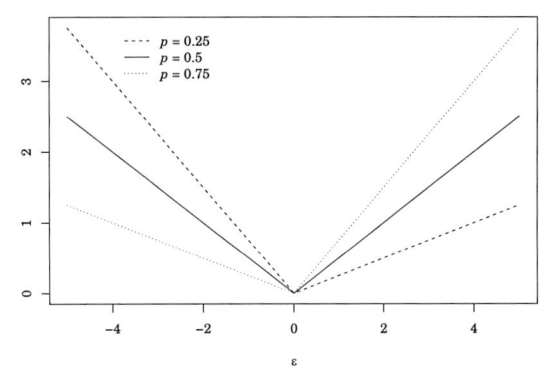

図 5.4 チェック関数

$$S_p(\boldsymbol{\beta}) = \sum_{i=1}^{n} \rho_p(y_i - \boldsymbol{x}_i'\boldsymbol{\beta}) \tag{5.9}$$

を評価基準として用い，これを最小化する推定方法を提案している．ここで，$\rho_p(\cdot)$ は

$$\rho_p(\epsilon) = \{p - I(\epsilon < 0)\}\epsilon = \frac{|\epsilon| + (2p-1)\epsilon}{2} \tag{5.10}$$

によって定義される関数で，その形状からチェック関数 (check function) と呼ばれている (図 5.4)．いま，$p = 1/2$ とすれば，(5.9) 式は

$$S_p = \sum_{i=1}^{n} |y_i - \boldsymbol{x}_i'\boldsymbol{\beta}|$$

と書き直せることから，Koenker and Bassett (1978) の推定方法は，最小絶対偏差法の拡張となっていることが確認できる．

5.2.2 推 定

分位点回帰モデルの回帰係数は p の値によって変化するので，これを明示するために，(5.7) 式を

$$y_i = \boldsymbol{x}_i'\boldsymbol{\beta}_p + \epsilon_i \quad (i = 1, \ldots, n) \tag{5.11}$$

と書き直すことにする．(5.11) 式の分位点回帰モデルをベイズ推定するためには，誤差項に関して何らかの確率分布を仮定し，尤度関数を構築する必要がある．Yu and Moyeed (2001) は，(5.9) 式を最小化すること，誤差項に非対称ラ

プラス分布 (asymmetric Laplace distribution) を仮定して最尤推定を行うこと，これら2つは同値であることに着目し，非対称ラプラス分布に基づいたベイズ分析を提案している．ここで，非対称ラプラス分布の確率密度関数は，

$$f(\epsilon) = \frac{p(1-p)}{\sigma} \exp\left\{-\rho_p\left(\frac{\epsilon}{\sigma}\right)\right\} \tag{5.12}$$

で与えられ，$\rho_p(\cdot)$ は (5.10) 式で定義されるチェック関数である．また，σ は尺度パラメータを表し，非対称ラプラス分布の p 分位点は 0 であることが分かっている (Yu and Zhang, 2005)．

いま，$\boldsymbol{y} = (y_1, \ldots, y_n)'$ と表し，パラメータの事前分布として

$$\boldsymbol{\beta}_p \sim N(\boldsymbol{\beta}_{p0}, \boldsymbol{B}_{p0}), \quad \sigma \sim IG\left(\frac{n_0}{2}, \frac{s_0}{2}\right)$$

を仮定すれば，事後分布は

$$\begin{aligned}\pi(\boldsymbol{\beta}_p, \sigma|\boldsymbol{y}) &\propto \left(\frac{1}{\sigma}\right)^n \prod_{i=1}^n \exp\left\{-\rho_p\left(\frac{y_i - \boldsymbol{x}_i'\boldsymbol{\beta}_p}{\sigma}\right)\right\} \\ &\quad \times \exp\left\{-\frac{1}{2}(\boldsymbol{\beta}_p - \boldsymbol{\beta}_{p0})'\boldsymbol{B}_{p0}^{-1}(\boldsymbol{\beta}_p - \boldsymbol{\beta}_{p0})\right\} \\ &\quad \times \left(\frac{1}{\sigma}\right)^{n_0/2+1} \exp\left(-\frac{s_0}{2\sigma}\right)\end{aligned}$$

と表すことができる．この式より直ちに，σ の完全条件付き分布は，

$$\pi(\sigma|\boldsymbol{\beta}_p, \boldsymbol{y}) = IG\left(n + \frac{n_0}{2}, \sum_{i=1}^n \rho_p(y_i - \boldsymbol{x}_i'\boldsymbol{\beta}_p) + \frac{s_0}{2}\right) \tag{5.13}$$

となることが分かる．また，$\boldsymbol{\beta}_p$ の完全条件付き分布は，

$$\begin{aligned}\pi(\boldsymbol{\beta}_p|\sigma, \boldsymbol{y}) &\propto \prod_{i=1}^n \exp\left\{-\rho_p\left(\frac{y_i - \boldsymbol{x}_i'\boldsymbol{\beta}_p}{\sigma}\right)\right\} \\ &\quad \times \exp\left\{-\frac{1}{2}(\boldsymbol{\beta}_p - \boldsymbol{\beta}_{p0})'\boldsymbol{B}_{p0}^{-1}(\boldsymbol{\beta}_p - \boldsymbol{\beta}_{p0})\right\}\end{aligned}$$

と表される．これは標準的な確率分布ではないため，Yu and Moyeed (2001) では，酔歩連鎖を使った MH アルゴリズムによってサンプリングを行っている．

例 5.3 Wang *et al.* (1998) が分析した特許データ (Hall *et al.*, 1988) を使って，分位点回帰モデルを推定する．ここでは，特許申請数 (N) と研究開発

費 (RD) との関係を調べるため，Tsionas (2003) にしたがい，

$$\log(1+\mathrm{N}) = \beta_1 + \beta_2 \log(\mathrm{RD}) + \beta_3 \{\log(\mathrm{RD})\}^2 + \beta_4 \log\left(\frac{\mathrm{RD}}{\mathrm{SALE}}\right) + \epsilon$$

で与えられる回帰式を考えることにする (SALE は売上高を表す)．また，事前分布を

$$\boldsymbol{\beta}_p \sim N(\mathbf{0}, 100\boldsymbol{I}), \quad \sigma \sim IG\left(\frac{5}{2}, \frac{0.01}{2}\right)$$

とし，$\boldsymbol{\beta}_p$ のサンプリングについては，候補となる値 $\boldsymbol{\beta}_p^*$ を

$$\boldsymbol{\beta}^* = \boldsymbol{\beta} + \boldsymbol{v}, \quad \boldsymbol{v} \sim N(\mathbf{0}, s_p^2\boldsymbol{I})$$

から発生させた (s_p はステップ・サイズを表す)．分位点レベル $p \in \{0.25, 0.5, 0.75\}$ に対して，採択確率が約 25% になるようにステップ・サイズを調整し，MCMC 法を 20000 回走らせたときの推定結果が，表 5.2 に示されている (最初の 5000 回は稼働検査期間としている)．この表から，定数項と $\log\frac{\mathrm{RD}}{\mathrm{SALE}}$ については，p の値とともに事後平均も大きくなっていることが分かる．

表 5.2　特許データ：パラメータの推定結果

	$p=0.25$		$p=0.5$		$p=0.75$	
	事後平均	事後標準偏差	事後平均	事後標準偏差	事後平均	事後標準偏差
定数項	0.391	0.253	1.319	0.219	2.060	0.216
$\log(\mathrm{RD})$	0.447	0.038	0.494	0.046	0.431	0.060
$\log(\mathrm{RD})^2$	0.102	0.014	0.068	0.013	0.072	0.017
$\log\frac{\mathrm{RD}}{\mathrm{SALE}}$	-0.006	0.064	0.094	0.060	0.165	0.055
σ	0.205	0.025	0.245	0.030	0.184	0.022

例 5.3 では，$\boldsymbol{\beta}_p$ を MH アルゴリズムによってサンプリングした．そのため，p の値を変えるたびにステップ・サイズを調整しなければならず，非常に面倒である．Kozumi and Kobayashi (2011) は，次に示す非対称ラプラス分布の性質とデータ拡大法を組み合わせることで，ギブス・サンプリングによって分位点回帰モデルを推定できることを示した．

いま，確率変数 ϵ は，(5.12) 式の確率密度関数を持つ非対称ラプラス分布にしたがうとしよう．このとき，

$$\epsilon = \theta z + \tau\sqrt{\sigma z}u$$

と表すことができる (Kotz et al., 2001). ここで,

$$z \sim Exp(\sigma^{-1}), \quad u \sim N(0,1)$$

であり,

$$\theta = \frac{1-2p}{p(1-p)}, \quad \tau^2 = \frac{2}{p(1-p)}$$

である. この結果を用いれば, (5.11) 式の分位点回帰モデルは,

$$\begin{aligned} y_i &= \boldsymbol{x}_i'\boldsymbol{\beta}_p + \theta z_i + \tau\sqrt{\sigma z_i}u_i \\ z_i &\sim Exp(\sigma^{-1}), \quad u_i \sim N(0,1) \end{aligned} \quad (i=1,\ldots,n) \qquad (5.14)$$

と書き直すことができ, 通常の線形回帰モデルと同じ表現を得る. また, このときの $\boldsymbol{y}$ の確率密度関数は,

$$f(\boldsymbol{y}|\boldsymbol{\beta}_p,\sigma,\boldsymbol{z}) \propto \left(\prod_{i=1}^n \frac{1}{\sqrt{\sigma z_i}}\right)\exp\left\{-\sum_{i=1}^n \frac{(y_i - \boldsymbol{x}_i'\boldsymbol{\beta}_p - \theta z_i)^2}{2\tau^2\sigma z_i}\right\} \qquad (5.15)$$

と表される. ただし, $\boldsymbol{z} = (z_1,\ldots,z_n)'$ である.

(5.14) 式の u_i をモデルの誤差項と考え, 線形回帰モデルのときと同じように計算すれば, $\boldsymbol{\beta}_p$ の完全条件付き分布として

$$\pi(\boldsymbol{\beta}_p|\sigma,\boldsymbol{z},\boldsymbol{y}) = N(\hat{\boldsymbol{\beta}}_p, \hat{\boldsymbol{B}}_p)$$

が得られる. ここで,

$$\hat{\boldsymbol{B}}_p^{-1} = \sum_{i=1}^n \frac{\boldsymbol{x}_i\boldsymbol{x}_i'}{\tau^2\sigma z_i} + \boldsymbol{B}_{p0}^{-1}, \quad \hat{\boldsymbol{\beta}}_p = \hat{\boldsymbol{B}}_p\left(\sum_{i=1}^n \frac{\boldsymbol{x}_i(y_i - \theta z_i)}{\tau^2\sigma z_i} + \boldsymbol{B}_{p0}^{-1}\boldsymbol{\beta}_{p0}\right)$$

である. また, σ の完全条件付き分布についても,

$$\pi(\sigma|\boldsymbol{\beta}_p,\boldsymbol{z},\boldsymbol{y}) = IG\left(\frac{\hat{n}}{2}, \frac{\hat{s}}{2}\right) \qquad (5.16)$$

となることが分かる. ただし,

$$\hat{n} = 3n + n_0, \quad \hat{s} = 2\sum_{i=1}^n z_i + \sum_{i=1}^n \frac{(y_i - \boldsymbol{x}_i'\boldsymbol{\beta}_p - \theta z_i)^2}{\tau^2 z_i} + s_0$$

である. 次に, (5.15) 式から z_i に関する部分を取り出し, $z_i \sim Exp(\sigma^{-1})$ であることを考慮して整理すれば,

$$\pi(z_i|\boldsymbol{\beta}_p, \sigma, \boldsymbol{y}) = GIG\left(\frac{1}{2}, \hat{\delta}_i, \hat{\gamma}_i\right)$$

が得られる．ここで，

$$\hat{\delta}_i^2 = \frac{(y_i - \boldsymbol{x}_i'\boldsymbol{\beta}_p)^2}{\tau^2\sigma}, \quad \hat{\gamma}_i^2 = \frac{2}{\sigma} + \frac{\theta^2}{\tau^2\sigma}$$

である．また，$GIG(\nu, a, b)$ は一般化逆正規分布 (generalized inverse normal distribution) を表し，その確率密度関数は

$$f(z|\nu, a, b) = \frac{(b/a)^\nu}{2K_\nu(ab)} z^{\nu-1} \exp\left\{-\frac{1}{2}(a^2 z^{-1} + b^2 z)\right\}$$
$$(z > 0, \ -\infty < \nu < \infty, \ a, b \geq 0)$$

で与えられ，$K_\nu(\cdot)$ は第三種変形ベッセル関数を表す (Barndorff-Nielsen and Shephard, 2001).

いずれの完全条件付き分布も，容易にサンプリングすることが可能である（一般化逆正規分布からのサンプリングについては，例えば Dagpunar, 1989; Hörmann *et al.*, 2004 を参照）．したがって，MH アルゴリズムを使わなくても，すなわちステップ・サイズの調整を行わなくても，ギブス・サンプリングによって分位点回帰モデルを推定できることになる．また，ここで示したギブス・サンプリングの収束速度については，Khare and Hobert (2012) が理論的に検討しており，Kobayashi and Kozumi (2012) や Benoit *et al.* (2013) では，トービット・モデルやプロビット・モデルへの拡張を行っている．

例 5.4 例 5.3 の続き　ギブス・サンプリングによって推定した結果が，図 5.5 に示されている．また表 5.3 では，MH アルゴリズムとギブス・サンプ

表 5.3　特許データ：MH アルゴリズム (MH), ギブス・サンプリング (Gibbs), 部分的コラプスド・ギブス・サンプリング (PCG) の非効率性因子

	$p = 0.25$			$p = 0.5$			$p = 0.75$		
	MH	Gibbs	PCG	MH	Gibbs	PCG	MH	Gibbs	PCG
定数項	835.133	2.949	3.972	844.056	8.345	4.881	816.748	4.548	3.438
$\log(\text{RD})$	107.594	3.376	2.791	85.870	3.202	6.812	106.050	4.082	6.007
$\log(\text{RD})^2$	196.812	3.189	4.380	63.474	2.988	3.304	102.308	2.652	4.384
$\log\frac{\text{RD}}{\text{SALE}}$	675.363	3.637	3.609	713.103	8.261	4.010	713.403	4.125	3.292
σ	4.300	2.384	0.922	2.367	1.428	1.309	4.982	1.244	0.934

リングの非効率性因子 (MH と Gibbs の列) を比較している．明らかに，ギブス・サンプリングの方が効率的であることが分かる．

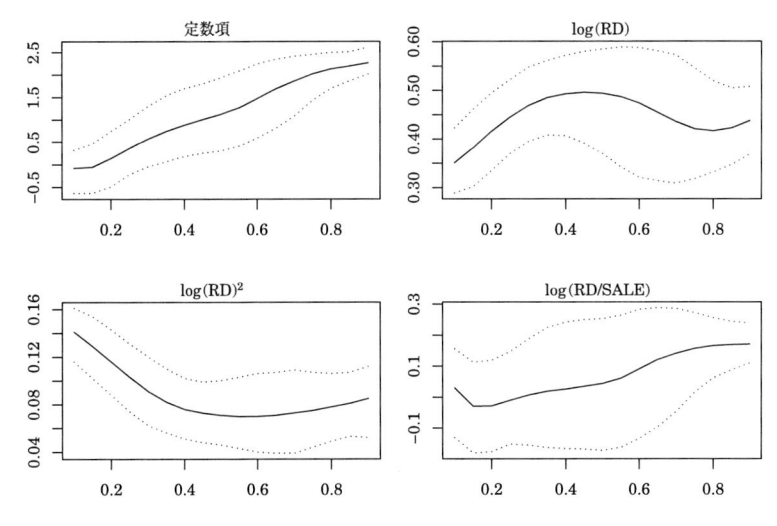

図 5.5 特許データ：ギブス・サンプリングによる事後平均 (実線) と 95%CI 区間 (点線) のプロット

5.2.3 部分的コラプスド・ギブス・サンプリング

(5.13) 式は z に依存しないため，この完全条件付き分布から σ をサンプリングした方がより効率的なアルゴリズムを構築できると期待される．実は，前項のギブス・サンプリングにおいて，(5.16) 式を (5.13) 式に置き換えることが可能である．この方法は，部分的コラプスド・ギブス・サンプリング (partially collapsed Gibbs sampling) と呼ばれており (van Dyk and Park, 2008; Park and van Dyk, 2009)，次に示すアルゴリズムによっても分位点回帰モデルを推定することができる．

1) σ を $IG\left(n + \frac{n_0}{2}, \sum_{i=1}^{n} \rho_p(y_i - \boldsymbol{x}_i'\boldsymbol{\beta}_p) + \frac{s_0}{2}\right)$ からサンプリングする．
2) z_i $(i = 1, \ldots, n)$ を $GIG\left(\frac{1}{2}, \hat{\delta}_i, \hat{\gamma}_i\right)$ からサンプリングする．
3) $\boldsymbol{\beta}_p$ を $N(\hat{\boldsymbol{\beta}}_p, \hat{\boldsymbol{B}}_p)$ からサンプリングする．

ただし，完全条件付き分布のパラメータは前項で示したとおりである．

例 5.5 **例 5.3 の続き** 表 5.3 に,部分的コラプスド・ギブス・サンプリングの非効率性因子 (PCG の列) が示されている.ギブス・サンプリングの結果と比較すると,σ については効率性がすべての場合で改善されていることが分かる.一方,回帰係数については,結果は一様ではなく,ギブス・サンプリングの方が部分的コラプスド・ギブス・サンプリングよりも効率的な場合もある.

分位点回帰モデルに対する部分的コラプスド・ギブス・サンプリングを導出するために,事後分布を $\pi(z, \beta_p, \sigma|y)$ と表記する.このとき,通常のギブス・サンプリングは,
1) z を $\pi(z|\beta_p, \sigma, y)$ からサンプリングする
2) β_p を $\pi(\beta_p|z, \sigma, y)$ からサンプリングする
3) σ を $\pi(\sigma|z, \beta_p, y)$ からサンプリングする

と表すことができる.このギブス・サンプリングは,不変分布を変えることなく,
1) z^* を $\pi(z|\beta_p, \sigma, y)$ からサンプリングする
2) β_p を $\pi(\beta_p|z^*, \sigma, y)$ からサンプリングする
3) (z, σ) を $\pi(z, \sigma|\beta_p, y)$ からサンプリングする

と修正することが可能である (van Dyk and Park, 2008 の Sampler 5).ここで記号 $*$ は,サンプリングされるが,期待値の計算などに用いられる最終的な変数ではないことを意味する.さらに,サンプリングの順番を変えれば,
1) (z^*, σ) を $\pi(z, \sigma|\beta_p, y)$ からサンプリングする
2) z を $\pi(z|\beta_p, \sigma, y)$ からサンプリングする
3) β_p を $\pi(\beta_p|z, \sigma, y)$ からサンプリングする

を得る (van Dyk and Park, 2008 の Sampler 6).ここで,ステップ 1 でサンプリングされる σ は,$\pi(\sigma|\beta_p, y)$ からのサンプルとなっていることに注意する必要がある.さらに,ステップ 1 において,z を積分し消去することができれば,
1) σ を $\pi(\sigma|\beta_p, y)$ からサンプリングする
2) z を $\pi(z|\beta_p, \sigma, y)$ からサンプリングする
3) β_p を $\pi(\beta_p|z, \sigma, y)$ からサンプリングする

となり (van Dyk and Park, 2008 の Sampler 7),先に示した部分的コラプスド・ギブス・サンプリングが得られることになる.

5.3 一般化線形モデル

(4.1) 式の線形回帰モデルでは，被説明変数に対して正規分布を仮定した．この正規性の仮定を緩めて，ロジット・モデルやポアソン回帰モデルなどを含むように拡張を行ったのが，**一般化線形モデル** (generalized linear model) である (Nelder and Wedderburn, 1972; McCullagh and Nelder, 1989)．

5.3.1 モデル

一般化線形モデルは，3つの要素から構成される．最初の要素は分布に関するもので，被説明変数 y_i $(i = 1, \ldots, n)$ に対して**指数型分布族** (exponential family) を仮定する．この指数型分布族は，正規分布，ポアソン分布，二項分布，ガンマ分布，逆正規分布，負の二項分布などを含み，確率密度関数

$$f(y_i|\theta_i, \phi) = \exp\left\{\frac{y_i\theta_i - b(\theta_i)}{\phi} + c(y_i, \phi)\right\}$$

によって定義される確率分布である．ここで，$b(\theta_i)$ と $c(y_i, \phi)$ は既知の関数を表し，θ_i は**正準パラメータ** (canonical parameter)，ϕ は**拡散パラメータ** (dispersion parameter) と呼ばれている．また，指数型分布族の平均と分散については，

$$\mathrm{E}(y_i) = b'(\theta_i), \quad \mathrm{Var}(y_i) = \phi b''(\theta_i)$$

が成り立つことが分かっている (McCullagh and Nelder, 1989)．ここで，$b'(\theta_i)$ と $b''(\theta_i)$ は，それぞれ $b(\theta_i)$ の1次と2次の導関数を表す．

例 5.6 正規分布 $N(\mu, \sigma^2)$ の確率密度関数を書き直すと，

$$\begin{aligned}
f(y|\mu, \sigma^2) &= \frac{1}{(2\pi\sigma^2)^{1/2}} \exp\left\{-\frac{(y-\mu)^2}{2\sigma^2}\right\} \\
&= \exp\left\{\frac{y\mu - \mu^2/2}{\sigma^2} - \frac{1}{2}\left(\frac{y^2}{\sigma^2} + \log(2\pi\sigma^2)\right)\right\}
\end{aligned}$$

となる．したがって，$\theta = \mu$, $\phi = \sigma^2$,

$$b(\theta) = \frac{\theta^2}{2}, \quad c(y, \phi) = -\frac{1}{2}\left\{\frac{y^2}{\phi} + \log(2\pi\phi)\right\}$$

である. また, $b'(\theta) = \theta = \mu = \mathrm{E}(y)$, $\phi b''(\theta) = \phi = \sigma^2 = \mathrm{Var}(y)$ が成立することが確認される.

次に, 説明変数ベクトル $\boldsymbol{x}_i$ ($k \times 1$) を導入し, **線形予測子** (linear predictor) を
$$\eta_i = \boldsymbol{x}_i'\boldsymbol{\beta}$$
によって定義する. ここで, $\boldsymbol{\beta}$ は未知のパラメータである. 最後の要素は, 被説明変数と説明変数との関係についてである. 一般化線形モデルでは, **リンク関数** (link function) と呼ばれる 1 対 1 の関数 $g(\cdot)$ を用いて, 線形予測子 η_i と被説明変数の期待値 $\mu_i = \mathrm{E}(y_i)$ を
$$g(\mu_i) = \eta_i = \boldsymbol{x}_i'\boldsymbol{\beta}$$
によって結びつける. これにより, 被説明変数と説明変数の関係が線形でない場合も扱えるようになる. また, リンク関数によっては,
$$\theta_i = \eta_i = \boldsymbol{x}_i'\boldsymbol{\beta} \tag{5.17}$$
が成立することがある. このときのリンク関数を**正準リンク関数** (canonical link function) という. 表 5.4 には, 各分布に対する正準リンク関数がまとめられている. (5.17) 式から確認できるように, 一般化線形モデルでは, 正準パラメータは説明変数の関数となっていることに注意する必要がある.

個体間の違いを考慮するために, **変量効果** (random effect) を導入することによって一般化線形モデルを拡張したのが**一般化線形混合モデル** (generalized linear mixed model) である (Breslow and Clayton, 1993; Verbeke and Molenberghs, 2000; Diggle et al., 2002). すなわち, 一般化線形混合モデルの線形予測子は,
$$\eta_i = \boldsymbol{x}_i'\boldsymbol{\beta} + \boldsymbol{w}_i'\boldsymbol{b}_i$$
と表される. ここで, $\boldsymbol{w}_i$ は $\boldsymbol{x}_i$ とは別の説明変数ベクトル ($l \times 1$) を表す ($\boldsymbol{w}_i$ は

表 5.4 正準リンク関数

分布	リンク関数
正規分布	$g(\mu) = \mu$
ポアソン分布	$g(\mu) = \log \mu$
二項分布	$g(\mu) = \frac{\mu}{1-\mu}$
ガンマ分布	$g(\mu) = \frac{1}{\mu}$
逆ガンマ分布	$g(\mu) = \frac{1}{\mu^2}$

x_i と同じ変数を含んでいても構わない).また,b_i ($l \times 1$) は変量効果を表し,

$$b_i \sim N(0, \Sigma) \quad (i = 1, \ldots, n)$$

を仮定する.ただし,Σ は $l \times l$ の共分散行列である.

5.3.2 推 定

一般化線形モデルのパラメータは β と ϕ であり,これらを MCMC 法によってベイズ推定するのはそれほど難しくない.これは,一般化線形モデルにおいては,パラメータの事後モードを求めることが比較的容易であるため,例えば,第 3 章で説明した独立連鎖による MH アルゴリズムを適用することができるからである.

一般化線形混合モデルでは,β の事後モードを求めるためには変量効果に関して積分しなければならず,多くの場合でこの積分を解析的に解くことができない.また,b_i についてもその事後モードを求めることは容易ではない.そのため,一般化線形混合モデルを MCMC 法によって推定するためには何らかの工夫が必要となる.ここでは,**反復的再重み付け最小自乗アルゴリズム** (iteratively reweighted least squares algorithm) の考えを利用した Gamerman (1997) のサンプリング方法を紹介する (Gamerman の方法は,R のパッケージ bglm に実装されている).なお ϕ については,扱う確率分布によってサンプリング法が異なるので,説明を簡単にするために以下では既知として扱うことにする.

一般化線形混合モデルにおいて,すべてのパラメータを同時に事後分布からサンプリングするのは困難である.そこで,β, b_i ($i = 1, \ldots, n$), Σ に分割してサンプリングを行う.まず,β の事前分布として

$$\beta \sim N(\beta_0, B_0)$$

を仮定すれば,完全条件付き分布は

$$\pi(\beta | \{b_i\}_{i=1}^n, \Sigma, y) \propto \prod_{i=1}^n \exp\left\{\frac{y_i \theta_i - b(\theta_i)}{\phi} + c(y_i, \phi)\right\}$$
$$\times \exp\left\{-\frac{1}{2}(\beta - \beta_0)' B_0^{-1}(\beta - \beta_0)\right\}$$

と表される.正規分布以外のときには,これは標準的な確率分布ではないので,

MHアルゴリズムによってサンプリングすることにする．そこで，うまく機能する提案分布を構築するために，

$$z_i = \eta_i + (y_i - \mu_i)\frac{d\eta_i}{d\mu_i} = \eta_i + (y_i - \mu_i)g'(\mu_i)$$
$$\tau_i^2 = b''(\theta_i)\left(\frac{d\eta_i}{d\mu_i}\right)^2 = b''(\theta_i)\left\{g'(\mu_i)\right\}^2 \tag{5.18}$$

を定義し，修正線形モデル

$$z_i = \bm{x}_i'\bm{\beta} + \bm{w}_i'\bm{b}_i + \epsilon_i, \quad \epsilon_i \sim N(0, \tau_i^2) \tag{5.19}$$

を考える (McCullagh and Nelder, 1989)．(5.19) 式と $\bm{\beta}$ の事前分布を組み合わせれば，$\bm{\beta}$ の完全条件付き分布は正規分布 $N(\hat{\bm{\beta}}, \hat{\bm{B}})$ によって近似できると考えられる．ここで，

$$\hat{\bm{B}}^{-1} = \sum_{i=1}^n \frac{\bm{x}_i\bm{x}_i'}{\tau_i^2} + \bm{B}_0^{-1}, \quad \hat{\bm{\beta}} = \hat{\bm{B}}\left\{\sum_{i=1}^n \frac{\bm{x}_i(z_i - \bm{w}_i'\bm{b}_i)}{\tau_i^2} + \bm{B}_0^{-1}\bm{\beta}_0\right\}$$

である．そこで Gamerman (1997) は，正規分布 $N(\hat{\bm{\beta}}, \hat{\bm{B}})$ を提案分布とする独立連鎖によって $\bm{\beta}$ をサンプリングすることを提案している (MH アルゴリズムを実行するとき，(5.18) 式の右辺は現在の $\bm{\beta}, \bm{b}_i$ の値で評価する)．問題によっては，正規分布の代わりに多変量 t 分布 $T_\nu(\hat{\bm{\beta}}, \hat{\bm{B}})$ を用いても構わない．

次に，$\bm{b}_i$ の完全条件付き分布は，

$$\pi(\bm{b}_i|\bm{\beta}, \bm{\Sigma}, \bm{y}) \propto \exp\left\{\frac{y_i\theta_i - b(\theta_i)}{\phi} + c(y_i, \phi)\right\} \exp\left(-\frac{1}{2}\bm{b}_i'\bm{\Sigma}^{-1}\bm{b}_i\right)$$

と書くことができる．$\bm{\beta}$ のときと同様に (5.19) 式の修正線形モデルを考え，提案分布を $N(\hat{\bm{b}}_i, \hat{\bm{V}}_i)$ とする独立連鎖によってサンプリングを行う (ここでも正規分布を多変量 t 分布に置き換えてもよい)．ただし，

$$\hat{\bm{V}}^{-1} = \frac{\bm{w}_i\bm{w}_i'}{\tau_i^2} + \bm{\Sigma}^{-1}, \quad \hat{\bm{b}}_i = \hat{\bm{V}}\left\{\frac{\bm{w}_i(z_i - \bm{x}_i'\bm{\beta})}{\tau_i^2}\right\}$$

である．最後に，$\bm{\Sigma}$ の事前分布として逆ウィシャート分布，すなわち，

$$\bm{\Sigma} \sim IW(n_0, \bm{S}_0)$$

を仮定する．このとき，$\bm{\Sigma}$ の完全条件付き分布は容易に導出することができ，

$$\pi(\mathbf{\Sigma}|\boldsymbol{\beta},\{\boldsymbol{b}_i\}_{i=1}^n,\boldsymbol{y}) \propto |\mathbf{\Sigma}|^{-n/2}\prod_{i=1}^n \exp\left(-\frac{1}{2}\boldsymbol{b}_i'\mathbf{\Sigma}^{-1}\boldsymbol{b}_i\right)$$
$$\times |\mathbf{\Sigma}|^{-(n_0+l+1)/2}\exp\left\{-\frac{1}{2}\mathrm{tr}(\boldsymbol{S}_0\mathbf{\Sigma}^{-1})\right\}$$
$$= IW\left(n+n_0,\sum_{i=1}^n \boldsymbol{b}_i\boldsymbol{b}_i'+\boldsymbol{S}_0\right)$$

で与えられる.

例 5.7 一般化線形混合モデルとして,
$$y_i \sim Po(\mu_i), \quad \log\mu_i = \boldsymbol{x}_i'\boldsymbol{\beta} + \boldsymbol{w}_i'\boldsymbol{b}_i, \quad \boldsymbol{b}_i \sim N(\mathbf{0},\mathbf{\Sigma})$$
によって定式化されるポアソン回帰モデルを考えることにしよう. ポアソン分布の確率関数は,
$$f(y|\mu) = \exp\left\{\log\left(\frac{\mu^y e^{-\mu}}{y!}\right)\right\} = \exp\left(y\log\mu - \mu - \log y!\right)$$
と書き直すことができるので,
$$\theta_i = \log\mu_i, \quad b(\theta_i) = \exp(\theta_i), \quad \phi = 1$$
である. したがって, (5.18) 式の z_i と τ_i^2 は,
$$z_i = \boldsymbol{x}_i'\boldsymbol{\beta} + \boldsymbol{w}_i'\boldsymbol{b}_i + \frac{y_i - \exp(\boldsymbol{x}_i'\boldsymbol{\beta}+\boldsymbol{w}_i'\boldsymbol{b}_i)}{\exp(\boldsymbol{x}_i'\boldsymbol{\beta}+\boldsymbol{w}_i'\boldsymbol{b}_i)}$$
$$\tau_i^{-2} = \exp(\boldsymbol{x}_i'\boldsymbol{\beta}+\boldsymbol{w}_i'\boldsymbol{b}_i)$$

となる.

例 5.8 Breslow and Clayton (1993) によって分析された種のデータには, 21 のプレートに配置された種の発芽割合が記録されている. 第 i プレートの種の数を n_i, 発芽した種の数を y_i と表し, Breslow and Clayton (1993) にしたがい,
$$\begin{aligned} y_i &\sim Bi(n_i,p_i)\\ \log\frac{p_i}{1-p_i} &= \beta_1 + \beta_2\mathrm{SEED} + \beta_3\mathrm{EXTRACT}\\ &\quad + \beta_4(\mathrm{SEED}\times\mathrm{EXTRACT}) + b_i\\ b_i &\sim N(0,\sigma^2) \end{aligned} \quad (5.20)$$

によって与えられるモデルを考えることにする．ここで，b_i は変量効果を表し，説明変数は種の種類 (SEED)，根エキス (EXTRACT)，交叉項 (SEED×EXTRACT) である (変数の詳細については，Breslow and Calyton, 1993 を参照). また，$\boldsymbol{\beta} = (\beta_1, \ldots, \beta_4)'$ と σ^2 の事前分布として，

$$\boldsymbol{\beta} \sim N(\mathbf{0}, 100\boldsymbol{I}), \quad \sigma^2 \sim IG\left(\frac{1}{2}, \frac{0.01}{2}\right)$$

を仮定する．このモデルでは，(5.18) 式は

$$z_i = \boldsymbol{x}_i'\boldsymbol{\beta} + b_i + \frac{y_i - n_i p_i}{n_i p_i (1 - p_i)}, \quad \tau_i^2 = \frac{1}{n_i p_i (1 - p_i)}$$

となり，Gamerman (1997) の方法によって $\boldsymbol{\beta}$ と b_i の提案分布を構築し，MH アルゴリズムを実行した．ただし，ここでは正規分布ではなく自由度 20 の (多変量) t 分布を提案分布として用いている．

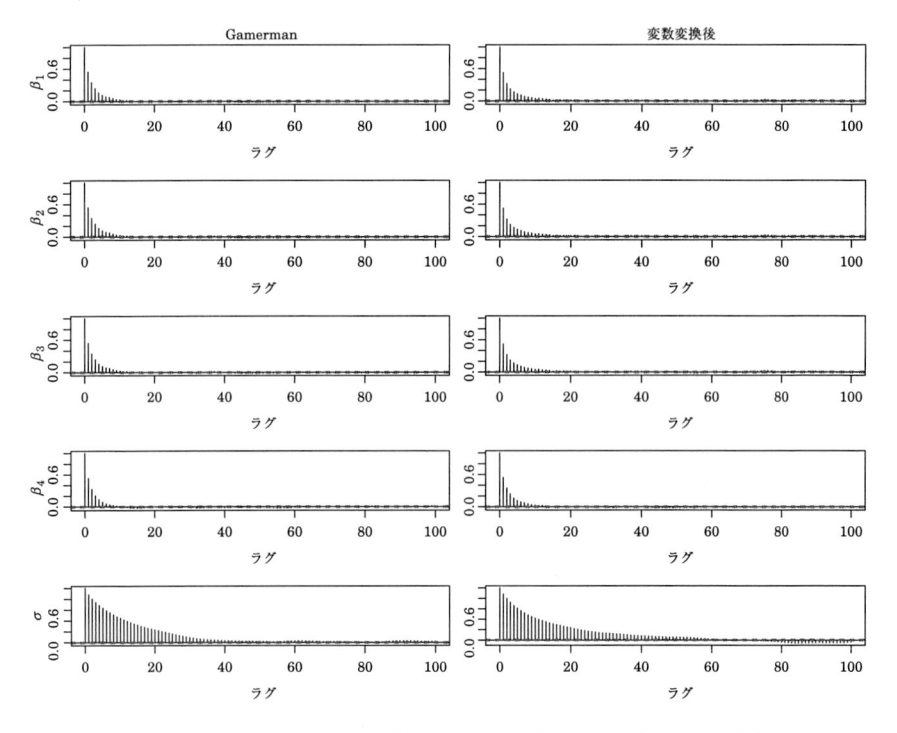

図 5.6 種のデータ：MH アルゴリズムの標本自己相関プロット (左)，変数変換後の標本自己相関プロット (右)

5.3 一般化線形モデル

表 5.5　種のデータ：パラメータの推定結果

	ベイズ推定				罰則付き疑似最尤推定	
	事後平均	事後標準偏差	95%CI	IF	推定値	標準誤差
定数項	-0.549	0.183	$[-0.907, \ -0.187]$	3.428	-0.542	0.190
SEED	0.091	0.297	$[-0.517, \ \ \ 0.666]$	2.764	0.146	0.308
EXTRACT	1.335	0.254	$[\ \ \ 0.833, \ \ \ 1.844]$	2.329	1.339	0.270
交叉項	-0.807	0.406	$[-1.617, \ -0.020]$	1.796	-0.825	0.430
σ	0.244	0.131	$[\ \ \ 0.057, \ \ \ 0.541]$	30.237	0.313	0.121

(5.20) 式のモデルを推定した結果が，図 5.6 の左側に示されている (MCMC 法の繰り返しは 20000 回，稼働検査期間は 5000 回としている)．図 5.6 より，回帰係数の標本自己相関は比較的速く 0 に減少しており，アルゴリズムが効率的であることが分かる．また，採択確率もすべてのパラメータで 90%以上であり，修正線形モデルに基づく近似がうまくいっていると考えられる．しかしながら，σ についてはほかと比べて標本自己相関が高い結果となっている．表 5.5 には，パラメータの事後平均と事後標準偏差が，Breslow and Clayton (1993) の罰則付き疑似最尤推定の結果とあわせて示されている．ベイズ推定値と疑似最尤推定値がほぼ同じであることが見てとれる．

ところで，(5.20) 式は

$$y_i \sim Bi(n_i, p_i), \quad \log \frac{p_i}{1-p_i} = \mu_i, \quad \mu_i \sim N(\boldsymbol{x}_i' \boldsymbol{\beta}, \sigma^2)$$

と書き直すことができる．このとき，$\boldsymbol{\beta}$ のサンプリングは MH アルゴリズムを用いることなく，

$$\boldsymbol{\beta} | \sigma^2, \mu_1, \ldots, \mu_n \sim N(\tilde{\boldsymbol{\beta}}, \tilde{\boldsymbol{V}})$$

によって行うことができる．ここで，

$$\tilde{\boldsymbol{V}}^{-1} = \sum_{i=1}^n \frac{\boldsymbol{x}_i \boldsymbol{x}_i'}{\sigma^2} + \boldsymbol{B}_0^{-1}, \quad \tilde{\boldsymbol{\beta}} = \tilde{\boldsymbol{V}} \left(\sum_{i=1}^n \frac{\boldsymbol{x}_i \mu_i}{\sigma^2} + \boldsymbol{B}_0^{-1} \boldsymbol{\beta}_0 \right)$$

である (これに伴い，μ_i と σ^2 のサンプリングも修正が必要となる)．3.4 節で述べたように，扱う問題によってはこうした変数変換を行った方が MCMC 法の混合がよくなることがある．しかし，図 5.6 では変数変換を行った方が標本自己相関の値が大きくなっており，ここでの例では混合の改善は見られない．

5.4 隠れマルコフ・モデル

これまで,クロスセクション・データを分析するための統計モデルについて説明してきた.この節では,時系列モデルの1つである隠れマルコフ・モデル (hidden Markov model) を取り上げることにする (Cappé et al., 2005). 隠れマルコフモデルは,計量経済学の分野ではマルコフ・スイッチング・モデル (Markov switching model) と呼ばれており,景気循環などを分析する際によく用いられている (Hamilton, 1989, 1990; Kim and Nelson, 1998, 1999).

5.4.1 モデル

時点 t における観測値を y_t $(t = 1, \ldots, n)$ と表すことにする.隠れマルコフ・モデルでは,y_t の確率分布は

$$y_t \sim \begin{cases} f(y_t|\boldsymbol{\psi}_1) & \text{if } s_t = 1 \\ \vdots \\ f(y_t|\boldsymbol{\psi}_m) & \text{if } s_t = m \end{cases} \tag{5.21}$$

によって与えられる.ここで,$f(y_t|\boldsymbol{\psi}_j)$ はパラメータ $\boldsymbol{\psi}_j$ によって定まる確率密度関数 (確率関数) であり,説明変数ベクトル $\boldsymbol{x}_t$ や過去の y_t に依存しても構わない.また,$s_t \in \{1, \ldots, m\}$ は,推移行列が

$$\boldsymbol{T} = \begin{pmatrix} p_{11} & p_{12} & \cdots & p_{1m} \\ p_{21} & p_{22} & \cdots & p_{2m} \\ \vdots & \vdots & \ddots & \vdots \\ p_{m1} & p_{m2} & \cdots & p_{mm} \end{pmatrix}$$

であるマルコフ連鎖にしたがう潜在変数である.

過去の値を所与とすれば,(5.21) 式と推移行列より,

$$f(y_t|\boldsymbol{\theta}) = \begin{cases} \sum_{s_1=1}^{m} f(y_t|\boldsymbol{\psi}_{s_1})\pi_1(s_1) & (t = 1) \\ \sum_{s_t=1}^{m} f(y_t|\boldsymbol{\psi}_{s_t})\pi(s_t|s_{t-1}) & (t > 1) \end{cases}$$

となり,y_t の確率分布は混合分布となっていることが分かる ($f(y_t|\boldsymbol{\theta})$ は s_{t-1} に依存するが,ここでは省略して表記している).ここで,$\pi_1(s_1)$ は s_1 の初期

分布を表し,
$$\pi(s_t|s_{t-1}) = p_{s_{t-1},s_t}$$
である.また,$\boldsymbol{\theta}$ は s_t を除くすべてのパラメータ,すなわち,
$$\boldsymbol{\theta} = \{\boldsymbol{\psi}_1,\ldots,\boldsymbol{\psi}_m\} \cup \{p_{ij}|1 \leq i \leq m, 1 \leq j \leq m-1\}$$
である.さらに,$\boldsymbol{y} = (y_1,\ldots,y_n)'$ と $\boldsymbol{s} = (s_1,\ldots,s_n)'$ の同時分布は,
$$f(\boldsymbol{y},\boldsymbol{s}|\boldsymbol{\theta}) = f(y_1|\boldsymbol{\psi}_{s_1})\pi_1(s_1) \prod_{t=2}^{n} f(y_t|\boldsymbol{\psi}_{s_t})\pi(s_t|s_{t-1}) \tag{5.22}$$
と表すことができる.

例 5.9 Hamilton (1989) によって提案されたマルコフ・スイッチング自己回帰モデル (Markov switching autoregressive model) は,
$$y_t - \mu(s_t) = \sum_{j=1}^{p} \beta_j\{y_{t-j} - \mu(s_{t-j})\} + u_t, \quad u_t \sim N(0,\sigma^2)$$
によって与えられる.ここで,
$$\mu(s_t) = \begin{cases} \mu_1 & \text{if } s_t = 1 \\ \vdots & \\ \mu_m & \text{if } s_t = m \end{cases}$$
である (マルコフ・スイッチング自己回帰モデルでは,(5.21) 式の $f(y_t|\boldsymbol{\psi}_j)$ は,過去の s_t の値にも依存していることに注意).

いま,y_t は景気一致指数や GDP 成長率などのデータであるとしよう.また,$m = 2$ とし,$\mu_1 < \mu_2$ であるとすれば,$s_t = 1$ は景気後退期,$s_t = 2$ は景気拡張期を表していると解釈することができる.さらに,p_{12} は景気の後退期から拡張期へ変わる確率,p_{21} は景気が不況局面に向かう確率であると理解することができる.そのため,マルコフ・スイッチング自己回帰モデルは,景気循環の分析などでよく用いられている.

5.4.2 推定

(5.21) 式の隠れマルコフ・モデルを MCMC 法によって推定するには，$\{\boldsymbol{\psi}_j\}$，$\{s_t\}$，$\{p_{ij}\}$ をサンプリングする必要がある．(5.22) 式より，s_t の完全条件付き分布は，

$$\pi(s_t|\boldsymbol{\theta},\boldsymbol{s}_{-t},\boldsymbol{y}) \propto \begin{cases} f(y_t|\boldsymbol{\psi}_{s_t})\pi_1(s_1)\pi(s_2|s_1) & (t=1) \\ f(y_t|\boldsymbol{\psi}_{s_t})\pi(s_t|s_{t-1})\pi(s_{t+1}|s_t) & (1<t<n) \\ f(y_t|\boldsymbol{\psi}_{s_t})\pi(s_n|s_{n-1}) & (t=n) \end{cases}$$

と表すことができる．ここで，$\boldsymbol{s}_{-t} = (s_1,\ldots,s_{t-1},s_{t+1},\ldots,s_n)'$ である．s_t は離散型確率変数であるから，この完全条件付き分布からサンプリングすることは簡単であるが，s_t が 1 つずつサンプリングされるため連鎖の混合が悪くなる恐れがある．そこで Chib (1996) は，s_t をまとめてサンプリングする方法を提案している．

いま，$\boldsymbol{s}$ の完全条件付き分布を

$$\pi(\boldsymbol{s}|\boldsymbol{y},\boldsymbol{\theta}) = \pi(s_n|\boldsymbol{y},\boldsymbol{\theta})\cdots\pi(s_t|\boldsymbol{s}_{t+1:n},\boldsymbol{y},\boldsymbol{\theta})\cdots\pi(s_1|\boldsymbol{s}_{2:n},\boldsymbol{y},\boldsymbol{\theta})$$

と分解して表すことにする．ただし，$\boldsymbol{s}_{i:j} = (s_i,\ldots,s_j)'$ である (以下では，$\boldsymbol{y}$ に対しても同様の記号を用いる)．このとき，$\pi(s_t|\boldsymbol{s}_{t+1:n},\boldsymbol{y},\boldsymbol{\theta})$ に対してベイズの定理を適用すれば，

$$\begin{aligned}\pi(s_t|\boldsymbol{s}_{t+1:n},\boldsymbol{y},\boldsymbol{\theta}) &\propto \pi(s_t|\boldsymbol{y}_{1:t},\boldsymbol{\theta})f(\boldsymbol{y}_{t+1:n},\boldsymbol{s}_{t+1:n}|s_t,\boldsymbol{y}_{1:t},\boldsymbol{\theta}) \\ &\propto \pi(s_t|\boldsymbol{y}_{1:t},\boldsymbol{\theta})\pi(s_{t+1}|s_t,\boldsymbol{\theta}) \\ &\quad \times f(\boldsymbol{y}_{t+1:n},\boldsymbol{s}_{t+2:n}|s_t,s_{t+1},\boldsymbol{y}_{1:t},\boldsymbol{\theta}) \\ &\propto \pi(s_t|\boldsymbol{y}_{1:t},\boldsymbol{\theta})\pi(s_{t+1}|s_t,\boldsymbol{\theta}) \end{aligned}$$

を得る．ここで，

$$f(\boldsymbol{y}_{t+1:n},\boldsymbol{s}_{t+2:n}|s_t,s_{t+1},\boldsymbol{y}_{1:t},\boldsymbol{\theta}) = f(\boldsymbol{y}_{t+1:n},\boldsymbol{s}_{t+2:n}|s_{t+1},\boldsymbol{y}_{1:t},\boldsymbol{\theta})$$

であること，すなわち s_t に依存しないことを利用している (例 5.9 のマルコフ・スイッチング自己回帰モデルでは，この関係が成立しないので修正が必要となる)．$\pi(s_{t+1}|s_t,\boldsymbol{\theta})$ は推移確率であるから，$\pi(s_t|\boldsymbol{s}_{t+1:n},\boldsymbol{y},\boldsymbol{\theta})$ の計算で問題となるのは $\pi(s_t|\boldsymbol{y}_{1:t},\boldsymbol{\theta})$ である．これについては，次の 2 つのステップを繰り返すことで逐次的に計算することができる．

1) 全確率の公式を使って,

$$\pi(s_t|\boldsymbol{y}_{1:t-1},\boldsymbol{\theta}) = \sum_{s_{t-1}=1}^{m} \pi(s_t|s_{t-1},\boldsymbol{y}_{1:t-1},\boldsymbol{\theta})\pi(s_{t-1}|\boldsymbol{y}_{1:t-1},\boldsymbol{\theta})$$
$$= \sum_{s_{t-1}=1}^{m} \pi(s_t|s_{t-1},\boldsymbol{\theta})\pi(s_{t-1}|\boldsymbol{y}_{1:t-1},\boldsymbol{\theta})$$

を計算する.

2) ベイズの定理から

$$\pi(s_t|\boldsymbol{y}_{1:t},\boldsymbol{\theta}) \propto \pi(s_t|\boldsymbol{y}_{1:t-1},\boldsymbol{\theta})f(y_t|\boldsymbol{\psi}_{s_t})$$

を計算する.

これら 2 つのステップは, $\pi(s_1|\boldsymbol{y}_{1:0},\boldsymbol{\theta}) = \pi_1(s_1)$ を初期値として実行すればよい. したがって, $t = 1$ のときにはステップ 1 を行う必要はなく, ステップ 2 から開始することになる. また, 初期分布 $\pi_1(s_1)$ については, マルコフ連鎖の不変分布, すなわち, 推移行列 $\boldsymbol{T}$ の固有値を求め, 対応する固有値が 1 である固有ベクトルを用いる.

次に, p_{ij} のサンプリングを考えるため, $\boldsymbol{p}_i = (p_{i1},\ldots,p_{im})'$ とおき, 事前分布として,

$$\boldsymbol{p}_i \sim Dir(\boldsymbol{\alpha}_{0i}) \quad (i=1,\ldots,m)$$

を仮定する. このとき簡単な計算から, $\boldsymbol{p}_i$ の完全条件付き分布

$$\pi(\boldsymbol{p}_i|\boldsymbol{s},\boldsymbol{y}) = Dir(\boldsymbol{\alpha}_{0i} + \boldsymbol{n}_i) \quad (i=1,\ldots,m)$$

が得られる. ここで, $\boldsymbol{n}_i = (n_{i1},\ldots,n_{im})'$ であり, n_{ij} は状態 i から状態 j に推移した s_t の数を表す.

最後に, $\boldsymbol{\psi}_j$ の完全条件付き分布は,

$$\pi(\boldsymbol{\psi}_j|\boldsymbol{s},\boldsymbol{y}) \propto \prod_{t \in S_j} f(y_t|\boldsymbol{\psi}_j)\pi(\boldsymbol{\psi}_j)$$

と表すことができる. ここで, $\pi(\boldsymbol{\psi}_j)$ は $\boldsymbol{\psi}_j$ の事前分布を表し, $S_j = \{t|s_t = j\}$ である. $\boldsymbol{\psi}_j$ のサンプリングについては, $f(y_t|\boldsymbol{\psi}_j)$ にどのようなモデルを仮定するかによってアルゴリズムが異なってくる. 例えば, 線形回帰モデルを考えれば, ギブス・サンプリングによってすべてのパラメータをサンプリングする

ことができる．もし，一般化線形モデルを仮定するのであれば，$\boldsymbol{\psi}_j$ は MH アルゴリズムによってサンプリングする必要があるかもしれない．

例 5.10　Leroux and Puterman (1992) の胎動データには，ある羊の胎児が母体内で動いた回数が 5 秒間隔で記録されている．そこで．Leroux and Puterman (1992) にしたがい，時点 t における胎動回数を y_t と表し，ポアソン分布

$$y_t \sim Po(\mu_t) \quad (t = 1, \ldots, n)$$

表 5.6　胎動データ：推定値と非効率性因子

	同時にサンプリング			1 つずつサンプリング		
	事後平均	事後標準偏差	IF	事後平均	事後標準偏差	IF
μ_1	0.220	0.050	14.346	0.220	0.048	19.289
μ_2	2.282	0.769	13.445	2.273	0.744	24.257
p_{11}	0.968	0.024	16.195	0.968	0.023	20.295
p_{22}	0.672	0.154	2.6689	0.671	0.148	4.7609

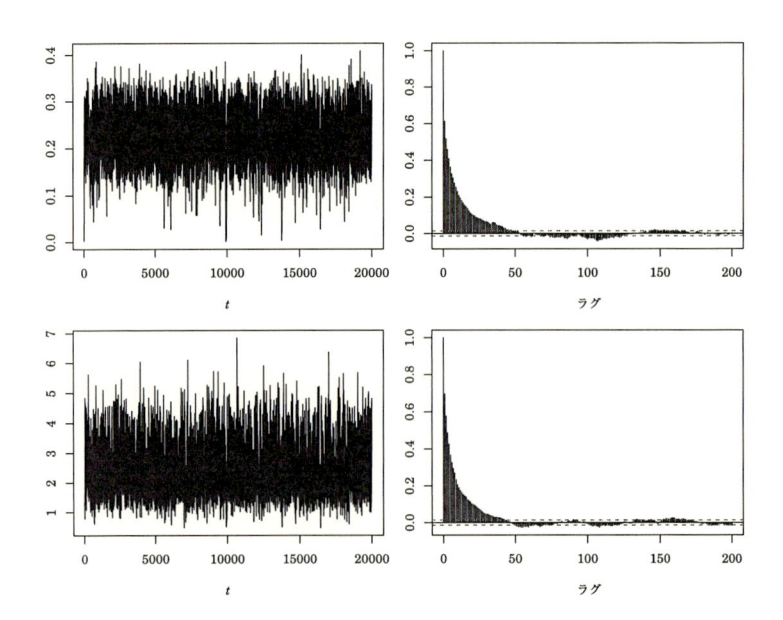

図 5.7　胎動データ：μ_1 (上段) と μ_2 (下段) の時系列プロット (左) と自己相関プロット (右) (同時にサンプリング)

5.4 隠れマルコフ・モデル

$$\mu_t = \begin{cases} \mu_1 & \text{if } s_t = 1 \\ \mu_2 & \text{if } s_t = 2 \end{cases}$$

にしたがうとする.ここで,マルコフ連鎖にしたがう $s_t \in \{1,2\}$ の推移行列は,

$$\boldsymbol{T} = \begin{pmatrix} p_{11} & 1-p_{11} \\ 1-p_{22} & p_{22} \end{pmatrix}$$

である.

ベイズ推定を行うため,パラメータ $(\mu_1, \mu_2, p_{11}, p_{22}, \boldsymbol{s})$ を MCMC 法によって事後分布からサンプリングする.いま,μ_i の事前分布を $Ga(a_{0i}, b_{0i})$ とすれば,完全条件付き分布は

$$\pi(\mu_i | p_{11}, p_{22}, \boldsymbol{s}, \boldsymbol{y}) = Ga\left(\sum_{t \in S_i} y_t + a_{0i}, n_i + b_{0i}\right) \quad (i = 1, 2)$$

となる.ただし,n_i は S_i の要素数を表す.次に,p_{ii} の事前分布を $Be(\alpha_{0i}, \beta_{0i})$ とすれば,p_{ii} の完全条件付き分布は,

$$\pi(p_{ii} | \mu_1, \mu_2, \boldsymbol{s}, \boldsymbol{y}) = Be(n_{ii} + \alpha_{0i}, n_{ij} + \beta_{0i}) \quad (i = 1, 2)$$

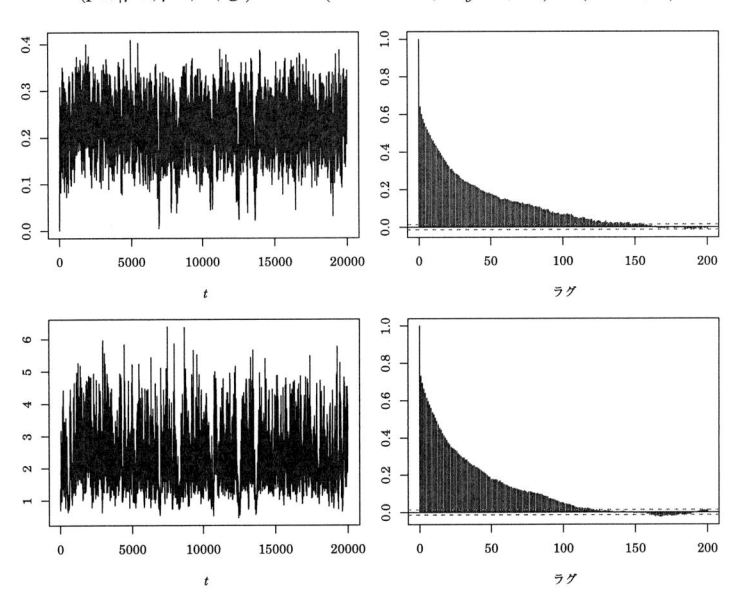

図 5.8 胎動データ:μ_1 (上段) と μ_2 (下段) の時系列プロット (左) と自己相関プロット (右) (1 つずつ同時にサンプリング)

で与えられる．

Chib (1996) と同じ事前分布を用いて，ギブス・サンプリングを 20000 回繰り返して得られた結果が表 5.6 に示されている (最初の 5000 回を稼働期間とし，残りの 15000 個のサンプルを用いて統計量を計算している)．非効率性因子に関する結果を見ると，同時に s_t をサンプリングした方が効率的であることが分かる．図 5.7 には $\{s_t\}$ を同時にサンプリングしたとき，図 5.8 には 1 つずつサンプリングしたときの μ_i の標本自己相関係数のプロットが示されており，この図からも同時にサンプリングした方が効率性が改善されることが確認される．

5.5　ディリクレ過程混合モデル

古典的統計学では，カーネル密度推定 (kernel density estimation) やスプライン平滑化 (spline smoothing) などさまざまなセミパラメトリック法 (semi-parametric method) がある．ベイズ統計学においてもセミパラメトリック法が提案されており，未知の密度関数や回帰関数に対して，確率過程に基づく事前分布を仮定して分析が行われる．この節では，これまで盛んに用いられてきたディリクレ過程混合モデル (Dirichlet process mixture model) について説明する．

5.5.1　ディリクレ過程

はじめに，ディリクレ分布について復習しておく．確率変数 $\boldsymbol{\pi} = (\pi_1, \ldots, \pi_m)'$ は，

$$0 \leq \pi_i \leq 1 \ (i = 1, \ldots, m), \quad \sum_{i=1}^{m} \pi_i = 1$$

を満たし，その確率密度関数が

$$f(\boldsymbol{\pi}|\alpha_1, \ldots, \alpha_m) = \frac{\Gamma\left(\sum_{i=1}^{m} \alpha_i\right)}{\Gamma(\alpha_1) \cdots \Gamma(\alpha_m)} \prod_{i=1}^{m} \pi_i^{\alpha_i - 1}$$

であるとする．このとき，$\boldsymbol{\pi}$ はディリクレ分布 $Dir(\alpha_1, \ldots, \alpha_m)$ にしたがうと

いう (付録参照). ここで, α_i $(i=1,\ldots,m)$ はディリクレ分布のパラメータを表し, $\alpha_i > 0$ である. 容易に確認できるように, ディリクレ分布は $m=2$ のときベータ分布に等しくなる. また,

$$\mathrm{E}(\pi_i) = \frac{\alpha_i}{\sum_{j=1}^m \alpha_j}, \quad \mathrm{Var}(\pi_i) = \frac{\alpha_i \sum_{j \neq i} \alpha_j}{\left(\sum_{j=1}^m \alpha_j\right)^2 \left(\sum_{j=1}^m \alpha_j + 1\right)} \tag{5.23}$$

であることも分かっている.

いま, 離散型確率変数 $z \in \{1,\ldots,m\}$ を考え,

$$P(z=i) = \pi_i \quad (i=1,\ldots,m)$$

であるとすれば, ディリクレ分布は確率分布 $\pi_1,\ldots,\pi_m$ に対する確率分布となっていることが分かる. この考えを一般化し, 確率分布に対する確率分布を定めたのがディリクレ過程 (Dirichlet process) であり, 以下によって定義される (Ferguson, 1973, 1974).

定義 5.1 任意の可測空間 $(X, \mathcal{B})$ を考え, この上で定義された確率分布 G_0 と正の実数 α が与えられているものとする. このとき, X の任意の分割 $B_1,\ldots,B_m$, すなわち,

$$B_i \in \mathcal{B}, \quad B_i \cap B_j = \emptyset, \quad \bigcup_{i=1}^m B_i = X$$

に対して, ランダムな確率分布 G が

$$(G(B_1),\ldots,G(B_m)) \sim Dir(\alpha G_0(B_1),\ldots,\alpha G_0(B_m))$$

であるとき, G はディリクレ過程にしたがうという.

ディリクレ過程のパラメータは, **基底測度** (base measure) と呼ばれる確率分布 G_0 と正の実数 α である. そこで以下では, G がディリクレ過程にしたがうことを

$$G \sim DP(\alpha G_0)$$

と表すことにする. また (5.23) 式から, $G \sim DP(\alpha G_0)$ であるとき, 任意の $B \in \mathcal{B}$ に対して

$$\mathrm{E}[G(B)] = G_0(B), \quad \mathrm{Var}(G(B)) = \frac{(1-G_0(B))G_0(B)}{\alpha+1}$$

が成立する．このことから，G_0 は G の平均を表しており，α は分散をコントロールするパラメータであることが分かる．

ディリクレ過程の特徴として，**離散性** (discreteness property) を挙げることができる (Blackwell, 1973; Ferguson, 1973). これは，ディリクレ過程にしたがう G の実現値は，確率 1 で離散型確率分布となるという性質である．またこの性質により，ディリクレ過程 G からの標本は自動的に分割されることになる．このことを説明するため，$\theta_1, \ldots, \theta_n$ をディリクレ過程 G からの標本とする (θ_i はスカラー・ベクトルどちらでも構わない). すなわち,

$$
\begin{aligned}
G &\sim DP(\alpha G_0) \\
\theta_i &\sim G \quad (i=1,\ldots,n)
\end{aligned}
\tag{5.24}
$$

であるとする．Blackwell and MacQueen (1973) が示したように，(5.24) 式を G に関して積分すれば，

$$
\theta_1 \sim G_0
$$
$$
\theta_i | \theta_1, \theta_2, \ldots, \theta_{i-1} \sim \frac{\alpha G_0 + \sum_{j=1}^{i-1} \delta_{\theta_j}(\theta_i)}{\alpha + i - 1} \quad (i=2,\ldots,n)
\tag{5.25}
$$

が成立する．この式は，確率 $1/(\alpha+i-1)$ で $\theta_i = \theta_j$ $(j=1,\ldots,i-1)$, 確率 $\alpha/(\alpha+i-1)$ で $\theta_i \sim G_0$ となることを示している．したがって，ディリクレ過程からの標本 $\theta_1,\ldots,\theta_n$ があったとすれば，それらは値に応じていくつかのグループに分けることができ，同じグループに属する θ_i はすべて同じ値となっている．

Sethuraman (1994) は,

$$
\begin{aligned}
v_i &\sim Be(1,\alpha) \\
\theta_i^* &\sim G_0
\end{aligned}
\quad (i=1,2,\ldots)
$$

であるとし，さらに

$$
\pi_1 = v_1, \quad \pi_m = v_m \prod_{i=1}^{m-1}(1-v_i)
$$

とすれば,

$$
G(\cdot) = \sum_{m=1}^{\infty} \pi_m \delta_{\theta_m^*}(\cdot) \sim DP(\alpha G_0)
\tag{5.26}
$$

が成立することを示している．(5.26) 式は，ディリクレ過程のスティック・ブレイキング表現 (stick-breaking representation) と呼ばれており，後で見るように MCMC 法によるベイズ推定を考えたとき非常に便利な表現となっている．また，(5.26) 式から，G の実現値が離散型確率分布となることを確認することができる．ディリクレ過程については，スティック・ブレイキング表現以外にも**中華料理店過程** (Chinese restaurant process) を使って表すことができることも知られている (Aldous, 1985; Pitman, 1995)．

5.5.2　モデル

Escobar and West (1995) は，ディリクレ過程を用いて (4.1) 式の線形回帰モデルをセミパラメトリック・モデルへ拡張した．彼らが提案したモデルはディリクレ過程混合モデルと呼ばれ，

$$\begin{aligned} y_i &\sim N(\bm{x}_i'\bm{\beta}_i, \sigma_i^2) \\ \bm{\theta}_i &\sim G \\ G &\sim DP(\alpha G_0) \end{aligned} \quad (5.27)$$

と階層的に表すことができる．ここで，$\bm{\theta}_i = (\bm{\beta}_i, \sigma_i^2)$ である．また，G_0 については，線形回帰モデルのときと同様に，ここでは

$$dG_0 = N(\bm{\beta}_0, \bm{B}_0) IG\left(\frac{n_0}{2}, \frac{s_0}{2}\right)$$

であるとする (Escobar and West, 1995 では，ハイパーパラメータに対しても事前分布を考えているが，説明を簡単にするためさらなる階層モデルは考えないことにする)．

(5.27) 式のディリクレ過程混合モデルの特徴を理解するため，スティック・ブレイキング表現を用いて G を

$$G(\cdot) = \sum_{m=1}^{\infty} \pi_m \delta_{\bm{\theta}_m^*}(\cdot)$$

と表すことにする．ここで，

$$\bm{\theta}_m^* = (\bm{\beta}_m^*, \sigma_m^{*2}) \sim G_0 \quad (m=1,2,\ldots)$$

である．さらに，

$$P(z_i = m) = \pi_m \quad (m = 1, 2, \ldots)$$

である潜在変数 z_i $(i = 1, \ldots, n)$ を導入し，$\boldsymbol{\theta}_i = \boldsymbol{\theta}^*_{z_i}$ であるとする．このとき，先に示したディリクレ過程混合モデルは，

$$\begin{aligned}
y_i &\sim N(\boldsymbol{x}'_i \boldsymbol{\beta}^*_{z_i}, \sigma^{*2}_{z_i}) \\
P(z_i = m) &= \pi_m \\
\pi_m &= v_m \prod_{j=1}^{m-1} (1 - v_j) \\
v_m &\sim Be(1, \alpha) \\
\boldsymbol{\theta}^*_m &\sim G_0
\end{aligned} \tag{5.28}$$

と書き直すことができる．この式より，

$$y_i \sim \sum_{m=1}^{\infty} \pi_m N(\boldsymbol{x}'_m \boldsymbol{\beta}^*_m, \sigma^{*2}_m)$$

と表すことができ，ディリクレ過程混合モデルは無限混合モデル (infinite mixture model) となっていることが分かる．

5.5.3 推 定

前項で示したディリクレ過程混合モデルは一見して非常に複雑に見えるが，ギブス・サンプリングによって容易に推定することができる．これまでに，いくつかのギブス・サンプリング法が提案されており，(5.25) 式と組み合わせた方法 (Escobar, 1994; Escobar and West, 1995)，中華料理店過程を用いた方法 (MacEachern, 1994; MacEachern and Müller, 1998)，スティック・ブレイキング表現を用いた方法 (Ishwaran and James, 2001) などがよく用いられてきた (そのほかの方法については，例えば Neal, 2000 を参照)．ここでは，効率的でしかも実行が容易とされる Ishwaran and James (2001) の方法について説明を行う．

(5.28) 式のディリクレ過程混合モデルを推定するには，z_i, $\boldsymbol{\theta}^*_m$, π_m, α をサンプリングする必要がある．しかしながら，$\boldsymbol{\theta}^*_m$ と π_m については無限個あるので，これらすべてをサンプリングすることは不可能である．Ishran and James (2001) は，$m \to \infty$ のとき $\pi_m \to 0$ となることに注目し，十分大きい

5.5 ディリクレ過程混合モデル

自然数 M を用いれば，ディリクレ過程にしたがう G を

$$G_a(\cdot) = \sum_{m=1}^{M} \pi_m \delta_{\boldsymbol{\theta}_m^*}(\cdot)$$

によってかなり正確に近似できることを示している．したがって，ディリクレ過程混合モデルにおける G を G_a に置き換えれば，ディリクレ過程混合モデルは通常の有限混合モデル (finite mixture model) となり，ギブス・サンプリングが容易に実行できるようになる．

表記を簡略化するために，サンプリングしなければならないすべてのパラメータを $\boldsymbol{\Theta}$ と表し，さらに $\boldsymbol{\Theta}$ からパラメータ $\boldsymbol{\phi}$ を除いたものを $\boldsymbol{\Theta}_{-\boldsymbol{\phi}}$ と表すことにする．いま，

$$S_m = \{i | z_i = m\} \quad (m = 1, \ldots, M)$$

とおけば，$\boldsymbol{\theta}_m^*$ の完全条件付き分布は，

$$\pi(\boldsymbol{\theta}_m^* | \boldsymbol{\Theta}_{-\boldsymbol{\theta}_m^*}, \boldsymbol{y}) = dG_0(\boldsymbol{\theta}_m^*) \prod_{i \in S_m} f(y_i | \boldsymbol{\theta}_m^*)$$

$$\propto \prod_{i \in S_m} \left(\frac{1}{\sigma_m^{*2}}\right)^{1/2} \exp\left\{-\frac{(y_i - \boldsymbol{x}_i' \boldsymbol{\beta}_m^*)^2}{2\sigma_m^{*2}}\right\}$$

$$\times \exp\left\{-\frac{1}{2}(\boldsymbol{\beta}_m^* - \boldsymbol{\beta}_0)' \boldsymbol{B}_0^{-1}(\boldsymbol{\beta}_m^* - \boldsymbol{\beta}_0)\right\}$$

$$\times \left(\frac{1}{\sigma^{*2}}\right)^{n_0/2+1} \exp\left(-\frac{s_0}{2\sigma^{*2}}\right)$$

と表すことができる．ここで，$f(y_i | \boldsymbol{\theta}_m^*) = N(\boldsymbol{x}_i' \boldsymbol{\beta}_m^*, \sigma_m^{*2})$ である．これは，線形回帰モデルの事後分布に等しいので，$\boldsymbol{\beta}_m^*$ と σ_m^{*2} の完全条件付き分布はそれぞれ，

$$\pi(\boldsymbol{\beta}_m^* | \boldsymbol{\Theta}_{-\boldsymbol{\beta}_m^*}, \boldsymbol{y}) = N(\hat{\boldsymbol{\beta}}_m, \hat{\boldsymbol{B}}_m)$$

$$\pi(\sigma_m^{*2} | \boldsymbol{\Theta}_{-\sigma_m^{*2}}, \boldsymbol{y}) = IG\left(\frac{n_m + n_0}{2}, \frac{\sum_{i \in S_m}(y_i - \boldsymbol{x}_i' \boldsymbol{\beta}_m^*)^2 + s_0}{2}\right)$$

となる．ただし，$n_m = \sum_{i=1}^{n} I(z_i = m)$，

$$\hat{\boldsymbol{B}}_m^{-1} = \sum_{i \in S_m} \frac{\boldsymbol{x}_i \boldsymbol{x}_i'}{\sigma_m^{*2}} + \boldsymbol{B}_0^{-1}, \quad \hat{\boldsymbol{\beta}}_m = \hat{\boldsymbol{B}}_m \left(\sum_{i \in S_m} \frac{\boldsymbol{x}_i y_i}{\sigma_m^{*2}} + \boldsymbol{B}_0^{-1} \boldsymbol{\beta}_0\right)$$

である.また,S_m が空集合 ($n_m = 0$) であるときには,事前分布からのサンプリングとなることは明らかであろう.

次に,z_i は離散型確率変数であることから,その完全条件付き分布は

$$\pi(z_i = m | \Theta_{-z_i}, \boldsymbol{y}) \propto \pi_m f(y_i | \boldsymbol{\theta}_m^*) \quad (m = 1, \ldots, M)$$

となることが容易に分かる.また,π_m のサンプリングについては,その定義から v_m のサンプリングに置き換えることができる.π_r $(r > m)$ が v_m に依存することに注意すれば,v_m の完全条件付き分布として

$$\pi(v_m | \Theta_{-v_m}, \boldsymbol{y}) = Be\left(1 + n_m, \alpha + \sum_{r=m+1}^{M} n_r\right) \quad (m = 1, \ldots, M-1)$$

が導出される.最後に,α の事前分布として,

$$\alpha \sim Ga(a_0, b_0)$$

を仮定すれば,

$$\pi(\alpha | \Theta_{-\alpha}, \boldsymbol{y}) \propto \alpha^{M-1} \left\{\prod_{m=1}^{M-1}(1-v_m)\right\}^{\alpha-1} \alpha^{a_0-1} e^{-b_0\alpha}$$

$$\propto \alpha^{a_0+M-2} \exp\left\{-\left(b_0 - \sum_{m=1}^{M-1} \log(1-v_m)\right)\alpha\right\}$$

となる.よって,

$$\pi(\alpha | \Theta_{-\alpha}, \boldsymbol{y}) = Ga\left(a_0 + M - 1, b_0 - \sum_{m=1}^{M-1} \log(1-v_m)\right)$$

が得られる.以上のサンプリングを繰り返し行うことによって,事後分布からのサンプルを得ることができ,ディリクレ過程混合モデルについてさまざまな統計量を計算することができる.

例 5.11 (5.28) 式において $\boldsymbol{x}_i = 1$ とおき,Crawford *et al.* (1992), Crawford (1994) の湖の酸性度に関するデータを使って,ディリクレ過程混合モデルによる確率密度関数の推定を行うことにする (Richardson and Green, 1997 は,有限混合モデルによって同じデータを分析している).ここでは,パラメータ $\boldsymbol{\theta}_m^* = (\beta_m, \sigma_m^{*2})$ の事前分布については,

5.5 ディリクレ過程混合モデル

$$\beta_m \sim N(5, 100), \quad \sigma_m^{*2} \sim IG\left(\frac{5}{2}, \frac{0.01}{2}\right)$$

を仮定し，さらに

$$\alpha \sim Ga(1,1)$$

とした．

ディリクレ過程を近似する際，$M = 50$ と $M = 100$ の2つの場合を考え，ギブス・サンプリングを実行して得られた結果が図 5.9 に示されている (最初の 5000 個のサンプルは稼働検査期間として棄て，続く 15000 個のサンプルを推定に用いている)．この図より，ディリクレ過程混合モデルによってデータの

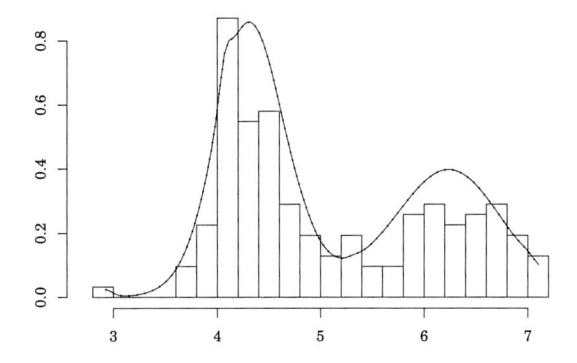

図 5.9 湖の酸性度データ：データのヒストグラムと密度関数の推定値 (実線：$M = 50$, 点線：$M = 100$)

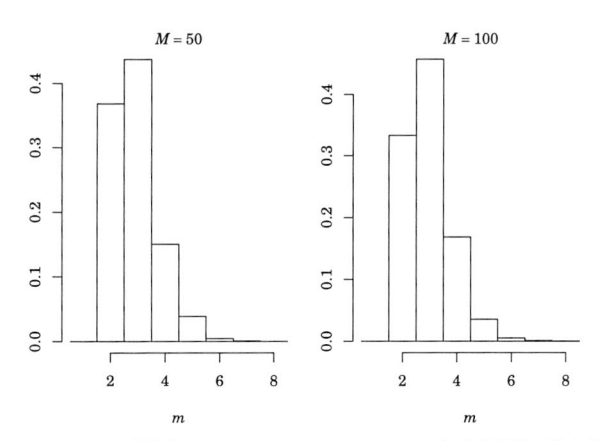

図 5.10 湖の酸性度データ：データのヒストグラムと密度関数の推定値

分布をうまく推定できていることが分かる．また，$M=50$ と $M=100$ では，ほとんど結果に差がないことも分かる．図 5.10 には，空集合でない S_m の数がヒストグラムとして示されており，混合モデルの要素数は 3 のときに事後確率がもっとも高くなっている．

　ここでは，線形回帰モデルを基本にディリクレ過程混合モデルを説明したが，一般化線形回帰モデルなどにもディリクレ過程事前分布を適用することができる (Mukhopadhyay and Gelfand, 1997; Ibrahim and Kleinman, 1998; Wang, 2010)．また，ディリクレ過程についてはさまざまな拡張が行われており，Griffin and Steel (2006)，Dunson and Park (2008)，Rodriguez et al. (2008)，Chung and Dunson (2011) などを参照してほしい．セミパラメトリックなベイズ分析では，ディリクレ過程以外にも，ベータ過程事前分布 (Hjort, 1990)，ガンマ過程事前分布 (Kalbfleisch, 1978; Dykstra and Laud, 1981; Clayton, 1991)，ガウス過程事前分布 (Rasmussen and Williams, 2006)，逆正規分布過程事前分布 (Lijoi et al., 2005) なども提案されている．これらについては，Phadia (2013) にまとめられている．

Appendix A

重要な分布

ここでは，ベイズ統計学においてよく用いられる確率分布を紹介する．以下では，確率変数 X の分布名，記号，確率分布の定義域 $\mathcal{X}$，パラメータのとりうる値，確率密度関数または確率関数，確率分布の核，平均，分散を順に示している（確率分布の核とは，確率密度関数・確率関数から確率変数に依存しない比例定数を取り除いたものである）．

A.1 連続型確率分布

1) 一様分布 (uniform distribution) $U(\alpha, \beta)$: $\mathcal{X} = (\alpha, \beta)$, $-\infty < \alpha < \infty$, $\alpha < \beta < \infty$

$$f(x|\alpha, \beta) = \frac{1}{\beta - \alpha}$$
$$\propto 1$$
$$\mathrm{E}(X) = \frac{1}{2}(\alpha + \beta), \quad \mathrm{Var}(X) = \frac{1}{12}(\beta - \alpha)^2$$

2) 正規分布 (normal distribution) $N(\mu, \sigma^2)$: $\mathcal{X} = \mathbb{R}$, $-\infty < \mu < \infty$, $\sigma^2 > 0$

$$f(x|\mu, \sigma^2) = \frac{1}{(2\pi\sigma^2)^{1/2}} \exp\left\{-\frac{(x-\mu)^2}{2\sigma^2}\right\}$$
$$\propto \exp\left\{-\frac{(x-\mu)^2}{2\sigma^2}\right\}$$
$$\mathrm{E}(X) = \mu, \quad \mathrm{Var}(X) = \sigma^2$$

3) 多変量正規分布 (multivariate normal distribution) $N(\boldsymbol{\mu}, \boldsymbol{\Sigma})$ あるいは

$N_k(\boldsymbol{\mu}, \boldsymbol{\Sigma}) : \mathcal{X} = \mathbb{R}^k,\ \boldsymbol{\mu} \in \mathbb{R}^k,\ \boldsymbol{\Sigma}$ は $k \times k$ の正値定符号行列

$$f(\boldsymbol{x}|\boldsymbol{\mu}, \boldsymbol{\Sigma}) = \frac{1}{(2\pi)^{k/2} |\boldsymbol{\Sigma}|^{1/2}} \exp\left\{-\frac{1}{2}(\boldsymbol{x} - \boldsymbol{\mu})' \boldsymbol{\Sigma}^{-1} (\boldsymbol{x} - \boldsymbol{\mu})\right\}$$

$$\propto \exp\left\{-\frac{1}{2}(\boldsymbol{x} - \boldsymbol{\mu})' \boldsymbol{\Sigma}^{-1} (\boldsymbol{x} - \boldsymbol{\mu})\right\}$$

$$\mathrm{E}(\boldsymbol{x}) = \boldsymbol{\mu}, \quad \mathrm{Var}(\boldsymbol{x}) = \boldsymbol{\Sigma}$$

4) 切断正規分布 (truncated normal distribution) $N(\mu, \sigma^2) I(a < x < b)$:
$\mathcal{X} = (a, b),\ -\infty < \mu < \infty,\ \sigma^2 > 0$

$$f(x|\mu, \sigma^2) = \frac{1}{(2\pi\sigma^2)^{1/2}} \exp\left\{-\frac{(x - \mu)^2}{2\sigma^2}\right\} \cdot \frac{1}{\Phi\left(\frac{b - \mu}{\sigma}\right) - \Phi\left(\frac{a - \mu}{\sigma}\right)}$$

$$\propto \exp\left\{-\frac{(x - \mu)^2}{2\sigma^2}\right\}$$

5) t 分布 (t-distribution) $t_\nu(\mu, \sigma^2) : \mathcal{X} = \mathbb{R},\ \nu > 0,\ -\infty < \mu < \infty,\ \sigma^2 > 0$

$$f(x|\nu, \mu, \sigma^2) = \frac{\Gamma(\frac{\nu+1}{2})}{\Gamma(\frac{\nu}{2})(\nu\pi\sigma^2)^{1/2}} \left\{1 + \frac{(x - \mu)^2}{\nu\sigma^2}\right\}^{-(\nu+1)/2}$$

$$\propto \left\{1 + \frac{(x - \mu)^2}{\nu\sigma^2}\right\}^{-(\nu+1)/2}$$

$$\mathrm{E}(X) = \mu\ (\nu > 1), \quad \mathrm{Var}(X) = \frac{\nu}{\nu - 2}\sigma^2\ (\nu > 2)$$

また,

$$t_\infty(\mu, \sigma^2) = N(\mu, \sigma^2)$$

である.

6) 多変量 t 分布 (multivariate t-distribution) $T_\nu(\boldsymbol{\mu}, \boldsymbol{\Sigma}) : \mathcal{X} = \mathbb{R}^k,\ \nu > 0,\ \boldsymbol{\mu} \in \mathbb{R}^k,\ \boldsymbol{\Sigma}$ は $k \times k$ の正値定符号行列

$$f(\boldsymbol{x}|\nu, \boldsymbol{\mu}, \boldsymbol{\Sigma}) = \frac{\Gamma(\frac{\nu+k}{2})}{\Gamma(\frac{\nu}{2})(\nu\pi)^{k/2} |\boldsymbol{\Sigma}|^{1/2}}$$

$$\times \left\{1 + \frac{1}{\nu}(\boldsymbol{x} - \boldsymbol{\mu})' \boldsymbol{\Sigma}^{-1} (\boldsymbol{x} - \boldsymbol{\mu})\right\}^{-(\nu+k)/2}$$

$$\propto \left\{1 + \frac{1}{\nu}(\boldsymbol{x} - \boldsymbol{\mu})' \boldsymbol{\Sigma}^{-1} (\boldsymbol{x} - \boldsymbol{\mu})\right\}^{-(\nu+k)/2}$$

$$\mathrm{E}(\boldsymbol{x}) = \boldsymbol{\mu} \ (\nu > 1), \quad \mathrm{Var}(\boldsymbol{x}) = \frac{\nu}{\nu - 2}\boldsymbol{\Sigma} \ (\nu > 2)$$

また，

$$t_\infty(\boldsymbol{\mu}, \boldsymbol{\Sigma}) = N(\boldsymbol{\mu}, \boldsymbol{\Sigma})$$

である．

7) 指数分布 (exponential distribution) $Exp(\beta) : \mathcal{X} = (0, \infty), \beta > 0$

$$f(x|\beta) = \beta \exp(-\beta x)$$
$$\propto \exp(-\beta x)$$
$$\mathrm{E}(X) = \frac{1}{\beta}, \quad \mathrm{Var}(X) = \frac{1}{\beta^2}$$

8) ガンマ分布 (gamma distribution) $Ga(\alpha, \beta) : \mathcal{X} = (0, \infty), \alpha > 0, \beta > 0$

$$f(x|\alpha, \beta) = \frac{\beta^\alpha}{\Gamma(\alpha)} x^{\alpha-1} \exp(-\beta x)$$
$$\propto x^{\alpha-1} \exp(-\beta x)$$
$$\mathrm{E}(X) = \frac{\alpha}{\beta}, \quad \mathrm{Var}(X) = \frac{\alpha}{\beta^2}$$

また，

$$Ga(1, \beta) = Exp(\beta)$$
$$Ga\left(\frac{\nu}{2}, \frac{1}{2}\right) = \text{カイ自乗分布 (chi-square distribution) } \chi^2_\nu$$

である．

9) 逆ガンマ分布 (inverse gamma distribution) $IG(\alpha, \beta) : \mathcal{X} = (0, \infty)$, $\alpha > 0, \beta > 0$

$$f(x|\alpha, \beta) = \frac{\beta^\alpha}{\Gamma(\alpha)} x^{-\alpha-1} \exp\left(-\frac{\beta}{x}\right)$$
$$\propto x^{-\alpha-1} \exp\left(-\frac{\beta}{x}\right)$$
$$\mathrm{E}(X) = \frac{\beta}{\alpha - 1} \ (\alpha > 1), \quad \mathrm{Var}(X) = \frac{\beta^2}{(\alpha - 1)^2 (\alpha - 2)} \ (\alpha > 2)$$

また，

$$x \sim IG(\alpha, \beta) \text{ ならば } \frac{1}{x} \sim Ga(\alpha, \beta)$$

である．

10) ベータ分布 (beta distribution) $Be(\alpha, \beta) : \mathcal{X} = [0, 1], \alpha > 0, \beta > 0$

$$f(x|\alpha, \beta) = \frac{\Gamma(\alpha + \beta)}{\Gamma(\alpha)\Gamma(\beta)} x^{\alpha-1}(1-x)^{\beta-1}$$
$$\propto x^{\alpha-1}(1-x)^{\beta-1}$$

$$\mathrm{E}(X) = \frac{\alpha}{\alpha + \beta}, \quad \mathrm{Var}(X) = \frac{\alpha\beta}{(\alpha + \beta)^2(\alpha + \beta + 1)}$$

11) コーシー分布 (Cauchy distribution) $C(\alpha, \beta) : \mathcal{X} = \mathbb{R}, -\infty < \alpha < \infty, \beta > 0$

$$f(x|\alpha, \beta) = \frac{\beta}{\pi\{\beta^2 + (x-\alpha)^2\}}$$
$$\propto \frac{1}{\beta^2 + (x-\alpha)^2}$$

コーシー分布の平均と分散は存在しない．また，

$$C(\alpha, \beta) = t_1(\alpha, \beta^2)$$

である．

12) ディリクレ分布 (Dirichlet distribution) $Dir(\boldsymbol{\alpha})$ あるいは $Dir(\alpha_1, \ldots, \alpha_k)$: $\boldsymbol{x} = (x_1, \ldots, x_k)', 0 \leq x_i \leq 1, \sum_{i=1}^k x_i = 1, \boldsymbol{\alpha} = (\alpha_1, \ldots, \alpha_k)', \alpha_i > 0 \ (i = 1, \ldots, k)$

$$f(\boldsymbol{x}|\boldsymbol{\alpha}) = \frac{\Gamma(\sum_{i=1}^k \alpha_i)}{\Gamma(\alpha_1) \cdots \Gamma(\alpha_k)} \prod_{i=1}^k x_i^{\alpha_i - 1}$$
$$\propto \prod_{i=1}^k x_i^{\alpha_i - 1}$$

$$\mathrm{E}(x_i) = \frac{\alpha_i}{\sum_{j=1}^k \alpha_j}, \quad \mathrm{Var}(x_i) = \frac{\alpha_i \sum_{j \neq i} \alpha_j}{\left(\sum_{j=1}^k \alpha_j\right)^2 \left(\sum_{j=1}^k \alpha_j + 1\right)}$$

13) ウィシャート分布 (Wishart distribution) $W(\nu, \boldsymbol{\Sigma}) : \boldsymbol{X}$ は $k \times k$ 対称行列，$\nu > 0$，$\boldsymbol{\Sigma}$ は $k \times k$ 正値定符号行列

$$f(\boldsymbol{X}|\nu, \boldsymbol{\Sigma}) = \frac{1}{2^{k\nu/2} \Gamma_k\left(\frac{\nu}{2}\right) |\boldsymbol{\Sigma}|^{\nu/2}} |\boldsymbol{X}|^{(\nu-k-1)/2} \exp\left\{-\frac{1}{2}\mathrm{tr}(\boldsymbol{\Sigma}^{-1}\boldsymbol{X})\right\}$$
$$\propto |\boldsymbol{X}|^{(\nu-k-1)/2} \exp\left\{-\frac{1}{2}\mathrm{tr}(\boldsymbol{\Sigma}^{-1}\boldsymbol{X})\right\}$$

$$\mathrm{E}(\boldsymbol{X}) = \nu\boldsymbol{\Sigma}$$

ここで,
$$\Gamma_k\left(\frac{\nu}{2}\right) = \pi^{k(k-1)/4}\prod_{j=1}^{k}\Gamma\left(\frac{\nu-j+1}{2}\right)$$

である.

14) 逆ウィシャート分布 (inverse Wishart distribution) $IW(\nu,\boldsymbol{\Sigma})$: $\boldsymbol{X}$ は $k\times k$ 対称行列, $\nu>0$, $\boldsymbol{\Sigma}$ は $k\times k$ 正値定符号行列

$$f(\boldsymbol{X}|\nu,\boldsymbol{\Sigma}) = \frac{1}{2^{k\nu/2}\Gamma_k\left(\frac{\nu}{2}\right)|\boldsymbol{\Sigma}|^{-\nu/2}}|\boldsymbol{X}|^{-(\nu+k+1)/2}\exp\left\{-\frac{1}{2}\mathrm{tr}(\boldsymbol{\Sigma}\boldsymbol{X}^{-1})\right\}$$

$$\propto |\boldsymbol{X}|^{-(\nu+k+1)/2}\exp\left\{-\frac{1}{2}\mathrm{tr}(\boldsymbol{\Sigma}\boldsymbol{X}^{-1})\right\}$$

$$\mathrm{E}(\boldsymbol{X}) = \frac{1}{\nu-k-1}\boldsymbol{\Sigma} \quad (\nu>k+1)$$

また,
$$\boldsymbol{X}\sim IW(\nu,\boldsymbol{\Sigma}) \text{ ならば } \boldsymbol{X}^{-1}\sim W(\nu,\boldsymbol{\Sigma}^{-1})$$

である.

A.2 離散型確率変数

1) 二項分布 (binomial distribution) $Bi(n,p)$: $\mathcal{X} = \{0,1,2,\ldots,n\}$, $0\leq p\leq 1$, $n=1,2,\ldots$

$$f(x|n,p) = {}_nC_x p^x(1-p)^{n-x}$$
$$\mathrm{E}(X) = np, \quad \mathrm{Var}(X) = np(1-p)$$

また,
$$Bi(1,p) = \text{ベルヌーイ分布 (Bernoulli distribution) } Ber(p)$$

である.

2) ポアソン分布 (Poisson distribution) $Po(\lambda)$: $\mathcal{X} = \{0,1,2,\ldots\}$, $\lambda>0$

$$f(x|\lambda) = \frac{e^{-\lambda}\lambda^x}{x!}$$
$$\propto \frac{\lambda^x}{x!}$$
$$\mathrm{E}(X) = \lambda, \quad \mathrm{Var}(X) = \lambda$$

3) 負の二項分布 (negative binomial distribution) $NBi(\alpha, p) : \mathcal{X} = \{0, 1, 2, \ldots\}$, $0 < p \leq 1$, $\alpha > 0$

$$f(x|\alpha, p) = \frac{\Gamma(\alpha + x)}{\Gamma(x+1)\Gamma(\alpha)} p^\alpha (1-p)^x$$

$$\propto \frac{\Gamma(\alpha + x)}{\Gamma(x+1)} (1-p)^x$$

$$\mathrm{E}(X) = \frac{\alpha(1-p)}{p}, \quad \mathrm{Var}(X) = \frac{\alpha(1-p)}{p^2}$$

4) 多項分布 (multinomial distribution) $Mul(n, \boldsymbol{p}) : \boldsymbol{x} = (x_1, \ldots, x_k)'$, $\sum_{i=1}^{k} x_i = n$, $x_i \in \{0, 1, \ldots, n\}$ $(i = 1, \ldots, k)$, $\boldsymbol{p} = (p_1, \ldots, p_k)'$, $\sum_{i=1}^{k} p_i = 1$, $0 \leq p_i \leq 1$ $(i = 1, \ldots, k)$

$$f(\boldsymbol{x}|n, \boldsymbol{p}) = \frac{n!}{x_1! \cdots x_k!} \prod_{i=1}^{k} p_i^{x_i}$$

$$\propto \frac{1}{x_1! \cdots x_k!} \prod_{i=1}^{k} p_i^{x_i}$$

$$\mathrm{E}(x_i) = np_i, \quad \mathrm{Var}(x_i) = np_i(1-p_i)$$

文　献

生駒哲一 (2008).「逐次モンテカルロ法とパーティクルフィルタ」,『21 世紀の統計科学 III (数理・計算の統計科学)』, 305–338, 東京大学出版会.
伊庭幸人 (2005).「マルコフ連鎖モンテカルロ法の基礎」,『計算統計 II (マルコフ連鎖モンテカルロ法とその周辺)』, 3–106, 岩波書店.
大森裕浩 (2001).「マルコフ連鎖モンテカルロ法の最近の展開」, 日本統計学会誌 **31**, 305–344.
片山　徹 (2000).『新版 応用カルマンフィルタ』, 朝倉書店.
片山　徹 (2011).『非線形カルマンフィルタ』, 朝倉書店.
古澄英男 (2008).「マルコフ連鎖モンテカルロ法入門」,『21 世紀の統計科学 III (数理・計算の統計科学)』, 271–304, 東京大学出版会.
小西貞則・北川源四郎 (2004).『情報量規準』(シリーズ〈予測と発見の科学〉2), 朝倉書店.
繁桝算男 (1985).『ベイズ統計入門』, 東京大学出版会.
高石哲弥 (2007).「ハイブリッドモンテカルロ法による GACH モデルのベイズ推定」, 広島経済大学研究論集 **29**, 25–37.
東京大学教養学部統計学教室 (編) (1991).『統計学入門』, 東京大学出版会.
中妻照雄 (2003).『ファイナンスのための MCMC 法によるベイズ分析』, 三菱経済研究所.
中妻照雄 (2007).『入門 ベイズ統計学』(ファイナンス・ライブラリー 10), 朝倉書店.
和合　肇 (編) (2005).『ベイズ計量分析－マルコフ連鎖モンテカルロ法とその応用』, 東洋経済新報社.
渡辺澄夫 (2012).『ベイズ統計の理論と方法』, コロナ社.
Akaike, H. (1973). "Information theory and an extension of the maximum likelihood principle," in B.N. Petrov and F. Csaki (eds.), *2nd International Symposium on Information Theory*, 267–281, Akademiai Kiado, Budapest.
Akaike, H. (1974). "A new look at the statistical model identification," *IEEE Transactions on Automatic Control* **19**, 716–723.
Akaike, H. (1978). "A new look at the Bayes procedure," *Biometrika* **65**, 53–59.
Albert, J. and Chib, S. (1993). "Bayesian analysis of binary and polychotomous response data," *Journal of the American Statistical Association* **88**, 669–679.
Aldous, D.J. (1985). "Exchangeability and related topics," in P.L. Hennequin (eds.), *École d'Été de Probabilités de Saint-Flour XIII—1983*, 1–18, Springer Berlin, Heidelberg.
Ando, T. (2010). *Bayesian Model Selection and Statistical Modeling*, CRC Press, Boca Raton.

Andrews, D.F. and Mallows, C.L. (1974). "Scale mixtures of normal distributions," *Journal of the Royal Statistical Society* **B36**, 99–102.

Atchadé, Y.F., Roberts, G.O. and Rosenthal, J.S. (2011). "Towards optimal scaling of Metropolis-coupled Markov chain Monte Carlo," *Statistics and Computing* **21**, 555–568.

Barndorff-Nielsen, O.E. and Shephard, N. (2001). "Non-Gaussian Ornstein–Uhlenbeck-based models and some of their uses in financial economics," *Journal of the Royal Statistical Society* **B63**, 167–241.

Blackwell, D. (1973). "Discreteness of Ferguson selections," *Annals of Statistics* **1**, 356–358.

Blackwell, D. and MacQueen, J.B. (1973). "Ferguson distribution via Pólya urn schemes," *Annals of Statistics* **1**, 353–355.

Behrens, G., Friel, N. and Hurn, H. (2012). "Tuning tempered transitions," *Statistics and Computing* **22**, 65–78.

Bellhouse, D.R. (2004). "The reverend Thomas Bayes, FRS: A biography to celebrate the tercentenary of his birth," *Statistical Science* **19**, 3–43.

Benoit, D.F., Alhamzawi, R. and Yu, K. (2013). "Bayesian lasso binary quantile regression," *Computational Statistics* **28**, 2861–2873.

Berger, J.O. (1985). *Statistical Decision Theory and Bayesian Analysis* (2nd ed.), Springer-Verlag, New York.

Bernardo, J. (1979). "Reference posterior distributions for Bayesian inference (with discussion)," *Journal of the Royal Statistics Society* **B41**, 113–147.

Bernardo, J. and Smith, A. (1994). *Bayesian Theory*, Wiley, Chichester.

Besag, J. and Green, P. (1993). "Spatial statistics and Bayesian computation," *Journal of the Royal Statistics Society* **B55**, 25–37.

Box, G.E.P. and Tiao, G.C. (1973). *Bayesian Inference in Statistical Analysis*, Addison-Wesley, Reading.

Breslow, N.E. and Clayton, D.G. (1993). "Approximate inference in generalized linear mixed models," *Journal of the American Statistical Association* **88**, 9–25.

Cancho, V.G., Dey, D.K., Lachos, V.H. and Andradea, M.G. (2011). "Bayesian nonlinear regression models with scale mixtures of skew-normal distributions: Estimation and case influence diagnostics," *Computational Statistics and Data Analysis* **55**, 588–602.

Cappé, O., Moulines, E. and Ryden, T. (2005). *Inference in Hidden Markov Models*, Springer-Verlag, New York.

Carpenter, J., Clifford, P. and Fearnhead, P. (1999). "Improved particle filter for nonlinear problems," *IEE Proceedings—Radar, Sonar Navigation* **146**, 2–7.

Casarin, R., Craiu, R. and Leisen, F. (2013). "Interacting multiple try algorithms with different proposal distributions," *Statistics and Computing* **23**, 185–200.

Casella, G. and Robert, C.P. (1996). "Rao–Blackwellisation of sampling schemes," *Biometrika* **83**, 81–94.

Chan, K.S. (1993). "Asymptotic behavior of the Gibbs sampler," *Journal of the American Statistical Association **88**, 320–326.

Chen, Y. (2005). "Another look at rejection sampling through importance sampling," *Statistics & Probability Letters* **72**, 277–283.

Chib, S. (1992). "Bayes regression for the Tobit censored regression model," *Journal of Econometrics* **51**, 79–99.

Chib, S. (1995). "Marginal likelihood from the Gibbs output," *Journal of the American Statistical Association* **90**, 1313–1321.

Chib, S. (1996). "Calculating posterior distributions and modal estimates in Markov mixture models," *Journal of Econometrics* **75**, 79–97.

Chib, S. and Greenberg, E. (1995). "Understanding the Metropolis–Hastings algorithm," *American Statistician* **49**, 327–335.

Cho, H., Ibrahim, J.G., Sinha, D. and Zhu, H. (2009). "Bayesian case influence diagnostics for survival models," *Biometrics* **65**, 116–124.

Chopin, N. (2004). "Central limit theorem for sequential Monte Carlo methods and its application to Bayesian inference," *Annals of Statistics* **32**, 2385–2411.

Chopin, N. (2011). "Fast simulation of truncated Gaussian distributions," *Statistics and Computing* **21**, 275–288.

Christensen, O.F., Møller, J. and Waagepetersen, R.P. (2001). "Geometric ergodicity of Metropolis–Hastings algorithms for conditional simulation in generalized linear mixed models", *Methodology and Computing in Applied Probability* **3**, 309–327.

Christensen, O.F. and Waagepetersen, R. (2002). "Bayesian prediction of spatial count data using generalized linear mixed models," *Biometrics* **58**, 280–286.

Chung, Y. and Dunson, D.B. (2011). "The local Dirichlet process," *Annals of the Institute of Statistical Mathematics* **63**, 59–80.

Clayton, D.G. (1991). "A Monte Carlo method for Bayesian inference in frailty models," *Biometrics* **47**, 467–485.

Cowles, M.K. and Carlin, B.P. (1996). "Markov chain Monte Carlo convergence diagnostics: A comparative review", *Journal of the American Statistical Association* **91**, 883–904.

Crawford, S. L. (1994). "An application of the Laplace method to finite mixture distribution," *Journal of the American Statistical Association* **89**, 259–267.

Crawford, S. L., DeGroot, M.H., Kadane, J.B. and Small, M. J. (1992). "Modeling lake chemistry distributions: Approximate Bayesian methods for estimating a finite mixture model," *Technometrics* **34**, 441–453.

Dagpunar, J. S. (1989). "An easily implemented generalized inverse Gaussian generator," *Communications in Statistics—Simulation and Computation* **18**, 703–710.

Dale, A.I. (2003). *Most Honourable Remembrance: The Life and Work of Thomas Bayes*, Springer-Verlag, New York.

Damien, P., Wakefield, J. and Walker, S.G. (1999). "Gibbs sampling for Bayesian nonconjugate and hierarchical models by using auxiliary variables," *Journal of the Royal Statistics Society* **B61**, 331–344.

Damien, P. and Walker, S.G. (2001). "Sampling truncated normal, beta, and gamma densities," *Journal of Computational and Graphical Statistics* **10**, 206–215.

de Boor, C. (2001). *A Practical Guide to Splines*, Springer-Verlag, New York.

Dempster, A. P., Laird, N.M. and Rubin, D.B. (1977). "Maximum likelihood from incomplete data via the EM algorithm," *Journal of the Royal Statistics Society* **B39**, 1–38.

Devroye, L. (1986). *Non-Uniform Random Variate Generation*, Springer-Verlag, New York.

Diggle, P., Heagerty, P., Liang, K.-Y. and Zeger, S. (2002). *Analysis of Longitudinal Data* (2nd ed.), Oxford University Press, Oxford.

Dongarra, J. and Sullivan, F. (2000). "Guest editors' introduction: The top 10 algorithms," *Computing in Science and Engineering* **2**, 22–23.

Douc, R., Moulines, E. and Stoffer, D. (2014). *Nonlinear Time Series: Theory, Methods and Applications with R Examples*, CRC Press, New York.

Doucet, A., de Freitas, N. and Gordon, N.J. (eds.) (2001). *Sequential Monte Carlo Methods in Practice*, Springer-Verlag, New York.

Doucet, A., Godsill, S. and Andrieu, C. (2000). "On sequential Monte Carlo sampling methods for Bayesian filtering," *Statistics and Computing* **10**, 197–208.

Doucet, A. and Johansen, A.M. (2011). "A tutorial on particle filtering and smoothing: Fifteen years later," in D. Crisan and B. Rozovskii (eds.), *The Oxford Handbook of Nonlinear Filtering*, 656–704, Oxford University Press, Oxford.

Duane, S., Kennedy, A.D., Pendleton, B.J. and Roweth, D. (1987). "Hybrid Monte Carlo," *Physics Letters* **B195**, 216–222.

Dunson, D.B. and Park, J.-H. (2008). "Kernel stick-breaking processes," *Biometrika* **95**, 307–323.

Durbin, J. and Koopman, S.J. (2012). *Time Series Analysis by State Space Methods* (2nd ed.), Oxford University Press, Oxford.

Dykstra, R.L. and Laud, R. (1981). "A Bayesian nonparametric approach to reliability," *Annals of Statistics* **9**, 356–367.

Eilers, P. H. C. and Marx, B. D. (1996). "Flexible smoothing with B-splines and penalties (with discussion)," *Statistical Science* **11**, 89–121.

Escobar, M. D. (1994). "Estimating normal means with a Dirichlet process prior," *Journal of the American Statistical Association* **89**, 268–277.

Escobar, M. D. and West, M. (1995). "Bayesian density estimation and inference using mixtures," *Journal of the American Statistical Association* **89**, 577–587.

Evans, M. and Swartz, T. (2000). *Approximating Integrals Via Monte Carlo and Deterministic Methods*, Oxford University Press, Oxford.

Ferguson, T. S. (1973). "A Bayesian analysis of some nonparametric problems," *Annals of Statistics* **1**, 209–230.

Ferguson, T. S. (1974). "Prior distributions on spaces of probability measures," *Annals of Statistics* **2**, 615–629.

Fisher, R.A. (1935). *The Design of Experiments*, Oliver and Boyd, Edinburgh.

Freimer, M., Kollia, G., Mudholkar, G.S. and Lin, C. (1988). "A study of the generalized Tukey lambda family," *Communications in Statistics—Theory and Methods* **17**, 3547–3567.

Frühwirth-Schnatter, S. (2006). *Finite Mixture and Markov Switching Models*, Springer-Verlag, New York.

Gamerman, D. (1997). "Sampling from the posterior distribution in generalized linear mixed models," *Statistics and Computing* **7**, 57–68.

Gamerman, D. and Lopes, H. (2006). *Markov Chain Monte Carlo: Stochastic Simulation for Bayesian Inference* (2nd ed.), Chapman & Hall/CRC, London.

Geisser, S. (1993). *Predictive Inference: An Introduction*, Chapman & Hall, London.

Geisser, S. and Eddy, W.F. (1979). "A predictive approach to model selection," *Journal of the American Statistical Association* **74**, 153–160.

Gelfand, A.E. and Dey, D.K. (1994). "Bayesian model choice; Asymptotics and exact calculations," *Journal of the Royal Statistical Society* **B56**, 501–514.

Gelfand, A.E., Dey, D.K. and Chang, H. (1992). "Model determination using predictive distributions with implementation via sampling-based methods," in J.M. Bernardo, J.O. Berger, A.P. Dawid, and A.F.M. Smith (eds.), *Bayesian Statistics 4*, 147–167, Oxford University Press, Oxford.

Gelfand, A.E., Sahu, S.K. and Carlin, B.P. (1995). "Efficient parametrisations for normal linear mixed models," *Biometrika* **82**, 479–488.

Gelfand, A.E. and Smith, A.F.M. (1990). "Sampling-based approaches to calculating marginal densities," *Journal of the American Statistical Association* **85**, 398–409.

Gelman, A., Carlin, J.B., Stern, H.S., Dunson, D.B., Vehtari, A. and Rubin, D.B. (2013). *Bayesian Data Analysis* (3rd ed.), CRC Press, New York.

Gelman, A. and Rubin, D.B. (1992). "Inference from iterative simulation using multiple sequences (with discussion)," *statistical Science* **7**, 457–511.

Geman, S. and Geman, D. (1984). "Stochastic relaxation, Gibbs distributions, and the Bayesian restoration of images," *IEEE Transactions on Pattern Analysis and Machine Intelligence* **6**, 721–741.

Gentle, J.E. (2003). *Random Number Generation and Monte Carlo Methods* (2nd ed.), Springer-Verlag, New York.

George, E.I. and McCulloch, R.E. (1993). "Variable selection via Gibbs sampling," *Journal of the American Statistical Association* **85**, 398–409.

George, E.I. and McCulloch, R.E. (1997). "Approaches for Bayesian variable selection," *Statistica Sinica* **7**, 339–373.

Geweke, J. (1989). "Bayesian inference in econometric models using Monte Carlo integration," *Econometrica* **57**, 1317–1340.

Geweke, J. (1991). "Efficient simulation from the multivariate normal and Student-t distributions subject to linear constraints," in E.M. Keramidas (eds.), *Computing Science and Statistics: The 23rd symposium on the Inference*, 571–578, Interface Foundation of North America, Fairfax.

Geweke, J. (1992). "Evaluating the accuracy of sampling-based approaches to the calculation of posterior moments," in J.M. Bernardo, J.O. Berger, A.P. Dawid, and A.F

M. Smith (eds.), *Bayesian Statistics 4*, 169–193, Oxford University Press, Oxford.
Geweke, J. (1999). "Using simulation methods for Bayesian econometric models: Inference, development, and communication," *Econometric Review* **18**, 1–73.
Geweke, J. (2004). "Getting it right: Joint distribution tests of posterior simulators," *Journal of the American Statistical Association* **99**, 799–804.
Geweke, J. (2005). *Contemporary Bayesian Econometrics and Statistics*, Wiley, New York.
Geyer, C.J. (1991). "Markov chain Monte Carlo maximum likelihood for dependent data," in E.M. Keramidas (eds.), *Computing Science and Statistics: The 23rd symposium on the Inference*, 156–163, Interface Foundation of North America, Fairfax.
Geyer, C.J. (1995). "Conditioning in Markov chain Monte Carlo," *Journal of Computational and Graphical Statistics* **4**, 148–154.
Geyer, C.J. and Thompson, E. (1995). "Annealing Markov chain Monte Carlo with applications to ancestral inference", *Journal of the American Statistical Association* **90**, 909–920.
Gilks, W.R. (1992). "Derivative-free adaptive rejection sampling for Gibbs sampling," in J.M. Bernardo, J.O. Berger, A.P. Dawid, and A.F.M. Smith (eds.), *Bayesian Statistics 4*, 641–649, Oxford University Press, Oxford.
Gilks, W.R. and Wild, P. (1992). "Adaptive rejection sampling for Gibbs sampling," *Applied Statistics* **41**, 337–348.
Gilley, O.W. and Pace, R.K. (1996). "On the Harrison and Rubinfeld data," *Journal of Environmental Economics and Management* **31**, 403–405.
Ghosh, J.K., Delampady, M. and Samanta, T. (2006). *An Introduction to Bayesian Analysis: Theory and Methods*, Springer-Verlag, New York.
Gordon, N.J., Salmond, D.J. and Smith, A.F.M. (1993). "Novel approach to nonlinear/non-Gaussian Bayesian state estimation," *IEE-Proceedings-F* **140**, 107–113.
Goswami, G. and Liu, J.S. (2007). "On learning strategy for evolutionary Monte Carlo," *Statistics and Computing* **17**, 23–38.
Griffin, J.E. and Steel, M.F.J. (2006). "Order-based dependent Dirichlet processes," *Journal of the American Statistical Association* **101**, 179–194.
Häggström, O. (2002). *Finite Markov Chains and Algorithmic Applications*, Cambridge University Press, Cambridge.
Hajivassiliou, V. and McFadden, D. (1998). "The method of simulated scores for the estimation of LDV models," *Econometrica* **66**, 863–896.
Hall, B. H., Cummins, C., Laderman, E. and Mundy, J. (1988). "The R&D master file documentation," Technical Working Paper 72, National Bureau of Economic Research.
Hamilton, J.D. (1989). "A new approach to the economic analysis of nonstationary time series and the business cycle," *Econometrica* **57**, 357–384.
Hamilton, J.D. (1990). "Analysis of time series subject to changes in regime," *Journal of Econometrics* **45**, 39–70.

Hammersley, J.M. and Morton, K.W. (1954). "Poor man's Monte Carlo," *Journal of the Royal Statistical Society* **B16**, 23–38.

Hans, C. (2009). "Bayesian lasso regression," *Biometrika* **96**, 835–845.

Härdle, W. (1990). *Applied Nonparametric Regression*, Cambridge University Press, Cambridge.

Harrison, D. and Rubinfeld, D.L. (1978). "Hedonic housing prices and the demand for clean air," *Journal of Environmental Economics and Management* **5**, 81–102.

Harvey, A.C. (1989). *Forecasting, Structural Time Series Models and the Kalman Filter*, Cambridge University Press, Cambridge.

Hastings, W.K. (1970). "Monte Carlo sampling methods using Markov chains and their applications," *Biometrika* **57**, 97–109.

Heidelberger, P. and Welch, P.D. (1983). "Simulation run length control in the presence of an initial transient," *Operations Research* **31**, 1109–1144.

Hesterberg, T.C. (1988). *Advances in Importance Sampling*, Ph.D. Thesis, Stanford University.

Higdon, D. (1998). "Auxiliary variable methods for Markov chain Monte Carlo with applications," *Journal of the American Statistical Association* **93**, 398–409.

Hjort, N.L. (1990). "Nonparametric Bayes estimators based on beta processes in models for life history data," *Annals of Statistics* **18**, 1259–1294.

Hobert, J.P. (2011). "The data augmentation algorithm: Theory and methodology," in S. Brooks *et al.* (eds.), *Handbook of Markov Chain Monte Carlo*, 253–293, CRC Press, New York.

Hoffman, M.D. and Gelman, A. (2014). "The No-U-Turn sampler: Adaptively setting path lengths in Hamiltonian Monte Carlo," *Journal of Machine Learning Research* **15**, 1351–1381.

Holland, J.H. (1992). *Adaptation in Natural and Artificial Systems* (2nd ed.), MIT Press, Cambridge.

Hörmann, W., Leydold, J. and Derflinger, G. (2004). *Automatic Nonuniform Random Variate Generation*, Springer-Verlag, Berlin.

Hukushima, K. and Nemoto, K. (1996). "Exchange Monte Carlo method and application to spin glass simulations," *Journal of the Physical Society of Japan* **65**, 1604–1608.

Ibrahim, J.G. and Kleinman, K.P. (1998). "Semiparametric Bayesian methods for random effects models," in D.K. Dey, P. Müller, and D. Sinha (eds.), *Practical Nonparametric and Semiparametric Bayesian Statistics*, 89–114, Springer, New York.

Ishwaran, H. (1999). "Applications of hybrid Monte Carlo to generalized linear models: Quasicomplete separation and neural networks," *Journal of Computational and Graphical Statistics* **8**, 779–799.

Ishwaran, H. and James, L.F. (2001). "Gibbs sampling methods for stick-breaking priors," *Journal of the American Statistical Association* **96**, 161–173.

Ishwaran, H. and Rao, J.S. (2003). "Detecting differentially expressed genes in microarrays using Bayesian model selection," *Journal of the American Statistical Association **98**, 438–455.

Ishwaran, H. and Rao, J.S. (2005). "Spike and slab variable selection: Frequentist and Bayesian strategies," *Annals of Statistics* **33**, 730–773.

Jeffreys, H. (1961). *Theory of Probability* (3rd ed.), Oxford University Press, London.

Kalbfleisch, J.D. (1978). "Nonparametric Bayesian analysis of survival time data," *Journal of the Royal Statistical Society* **B40**, 175–177.

Karlin, S. and Taylor, J. (1975). *A First Course in Stochastic Processes* (2nd ed.), Academic Press, New York.

Kass, R. and Wasserman, L. (1996). "The selection of prior distributions by formal rules (review paper)," *Journal of the American Statistical Association* **91**, 1343–1370.

Keane, M.P. (1990). *Four Essays in Empirical Macro and Labor Economics*, Ph.D. Thesis, Brown University.

Keane, M.P. (1994). "A computationally practical simulation estimator for panel data," *Econometrica* **62**, 95–116.

Khare, K. and Hobert, J.P. (2012). "Geometric ergodicity of the Gibbs sampler for Bayesian quantile regression," *Journal of Multivariate Analysis* **112**, 108–116.

Kim, C.J. and Nelson, C.R. (1998). "Business cycle turning points, a new coincident index, and tests of duration dependence based on a dynamic factor model with regime switching," *Review of Economics and Statistics* **80**, 188–201.

Kim, C.J. and Nelson, C.R. (1999). *State Space Models with Regime Switching, Classical and Gibbs Sampling Approaches with Applications*, MIT Press, Cambridge.

Kinderman, A.J. and Monahan, J.F. (1977). "Computer generation of random variables using the ratio of uniform deviates," *ACM Transactions on Mathematical Software* **3**, 257–260.

Kloek, K. and van Dijk, H.K. (1978). "Bayesian estimates of equation system parameters: An application of integration by Monte Carlo," *Econometrica* **46**, 1–20.

Kobayashi, G. and Kozumi, H. (2012). "Bayesian analysis of quantile regression for censored dynamic panel data," *Computational Statistics* **27**, 359–380.

Kobayashi, G. and Kozumi, H. (2015). "Generalized multiple-point Metropolis algorithms for approximate Bayesian computation," *Journal of Statistical Computation and Simulation* **85**, 675–692.

Koenker, R. (2005). *Quantile Regression*, Cambridge University Press, Cambridge.

Koenker, R. and Bassett, G. (1978). "Regression quantiles," *Econometrica* **46**, 33–50.

Kong, A., Liu, J.S. and Wang, W.H. (1994). "Sequential imputations and Bayesian missing data problems," *Journal of the American Statistical Association* **89**, 278–288.

Kotz, S., Kozubowski, T.J. and Podgórski, K. (2001). *The Laplace Distribution and Generalizations: A Revisit with Applications to Communications, Economics, Engineering, and Finance*, Birkhäuser, Basel.

Kou, S.C., Zhou, Q. and Wong, W.H. (2006). "Equi-energy sampler with applications in statistical inference and statistical mechanics," *Annals of Statistics* **34**, 1581–1619.

Kozumi, H. and Kobayashi, G. (2011). "Gibbs sampling methods for Bayesian quantile regression," *Journal of Statistical Computation and Simulation* **81**, 1565–1578.

Kurtz, N. and Song, J. (2013). "Cross-entropy-based adaptive importance sampling using Gaussian mixture," *Structural Safety* **42**, 35–44.

Kyung, M., Gill, J. Ghosh, M. and Casella, G. (2010). "Penalized regression, standard errors, and Bayesian lassos," *Bayesian Analysis* **5**, 369–412.

Lang, S. and Brezger, A. (2004). "Bayesian P-splines," *Journal of Computational and Graphical Statistics* **13**, 183–212.

Leroux, B.G. and Puterman, M.L. (1992). "Maximum-penalized likelihood estimation for independent and Markov-dependent mixture models," *Biometrics* **48**, 545–558.

Leydold, J. (2003). "Short universal generators via generalized ratio-of-uniforms method," *Mathematics of Computation* **72**, 1453–1471.

Liang, F., Liu, C. and Carroll, R. (2010). *Advanced Markov Chain Monte Carlo Methods: Learning from Past Samples*, Wiley, New York.

Liang, F. and Wong, W.H. (2000). "Evolutionary Monte Carlo: Applications to C_p model sampling and change point problem," *Statistica Sinica* **10**, 317–342.

Liang, F. and Wong, W.H. (2001). "Real-parameter evolutionary Monte Carlo with applications to Bayesian mixture models," *Journal of the American Statistical Association* **96**, 653–666.

Lijoi, A., Menaa, R.H. and Prünster, I. (2005). "Hierarchical mixture modeling with normalized inverse-Gaussian priors," *Journal of the American Statistical Association* **100**, 1278–1291.

Liu, C. (2002). "An example of algorithm mining: Covariance adjustment to accelerate EM and Gibbs," in J. Huang and H. Zhang (eds.), *Development of Modern Statistics and Related Topics*, 74–88, World Scientific, New Jersey.

Liu, C. (2003). "Alternating subspace-spanning resampling to accelerate Markov chain Monte Carlo simulation," *Journal of the American Statistical Association* **98**, 110–117.

Liu, J.S. (1994). "The collapsed Gibbs sampler in Bayesian computations with applications to a gene regulation problem," *Journal of the American Statistical Association* **89**, 958–966.

Liu, J.S. (1996). "Metropolized independent sampling with comparison to rejection sampling and importance sampling," *Statistics and Computing* **6**, 113–119.

Liu, J.S. (2001). *Monte Carlo Strategies in Scientific Computing*, Springer-Verlag, New York.

Liu, J.S. and Chen, R. (1995). "Blind deconvolution via sequential imputations," *Journal of the American Statistical Association* **90**, 567–576.

Liu, J.S. and Chen, R. (1998). "Sequential Monte Carlo methods for dynamic systems," *Journal of the American Statistical Association* **93**, 1032–1044.

Liu, J.S., Liang, F. and Wong, W.H. (2000). "The use of multiple-try method and local optimization in Metropolis sampling," *Journal of the American Statistical Association* **95**, 121–134.

Liu, J.S. and Sabatti, C. (2000). "Generalized Gibbs sampler and multigrid Monte Carlo for Bayesian computation," *Biometrika* **87**, 353–369.

Liu, J.S., Wong, W.H. and Kong, A. (1994). "Covariance structure of the Gibbs sampler with applications to the comparisons of estimators and augmentation schemes," *Biometrika* **81**, 27–40.

Liu, J.S., Wong, W.H. and Kong, A. (1995). "Covariance structure and convergence rate of the Gibbs sampler with various scans", *Journal of the Royal Statistical Society* **B57**, 157–169.

Liu, J.S. and Wu, Y.N. (1999). "Parameter expansion for data augmentation," *Journal of the American Statistical Association* **94**, 1264–1274.

Lunn, D., Jackson, C., Best, N., Thomas, A. and Spiegelhalter, D. (2012). *The BUGS Book: A Practical Introduction to Bayesian Analysis*, CRC Press, New York.

MacEachern, S. N. (1994). "Estimating normal means with a conjugate style Dirichlet process prior," *Communications in Statistics—Simulation and Computation* **23**, 727–741.

MacEachern, S. N. and Müller, P. (1998). "Estimating mixture of Dirichlet process models," *Journal of Computational and Graphical Statistics* **7**, 223–239.

Malsiner-Walli, G. and Wagner, H. (2011). Comparing spike and slab priors for Bayesian variable selection," *Austrian Journal of Statistics* **4**, 241–264.

Marinari, E. and Parisi, G. (1992). "Simulated tempering: A new Monte Carlo scheme," *Europhysics Letters* **19**, 451–458.

Marshall, A.W. (1956). "The use of multi-stage sampling schemes in Monte Carlo computations," in M. Meyer (eds.), *Symposium on Monte Carlo Methods*, 123–140, Wiley, New York.

Martino, L., Luengo, D. and Míguez, J. (2013). "On the generalized ratio of uniforms as a combination of transformed rejection and extended inverse of density sampling," arXiv:1205.0482v7.

McCullagh, P. and Nelder, J.A. (1989). *Generalized Linear Models* (2nd ed.), Chapman & Hall, London.

Meng, X.-L. and van Dyk, D.A. (1999). "Seeking efficient data augmentation schemes via conditional and marginal augmentation," *Biometrika* **86**, 301–320.

Mengersen, K.L., Robert, C.P. and Guihenneuc-Jouyaux, C. (1999). "MCMC convergence diagnostics: A review," in J.M. Bernardo, J.O. Berger, A.P. Dawid, and A.F.M. Smith (eds.), *Bayesian Statistics 6*, 415–440, Clarendon Press, Oxford.

Metropolis, N., Rosenbluth, A.W., Rosenbluth, M.N., Teller, A.H. and Teller, E. (1953). "Equations of state calculations by fast computing machines," *Journal of Chemical Physics* **21**, 1087–1091.

Meyn, S.P. and Tweedie, R.L. (1993). *Markov Chains and Stochastic Stability*, Springer-Verlag, London.

Mitchell, T.J. and Beauchamp, J.J. (1988). "Bayesian variable selection in linear regression," *Journal of the American Statistical Association* **83**, 1023–1032.

Mroz, T. (1987). "The sensitivity of an empirical model of married women's hours of

work to economic and statistical assumptions," *Econometrica* **55**, 765–799.
Mukhopadhyay, S. and Gelfand, A.E. (1997). "Dirichlet process mixed generalized linear models," *Journal of the American Statistical Association* **92**, 633–639.
Müller, P. (1991). "A generic approach to posterior integration and Gibbs sampling," Technical report 91-09, Institute of Statistics and Decision Sciences, Duke University.
Naylor, J.C. and Smith, A.F.M. (1988). "Econometric illustrations of novel numerical integration strategies for Bayesian inference," *Journal of Econometrics* **38**, 103–125.
Neal, R.M. (1996). *Bayesian Learning for Neural Networks*, Lecture Notes 118, Springer-Verlag, New York.
Neal, R.M. (2000). "Markov chain sampling methods for Dirichlet process mixture models," *Journal of Computational and Graphical Statistics* **9**, 249–265.
Neal, R.M. (2003). "Slice sampling," *Annals of Statistics* **31**, 705–767.
Neal, M. (2011). "MCMC using Hamiltonian dynamics," in S. Brooks *et al.* (eds.), *Handbook of Markov Chain Monte Carlo*, 113–162, CRC Press, New York.
Nelder, J.A. and Wedderburn, R.W.M. (1972). "Generalized linear models," *Journal of the Royal Statistical Society* **A135**, 370–384.
Newton, M.A. and Raftery, A.E. (1994). "Approximate Bayesian inference by the weighted likelihood bootstrap (with discussion)," *Journal of the Royal Statistical Society* **B56**, 3–48.
Novick, M.R. and Hall, W.J. (1965). "A Bayesian indifference procedure," *Journal of the American Statistical Association* **60**, 1104–1117.
Nummelin, E. (1984). *General Irreducible Markov Chains and Non-negative Operators*, Cambridge University Press, Cambridge.
Oh, M.-S. and Berger, J.O. (1992). "Adaptive importance sampling in Monte Carlo integration," *Journal of Statistical Computation and Simulation* **14**, 143–168.
Oh, M.-S. and Berger, J.O. (1993). "Integration of multimodal functions by Monte Carlo importance sampling," *Journal of the American Statistical Association* **88**, 450–456.
O'Hara, R.B. and Sillanpää, M.J. (2009). "A review of Bayesian variable selection methods: What, how and which," *Bayesian Analysis* **4**, 85–118.
Omori, Y. (2007). "Efficient Gibbs sampler for Bayesian analysis of a sample selection model," *Statistics and Probability Letters* **77**, 1300–1311.
Omori, Y. and Miyawaki, K. (2010). "Tobit model with covariate dependent thresholds," *Computational Statistics and Data Analysis* **53**, 2736–2752.
Osborne, M.R., Presnellb, B. and Turlachc, B.A. (2000). "On the lasso and its dual," *Journal of Computational and Graphical Statistics* **9**, 319–337.
Owen, A. and Zhou, Y. (2000). "Safe and effective importance sampling," *Journal of the American Statistical Association* **95**, 135–143.
Pandolfi, S., Bartolucci, F. and Friel, N. (2010). "A generalization of the Multiple-try Metropolis algorithm for Bayesian estimation and model selection," in *Proceedings of the 13th International Conference on Artificial Intelligence and Statistics*, 581–588.
Park, T. and Casella, G. (2008). "The Bayesian lasso," *Journal of the American Sta-*

tistical Association **103**, 681–686.
Park, T. and van Dyk, D.A. (2009). "Partially collapsed Gibbs samplers: Illustrations and application," *Journal of Computational and Graphical Statistics* **18**, 283–305.
Peng, F. and Dey, D.K. (1995). "Bayesian analysis of outlier problems using divergence measures," *Canadian Journal of Statistics* **23**, 199–213.
Pettit, L.I. (1990). "The conditional predictive ordinate for the normal distribution," *Journal of the Royal Statistical Society* **B52**, 175–184.
Phadia, E.G. (2013). *Prior Processes and Their Applications*, Springer-Verlag Berlin, Heidelberg.
Pitman, J. (1995). "Exchangeable and partially exchangeable random partitions," *Probability Theory and Related Fields* **102**, 145–158.
Pitt, M.K., Silva, R.S., Giordani, P. and Kohn, R. (2012). "On some properties of Markov chain Monte Carlo simulation methods based on the particle filter," *Journal of Econometrics* **171**, 134–151.
Qin, Z. and Liu, J.S. (2001). "Multi-point Metropolis method with application to hybrid Monte Carlo," *Journal of Computational Physics* **172**, 827–840.
Raftery, A.E. and Lewis, S. (1992). "How many iterations in the Gibbs sampler?" in J.M. Bernardo, J.O. Berger, A.P. Dawid, and A.F M. Smith (eds.), *Bayesian Statistics 4*, 763–773, Oxford University Press, Oxford.
Raftery, A.E., Newton, M.A., Satagopan, J.M. and Krivitsky, P.N. (2007). "Estimating the integrated likelihood via posterior simulation using the harmonic mean identity," in J.M. Bernardo, M.J. Bayarri, J.O. Berger, A.P. Dawid, D. Heckerman, A.F.M. Smith, and M. West (eds.), *Bayesian Statistics 8*, 371–416, Oxford University Press, Oxford.
Rasmussen, C.E. and Williams, C.K.I. (2006). *Gaussian Processes for Machine Learning*, MIT Press, Cambridge.
Richard, J.-F. and Zhang, W. (2007). "Efficient high-dimensional importance sampling," *Journal of Econometrics* **141**, 1385–1411.
Richardson, S. and Green, P.J. (1997). "On Bayesian analysis of mixtures with an unknown number of components," *Journal of the Royal Statistical Society* **B59**, 731–792.
Ripley, W. (1987). *Stochastic Simulation*, Wiley, New York.
Robert, C.P. (2007). *The Bayesian Choice: From Decision-Theoretic Foundations to Computational Implementation* (2nd ed.), Springer-Verlag, New York.
Robert, C.P. and Casella, G. (2004). *Monte Carlo Statistical Methods* (2nd ed.), Springer-Verlag, New York.
Roberts, G.O., Gelman, A. and Gilks, W.R. (1997). "Weak convergence and optimal scaling of random walk Metropolis algorithms," *Annals of Applied Probability* **7**, 110–120.
Roberts, G.O. and Rosenthal, J.S. (1998). "Optimal scaling of discrete approximations to Langevin diffusions," *Journal of the Royal Statistical Society* **B60**, 255–268.
Roberts, G.O. and Rosenthal, J.S. (1999). "Convergence of slice sampler Markov

chains," *Journal of the Royal Statistical Society* **B61**, 643–660.

Roberts, G.O. and Rosenthal, J.S. (2001). "Optimal scaling for various Metropolis–Hastings algorithms," *Statistical Science* **16**, 351–367.

Roberts, G.O. and Sahu, S.K. (1997). "Updating schemes, correlation structure, blocking and parameterization for the Gibbs sampler," *Journal of the Royal Statistical Society* **B56**, 377–384.

Roberts, G.O. and Smith, A.F.M. (1994). "Simple conditions for the convergence of the Gibbs sampler and Metropolis-Hastings algorithms," *Stochastic Processes and Their Applications* **49**, 207–216.

Rodriguez, A., Dunson, D.B. and Gelfand, A.E. (2008). "The nested Dirichlet process," *Journal of the American Statistical Association* **103**, 1131–1154.

Rosenbluth, M.N. and Rosenbluth, A.W. (1955). "Monte Carlo calculation of the average extension of molecular chains," *Journal of Chemical Physics* **23**, 356–359.

Ross, S.M. (1995). *Stochastic Processes* (2nd ed.), Wiley, New York.

Rubin, D.B. (1987a) *Multiple Imputation or Non-response in Surveys*, Wiley, New York.

Rubin, D.B. (1987b). "A noniterative sampling-importance resampling alternative to the data augmentation algorithm for creating a few imputations when fractions of missing information are modest: The SIR algorithm," *Journal of the American Statistical Association* **82**, 543–546.

Rubinstein, R.Y. (1981). *Simulation and the Monte Carlo Method*, Wiley, New York.

Rubinstein, R.Y. and Kroese, D.P. (2004). *The Cross-Entropy Method: A Unified Approach to Combinatorial Optimization, Monte-Carlo Simulation and Machine Learning*, Springer-Verlag, New York.

Ruppert, D., Wand, M. and Carroll, R. J. (2003). *Semiparametric Regression*, Cambridge University Press, Cambridge.

Savage, L.J. (1961). "The subjective basis of statistical practice," Technical Report, Department of Statistics, University of Michigan, Ann Arbor.

Schmidt, M.N. (2009). "Function factorization using warped Gaussian processes," in L. Bottou and M. Littman (eds.), *Proceedings of the 26th International Conference on Machine Learning*, 921–928, ACM, New York.

Schwarz, G. (1978). "Estimating the dimension of a model," *Annals of Statistics* **6**, 461–464.

Seshadri, V. (1993). *The Inverse Gaussian Distribution: A Case Study in Exponential Families*, Oxford University Press, Oxford.

Sethuraman, J. (1994). "A constructive definition of Dirichlet priors," *Statistica Sinica* **4**, 639–650.

Silverman, B.W. (1985). "Some aspects of the spline smoothing approach to nonparametric regression curve fitting (with discussion)," *Journal of the Royal Statistics Society* **B47**, 1–52.

Smith, A.F.M. and Gelfand, A.E. (1992). "Bayesian statistics without tears: A sampling-resampling perspective," *American Statistician* **46**, 84–88.

Spiegelhalter, D., Best, N.G., Carlin, B.P. and van der Linde, A. (2002). "Bayesian measures of model complexity and fit (with discussion)," *Journal of the Royal Statistics Society* **B64**, 583–639.

Takaishi, T. (2000). "Choice of integrator in the hybrid Monte Carlo Algorithm," *Computer Physics Communications* **133**, 6–17.

Takaishi, T. (2002). "Higher order hybrid Monte Carlo at finite temperature," *Physics Letters* **B540**, 159–165.

Tanizaki, H. (1996). *Nonlinear Filters: Estimation and Applications* (2nd ed.), Springer-Verlag, New York.

Tanizaki, H. (2004). *Computational Methods in Statistics and Econometrics*, CRC Press, New York.

Tanizaki, H. and Mariano, R.S. (1998). "Nonlinear and non-Gaussian state-space modeling with Monte Carlo simulations," *Journal of Econometrics* **83**, 263–290.

Tanner, M. A. and Wong, W. H. (1987). "The calculation of posterior distributions by data augmentation," *Journal of the American Statistical Association* **82**, 528–549.

Tibshirani, R. (1996). "Regression shrinkage and selection via the lasso," *Journal of the Royal Statistical Society* **B58**, 267–288.

Tibshirani, R., Saunders, M., Rosset, S., Zhu, J. and Knight, K. (2005). "Sparsity and smoothness via the fused lasso," *Journal of the Royal Statistical Society* **B67**, 91–108.

Tierney, L. (1994). "Markov chains for exploring posterior distributions (with discussion)," *Annals of Statistics* **22**, 1701–1762.

Tierney, L. and Kadane, J.B. (1986). "Accurate approximations for posterior moments and marginal densities," *Journal of the American Statistical Association* **81**, 82–86.

Tobin, J. (1958). "Estimation of relationships for limited dependent variables," *Econometrica* **26** 24–36.

Tran, M.-N., Scharth, M., Pitt, M.K. and Kohn, R. (2014). "Importance sampling squared for Bayesian inference in latent variable models," arXiv:1309.3339v3.

Tsionas, E.G. (2003). "Bayesian quantile inference," *Journal of Statistical Computation and Simulation* **73**, 659–674.

van Dyk, D.A. and Meng, X.-L. (2001). "The art of data augmentation (with discussions)," *Journal of Computational and Graphical Statistics* **10**, 1–111.

van Dyk, D.A. and Park, T. (2008). "Partially collapsed Gibbs samplers: Theory and methods," *Journal of the American Statistical Association* **103**, 790–796.

Verbeke, G. and Molenberghs, G. (2000). *Linear Mixed Models for Longitudinal Data*, Springer-Verlag, New York.

Wakefield, J.C., Gelfand, A.E. and Smith, A.F.M. (1991). "Efficient generation of random variates via the ratio-of-uniforms method," *Statistics and Computing* **1**, 129–133.

Wang, J. (2010). "A nonparametric approach using Dirichlet process for hierarchical generalized linear mixed models," *Journal of Data Science* **8**, 43–59.

Wang, P., Cockburn, I. and Puterman, M.K. (1998). "Analysis of patent data—A mixed-Poisson-regression-model approach," *Journal of Business and Economic Statistics* **16**, 27–41.

Watanabe, S. (2010). "Asymptotic equivalence of Bayes cross validation and widely applicable information criterion in singular learning theory," *Journal of Machine Learning Research* **11**, 3571–3591.

Watanabe, S. (2013). "A widely applicable Bayesian information criterion," *Journal of Machine Learning Research* **14**, 867–897.

Yu, K., Lu, Z. and Stander, J. (2003). "Quantile regression: Applications and current research areas," *The Statistician* **52**, 331–350.

Yu, K. and Moyeed, R.A. (2001). "Bayesian quantile regression," *Statistics and Probability Letters* **54**, 437–447.

Yu, K. and Zhang, J. (2005). "A three-parameter asymmetric Laplace distribution and its extension," *Communications in Statistics—Theory and Methods* **34**, 1867–1879.

Yuan, M. and Lin, Y. (2005). "Efficient empirical Bayes variable selection and estimation in linear models," *Journal of the American Statistical Association* **100**, 1215–1225.

Yuan, M. and Lin, Y. (2006). "Model selection and estimation in regression with grouped variables," *Journal of the Royal Statistical Society* **B68**, 49–67.

Zellner, A. (1971). *An Introduction to Bayesian Inference in Econometrics*, Wiley, New York.

Zellner, A. (1977). "Maximum data information prior distribution," in A. Aykac and C. Brumat (eds.), *New Methods in the Applications of Bayesian Methods*, 211–232, North-Holland, Amsterdam.

Zolotarev, V.M. (1986). *One-dimensional Stable Distributions*, American Mathematical Society, Providence.

Zou, H. (2006). "The adaptive lasso and its oracle properties," *Journal of the American Statistical Association* **101**, 1418–1429.

Zou, H. and Hastie, T. (2005). "Regularization and variable selection via the elastic net," *Journal of the Royal Statistical Society* **B67**, 301–320.

索　引

欧　文

AIC (Akaike's information criterion)　116
ARMH (acceptance-rejection Metropolis–Hastings) アルゴリズム　77

B-スプライン基底関数　118
BIC (Bayesian information criterion)　116

CPO (conditional predictive ordinate)　109

DIC (deviation information criterion)　117

EM (expectation-maximization) アルゴリズム　85
ESS (effective sample size)　45

GHK シミュレータ　58

HPD (highest posterior density) 区間　18

IS^2 (importance sampling squared)　52

Lasso (least absolute shrinkage and selection operator)　123

MCMC (Markov chain Monte Carlo) 法　68
MH (Metropolis–Hastings) アルゴリズム　68, 74
MPM (multi-point Metropolis) アルゴリズム　95
MTM (multiple-try Metropolis) アルゴリズム　92

NUTS (No-U-Turn sampler)　103

SIR (sampling/importance resampling)　47
SSVS (stochastic search variable selection)　120
Stan　103

WAIC (widely applicable information criterion)　117
WBIC (widely applicable Bayesian information criterion)　117

あ　行

赤池情報量規準　116

イェンゼンの不等式　42
位置パラメータ　12
一様乱数比法　37
一般化ギブス・サンプリング　138
一般化逆正規分布　146
一般化線形混合モデル　150
一般化線形モデル　149

索　引

一般化 λ 分布　30
遺伝的アルゴリズム　99

運動方程式　101

抉り出し法　32

重みの退化　66
温度　96

か 行

階層モデル　8
χ 分布　23
ガウス過程事前分布　170
可逆　73
核　6, 171
拡散パラメータ　149
確率的探索変数選択　120
隠れマルコフ・モデル　156
仮説検定　18
稼働検査期間　79
カルバック−ライブラー情報量　111
完全条件付き分布　81
観測方程式　61
ガンマ過程事前分布　170
ガンマ関数　25

棄却法　30
　適応的──　33
疑似周辺尤度　109
期待損失　16
期待値　39
基底測度　163
ギブス・サンプリング　68, 81
　一般化──　138
　部分的コラプスド・──　147
ギブス内メトロポリス・アルゴリズム　84
逆ウィシャート分布　152
逆ガウス分布　125
既約性　71
逆正規分布過程事前分布　170
逆変換法　29

共役事前分布　8

区間推定　18
クロスバリデーション予測分布　108

欠損データ　84
決定理論　16
検閲されたデータ　139

交換　100
交叉　100
候補発生分布　74
効率の重点サンプリング　51
古典的統計学　3
混合　90
混合型推移核　79
混合分布　35
混合法　36

さ 行

最高事後密度区間　18
最小自乗法　141
　罰則付き──　124
最小絶対偏差法　142
最大事後確率推定量　16
採択確率　74
残差リサンプリング　67
サンプリング　28
サンプリング・重点リサンプリング　47
サンプル　28

ジェフリーズの無情報事前分布　10
時間反転性　101
事後オッズ比　19
事後確率　19
自己正規化重点サンプリング　43
事後中央値　15
事後標準偏差　17
事後分散　17
事後分布　4, 15
事後平均　15
事後モード　15

索　引

指数型分布族　149
システマティック・リサンプリング　67
事前オッズ比　19
事前確率　19
事前情報　3
事前分布　4, 6
　　ガウス過程——　170
　　ガンマ過程——　170
　　逆正規分布過程——　170
　　共役——　8
　　スパイク・スラブ——　122
　　正規・逆ガンマ——　127
　　ベータ過程——　170
シミュレーテッド・テンパリング　95
尺度パラメータ　13
周期　72
修正線形モデル　152
重点サンプリング　40
　　効率的——　51
　　自己正規化——　43
　　逐次——　55, 57
　　適応的——　50
重点サンプリング自乗　52
重点密度　40
周辺分布　5
周辺尤度　5
　　疑似——　109
受容・棄却法　30
循環型推移核　80
詳細釣り合い条件　73
状態空間　69
状態空間モデル　57, 61
情報量規準　116
　　赤池——　116
　　ベイズ——　116
　　偏差——　117
進化的モンテカルロ法　99
シンニング　91
信用区間　18

推移核　73
　　混合型——　79
　　循環型——　80
推移確率　69
推移行列　69
酔歩連鎖　75
スターリングの公式　25
スティック・ブレイキング表現　165
ステップ・サイズ　75
スパイク・スラブ事前分布　122
スライス・サンプリング　85

正規化定数　5
正規・逆ガンマ事前分布　127
正準パラメータ　149
正準リンク関数　150
正則　14
節点　118
セミパラメトリック法　162
0-1 損失関数　17
遷移方程式　61
線形回帰モデル　104
線形損失関数　17
線形予測子　150
潜在変数　52

損失関数　16
　　0-1——　17
　　線形——　17
　　二次——　16

た　行

第三種変形ベッセル関数　146
大数の法則　39
体積保存　101
代入法　84
多重ブロック・メトロポリス–ヘイスティングス・アルゴリズム　82
多重連鎖　86
単一連鎖　86

チェック関数　142
逐次重点サンプリング　55, 57
中華料理店過程　165

中心極限定理 40
調和平均推定量 113

提案分布 74
ディラックのデルタ関数 43
テイラー展開 23
ディリクレ過程 163
ディリクレ過程混合モデル 162, 165
ディリクレ分布 162
適応的棄却法 33
適応的重点サンプリング 50
データ拡大法 84
点推定 15

等エネルギー・サンプラー 95
統計モデル 1
独立連鎖 77
突然変異 100
トービット・モデル 139

な 行

二次損失関数 16

は 行

ハイパーパラメータ 8
罰則付き最小二乗法 124
ハミルトニアン・モンテカルロ法 100
パラレル・テンパリング 95
反復的再重み付け最小自乗アルゴリズム 151

非効率性因子 88
非周期性 71
非正則 14
非対称ラプラス分布 142
左ハール測度 138
標本自己相関係数 87

フィッシャー情報行列 10
部分的コラプスド・ギブス・サンプリング 147
不変分布 71, 72

プロビット・モデル 133
分位点回帰モデル 140
分位点関数 29

ベイズ情報量規準 116
ベイズ的推論 3
ベイズ統計学 3
ベイズの定理 3, 4
ベイズ・ファクター 19
ベータ過程事前分布 170
偏差情報量規準 117
変数選択 120
　確率的探索── 120
変動係数 45
変量効果 150

包絡関数 31
補助分布 60
補助変数 84

ま 行

マルコフ・スイッチング自己回帰モデル 157
マルコフ・スイッチング・モデル 156
マルコフ性 69
マルコフ連鎖 68
マルコフ連鎖モンテカルロ法 68
マルチノミナル・リサンプリング 67

無限混合モデル 166
無情報事前分布 9
　ジェフリーズの── 10

メトロポリス−ヘイスティングス・アルゴリズム 68, 74
　多重ブロック・── 82

モンテカルロ積分 40
モンテカルロ法 28
　進化的── 99
　ハミルトニアン・── 100
　マルコフ連鎖── 68

レプリカ交換—— 95

や 行

有限混合モデル　167
有効サンプルサイズ　45
有効パラメータ数　117
尤度関数　5

予測分布　22
　　クロスバリデーション—— 108

ら 行

ラオ-ブラックウェル化　89
ラプラス法　25

ランジェヴァン連鎖　77
乱数　28

離散性　164
リサンプリング　64
　　残差—— 67
　　システマティック・—— 67
　　マルチノミナル・—— 67
リープフロッグ法　101
リンク関数　150
　　正準—— 150

レプリカ交換モンテカルロ法　95

著者略歴

古澄 英男
（こずみ　ひでお）

1967年　島根県に生まれる
1994年　神戸大学大学院経済学研究科博士後期課程中退
現　在　関西学院大学経済学部教授
　　　　博士（経済学）

統計解析スタンダード
ベイズ計算統計学　　　　　　　　定価はカバーに表示

2015年10月25日　初版第1刷
2022年 1月25日　　　第3刷

　　　　　　　　　　　著　者　古　澄　英　男
　　　　　　　　　　　発行者　朝　倉　誠　造
　　　　　　　　　　　発行所　株式会社　朝　倉　書　店
　　　　　　　　　　　　　　　東京都新宿区新小川町6-29
　　　　　　　　　　　　　　　郵便番号　162-8707
　　　　　　　　　　　　　　　電　話　03(3260)0141
〈検印省略〉　　　　　　　　　　FAX　03(3260)0180
　　　　　　　　　　　　　　　https://www.asakura.co.jp

© 2015〈無断複写・転載を禁ず〉　　　中央印刷・渡辺製本

ISBN 978-4-254-12856-7　C 3341　　Printed in Japan

JCOPY〈出版者著作権管理機構 委託出版物〉
本書の無断複写は著作権法上での例外を除き禁じられています．複写される場合は，
そのつど事前に，出版者著作権管理機構（電話 03-5244-5088, FAX 03-5244-5089,
e-mail: info@jcopy.or.jp）の許諾を得てください．

好評の事典・辞典・ハンドブック

数学オリンピック事典	野口 廣 監修	B5判 864頁
コンピュータ代数ハンドブック	山本 慎ほか 訳	A5判 1040頁
和算の事典	山司勝則ほか 編	A5判 544頁
朝倉 数学ハンドブック [基礎編]	飯高 茂ほか 編	A5判 816頁
数学定数事典	一松 信 監訳	A5判 608頁
素数全書	和田秀男 監訳	A5判 640頁
数論＜未解決問題＞の事典	金光 滋 訳	A5判 448頁
数理統計学ハンドブック	豊田秀樹 監訳	A5判 784頁
統計データ科学事典	杉山高一ほか 編	B5判 788頁
統計分布ハンドブック（増補版）	蓑谷千凰彦 著	A5判 864頁
複雑系の事典	複雑系の事典編集委員会 編	A5判 448頁
医学統計学ハンドブック	宮原英夫ほか 編	A5判 720頁
応用数理計画ハンドブック	久保幹雄ほか 編	A5判 1376頁
医学統計学の事典	丹後俊郎ほか 編	A5判 472頁
現代物理数学ハンドブック	新井朝雄 著	A5判 736頁
図説ウェーブレット変換ハンドブック	新 誠一ほか 監訳	A5判 408頁
生産管理の事典	圓川隆夫ほか 編	B5判 752頁
サプライ・チェイン最適化ハンドブック	久保幹雄 著	B5判 520頁
計量経済学ハンドブック	蓑谷千凰彦ほか 編	A5判 1048頁
金融工学事典	木島正明ほか 編	A5判 1028頁
応用計量経済学ハンドブック	蓑谷千凰彦ほか 編	A5判 672頁

価格・概要等は小社ホームページをご覧ください．